シリーズ　災害と社会

灾害与社会

シリーズ　災害と社会

3

灾害危机管理导论

〔日〕吉井博明　田中淳 编著

何玮　陈文栋　李波 译

吉井博明　田中淳
災害危機管理論入門
弘文堂 2007 年
根据日本弘文堂出版社 2007 年版译出

总序

日本乃世界著名多灾之邦，地震、海啸、台风、暴雨、火山喷发的发生频度尤高，如 1994 年到 2002 年期间，全球范围内 6 级以上地震共发生 160 余次，其中 20.5% 发生在这个国土面积仅占世界总面积的 0.25% 的国度。置身于这种“危机四伏”的自然环境，同时受到欧美灾害社会学研究的影响，“二战”以后，灾害研究逐渐成为日本社会学的一个重要分支。经 60 余年的蓄积，日本灾害社会学已跻身世界灾害社会学研究的前列。

一、日本灾害社会学的系谱

论及日本灾害社会学研究的先驱，一般会追溯到明治时期的震灾预防调查会和大正时期的临时震灾救护事业局。1891 年浓尾大地震之后，明治政府组建震灾预防调查会，通过它重点展开四项工作：调查此次震灾损失的各项具体数据；进行地震科学的测定、观察和调查；研究建筑物的抗震性能；及时公布上述各项调查研究成果并将之作为制定相关社会政策的重要依据。此后数十年里，作为国家层面的灾害对策研究机构，震灾预防调查会始终是日本灾害对策研究的核心。1923 年关东大震灾之后，大正政府立即成立临时震灾救护事业局，负责全面指导和协调抗震救灾工作。从灾害社会学研究角度来看，临时震灾救护事业局在震后两个月实施的一项调查特别值得一提。与以往的灾害调查相比，这次调查具有一个鲜明特点：开始关注灾后复兴的问题。其具体表现在三个方面：第一，为把握震灾导致的人口移动以及灾区外迁人口的生存状况和返乡意愿，把调查区域扩大到日本全国，而不只局限于受灾地区；第二，为给受灾地区复兴规划提供具体依据，调查内容以受灾人口的“就业”和“住房”状况为重点；第三，把调查结果作为制定受灾地区公共住宅政策的直接依据。因此，这项调查被认为是日本灾害社会学研究史上的一个重要进步。另外，20 世纪 40 年代中期至 50 年代初期关于东京大轰炸和核爆炸受害者的调查研究也是日本灾害社会学研究史册中的重要一页，不过其研究主体主要是美国的一些研究组织。

一般认为，1964 年关于新潟大地震时的恐慌行为及灾害信息的美日合作研究，是作为纯学术研究的日本灾害社会学研究的起点。而参加这一研究的安倍北夫、秋元律郎和冈部庆三等学者，则被日本灾害社会学界公认为第一代学者的代表。安倍的主要业绩在于，通过对城市居民的灾害应急行为的系统分析，归纳出决定生死的要素，在此基础上提出有助于成功逃生的应急行动模式。秋元的学术贡献主要表现在三个方面：一是通过对战后美国灾害社会学的理论发展和研究个案的梳理，归纳出“战后美国灾害社会学发展阶段说”；二是将美国灾害社会学理论运用于日本的灾害案例研究，提出日本城市灾害的组织应对模式；三是培养了一批年轻学者。冈部主要以人际交往理论为分析工具，推进了灾害信息（警报、避难指示及避难劝告等）和避难行动这两个领域的研究。此外，山口弥一郎也是日本灾害社会学第一代学者中的一位杰出人物，他对明治时期以来多次遭遇海啸灾害的三陆地区渔村进行了长达八年的实地调查，依据翔实的一手资料，一方面运用民俗学理论解释灾区居民的家系和生业的复兴过程，另一方面运用地理学方法分析灾区居民在迁居高地后重建居民共同体的过程，并对那些渔村在近半个世纪中重复“受灾—复兴—再度受灾”的原因进行了剖析，为日本灾害社会学研究留下了弥足珍贵的成果。

就学者梯队而言，日本灾害社会学至今已有六代学者[①]。20世纪70年代以后，日本实施大量吸收学者参与政策制定过程的国策。在这一背景下成长起来的第二代学者以吉井博明和广井修为代表，他们在研究重点上，承继第一代学者的传统，继续致力于灾害信息研究；在研究取向上，开启了作为"智囊团"参与重大法律法规和政府决策制定的先河。如吉井、广井分别承担了政府关于宫城县冲地震[②]、伊豆大岛近海地震等灾害的受灾状况调查的组织工作，还直接参与了《大规模地震特别措施法》等重要法规的制定。可以说，推进灾害信息研究和积极服务于国家的防灾对策是第二代学者的两项主要功绩。20世纪80年代这十年里，日本没有发生重大自然灾害，这使第一代和第二代的学者得以潜心反思和整理以前的研究成果，并在此基础上出版了一批灾害社会学基本理论著作，如《都市灾害的科学》（安倍北夫、秋元律郎，有斐阁，1982）、《现代的精神181号，都市和灾害》（秋元律郎，至文堂，1982）、《灾害和日本人》（广井修，时事通信社，1986）、《灾害报道和社会心理》（广井修，中央经济社，1987）、《对灾害的社会科学研究》（广濑弘忠，新曜社，1981）等。而山本康正、浦野正树、广濑

① 此为大矢根淳在给笔者的电子邮件中阐述的观点。
② 即宫城县海域地震。

弘忠、田中淳、林春男、田中重好等一批年轻人在参加这些著作的资料整理和参与撰写的过程中，成长为第三代学者。大矢根淳、横田尚俊、中森广道、山下祐介、渥美公秀等第四代学者，在20世纪80年代末开始研究生涯，到1995年阪神・淡路大震灾时成为受灾地长期研究的中坚力量。在阪神・淡路大震灾时初涉灾害社会学研究的菅磨志保、越山健治、永松伸吾、关谷直也、浅野幸子等人，在之后接连发生的芸予地震、中越地震、能登半岛地震等灾害中积累起研究经验和成果，成为东京大学、京都大学、大阪大学、早稻田大学等相关研究机构的重要生力军，被称为第五代学者。而活跃于2011年东日本大震灾研究第一线的一批新人，正在成长为第六代学者。

从研究本身来看，日本灾害社会学研究在20世纪80年代以后进步显著，主要表现在四个方面：一是跨学科研究者增加；二是研究领域扩大；三是受灾地长期调查研究方法得以确立；四是灾害共生对策研究成为核心主题。究其背景，以下两点十分重要：（1）新暴露的灾害问题促使更多其他学科的研究者投入灾害与社会的研究，从而拓展了灾害社会学的研究领域。如1983年日本海中部地震引发的海啸，致使上百人丧生，这促使信息科学和灾害社会学联手致力于海啸警报迅速化问题的研究；遇难者中有13名参加学校郊游的小学生，这使学校如何在突发灾害中保护学生生命的问题成为教育学与灾害社会学共同面对的新课题。沙林事件、东海村JCO核燃料处理临界事故以及美国“9·11”恐怖事件等重大人为灾害的发生，使危机管理成为灾害社会学的研究对象。(2)1959年伊势湾台风之后的近三十年里，日本没有发生过一次死者超过千人的灾害，但1991年之后，云仙普贤火山喷发（1991年）、北海道西南冲地震及其引发的奥尻海啸（1993年）、阪神·淡路大震灾（1995年）等重大自然灾害接踵而至，其带来的避难生活和复兴建设的长期化问题以及由此产生的许多社会问题，使受灾地长期研究成为灾害社会学研究的一种基本方法，并得到广大民众的肯定和支持。[①] 而重大灾害的频繁发生以及关于首都圈直下型地震、东南海·南海地震的预测，则使灾害共生实践成为日本灾害社会学研究的出发点和归宿。

二、日本灾害社会学的基本框架

以集合行动论、社会信息论、组织论和地域社会论为基本

---

① 据大矢根淳教授介绍，在此之前，灾害社会学研究，尤其是受灾地长期研究，往往得不到人们的理解，甚至被讥讽为“把他人的不幸当饭吃”。

视角的研究，构成了日本灾害社会学的基本框架。[①]

1. 集合行动论视角

在灾害社会学研究中，集合行动论主要被用于关于恐慌（panic）、流言、掠夺、救助、反对相关行政举措的居民运动以及以灾民为主体的地区复兴运动等受灾地民众的集合行动及其机制的分析。

在研究范式方面，集合行动论视角下的灾害社会学研究经历了由“崩溃论”到“创发论”的转换。20世纪70年代之前，关于灾害时集合行动机制的主流研究，基本上都属于“崩溃论”的范畴，以“致灾因子引起外部物理环境崩溃→社会系统崩溃→行为规范崩溃”为研究假设的基本模式。这种“崩溃论”在20世纪60年代前后就开始受到质疑，研究者的关注焦点逐渐移向社会结构、社会组织以及人们的行为规范如何在灾害这一特殊的背景下得以重构或创新的问题，“创发论”的影响力随之渐次增强。“创发论”关于危机状态下的行为、社会结构和社会组织的变化和创新及其机制的研究，不仅为说明个人和社会集团的创发行动提供了新的分析框架，而且为解释社会组织和社区的结构性变化及结构性创新提供了新的理论工具。

① 参看田中淳等：《集合行動の社会心理学》，北树出版，2003年；田中淳：“災害と社会”，船津卫等，《21世紀の社会学》，放送大学教育振兴会，2005年。

在研究对象方面，集合行动论视角下的灾害社会学研究的关注重点也有明显变化。恐慌行为曾经备受关注。这里所说的“恐慌”，指人们在感到自己的生命财产面临危险时发生的一种争先恐后地“趋安避难”的集合性行为。由于恐慌行为不仅会妨碍人们顺利逃生，而且往往会直接造成人员伤亡，因此早在19世纪末就有不少学者从心理学和集合行动论的视角研究它的诱发因素和预防措施，直到20世纪中后期，无论就世界范围而言，还是就日本而言，它都是灾害社会学关注的重点对象。但是，大量案例表明，灾害时很少发生恐慌行为，人们未能成功逃生的原因大多在于没有及时采取恰当的避难行动。于是，研究重点就从如何避免恐慌行为转移到如何推进避难行动。此外，随着上述研究范式的转型，救灾志愿者、救灾组织以及社区的活动也都成为主要研究对象。

2. 社会信息论视角

如果能够及时地得到准确的灾害信息，人们就会采取适当的避难行动——这一假设是社会信息论视角下的灾害社会学研究的出发点。这一视角下的研究主要包括四个方面：一是关于灾害信息本身的研究（如分类及体系构成、内容及表述形式等）；二是关于灾害信息的发布和传播的研究（如各类媒体灾害信息报道的特点及互补、发布过程等）；三是关于灾害信息的处理和接收的研究（如灾害信息及其报道的负功能、灾害信息处理体制、灾害信息共享系统、救灾组织间的信息沟通等）；四是关于灾害文化和防灾教育的研究。

3. 组织论视角

E. L. 库朗特利（E. L. Quarantelli）和 R. R. 戴恩斯（R. R. Dynes）领导的俄亥俄州立大学灾害研究中心曾提出一个关于救灾组织的结构和功能分类的分析框架，以组织结构和组织活动内容为两根轴线，根据灾害发生前后有无变化对组织进行分类，并对各类组织的特性和功能进行实证分析。秋元律郎、山本康正将这一分析框架导入日本的灾害社会学研究，而在他们及其后辈研究者的研究实践中又有许多独创性的发展。如东京大学新闻研究所关于长崎暴雨灾害的调查研究和野田隆关于山体滑坡灾害的调查研究中，在关于各级行政组织的职责及其相互关系的研究方面取得了卓有成效的进展；[①] 阪神·淡路大震灾研究开启了关于创发型（emergence）救灾组织的研究；还有学者把"自助"、"共助"和"公助"的理念与组织理论相结合，对灾害相关组织及其相互关系进行系统分析。[②]

① 参看东京大学新闻研究所灾害与信息研究组的研究报告《1982 年 7 月長崎水害における組織の対応》（1983 年）和野田隆著《災害と社会システム》（恒星社厚生阁，1997 年）。

② 大矢根淳等：《災害社会学入門》，弘文堂，2007 年，第 32 页。

4. 地域社会论视角

在灾害社会学领域，S. H. 普林斯（S. H. Prince）和 P. A. 索罗金（P. A. Sorokin）分别是实证研究和理论研究的开创者，而两者都特别关注受灾地区灾后的长期社会变化。灾害不仅表现为灾害因子引发的瞬间物理性冲击，还表现为这种冲击导致的受灾地社会长期变化的整个过程。在这个意义上，甚至可以说以地域社会为对象的灾害研究才是真正意义上的灾害社会学研究。对于重大灾害频频发生、东南海·南海地震和首都圈直下型地震等巨大灾害随时可能发生的日本来说，地域社会论视角下的灾害社会学研究具有更为重要的现实意义。

值得注意的是，日本灾害社会学研究不仅关注灾害对受灾地社会的长期影响，还关注漫长历史中积淀下来的地域文化对灾害的影响。研究者普遍认为，灾害从哪些方面以及在怎样的程度上影响当地社会，受制于当地居民共有的地域文化，正是地域文化左右着人们灾前准备、灾时应对以及灾后复兴的行动。

三、日本灾害社会学的重要概念

1. 灾害

C. E. 佛瑞茨（C. E. Fritz）、A. H. 邦顿（A. H. Barton）、E. L.

库朗特利等人都把灾害看作一种社会系统因遭受突发的而且具有破坏性的冲击而偏离常态的现象。其中，A. H. 邦顿明确地把致灾因子、物理性破坏及其引起的社会系统变化看作灾害的三个基本要素，提出分析这种社会系统变化的四个角度：（1）以受灾地为中心的地理区分（直接受冲击区域、过渡区域、救援区域、外部区域）；（2）灾害的时间过程（社会准备期、预知・警告期、非组织性反应期、组织性应对期、复旧・复兴期）；（3）各种层面的社会单位（受灾者、组织、地域社会、国家及国民社会整体、国际社会）；（4）灾害与社会系统的关系（社会系统遭受的灾害、社会系统的灾害应对）。A. H. 邦顿的观点很早就被引进日本，成为日本社会学灾害认知的理论依据。

日本灾害社会学的灾害概念，也是研究者们在长期研究实践中达到的灾害认知。在日本灾害社会学发展史上，岩崎信彦等人主编的三卷本《阪神・淡路大震灾和社会学》（『阪神・淡路大震災と社会学』）具有里程碑的意义，在那里，“灾害”被如此定义：“对于社会系统来说，灾害是一种突发事态。在物理性空间轴上，受灾区域呈现为以受灾地为中心的同心圆。某个特定地理区域内的日常社会系统突然遭遇灾害，其影响会波及各个层面的各种社会单位；同时，对灾害的社会应对也表现为各个层面的各种社会单位在紧急应对、复旧、复兴等不同阶段的行动过程。”①

2. 灾害共生论

人类关于灾害原因的认知最先是在“天灾论”层面，并且经历了一个从敬畏超自然之“天”到求索自然规律的过程。这一点，日本民族也不例外。二战以后，随着上述基于自然与社会的相互作用的灾害概念以及“脆弱性”（vulnerability）和“复元・恢复力”（resilience）概念的引进，日本灾害社会学对灾害原因的认知从“天灾论”层面飞跃到“人祸论”层面。20世纪60年代到80年代，日本政府和民间集中力量治理河流、修建水坝、保护和培植森林，从多方面积极开展以防灾减灾为目的的国土建设。而在此期间，日本没有发生过一次死者超过千人的灾害。这使人们乐观地相信：人类可以消除灾害。但是，进入20世纪90年代以后，重大灾害接踵而来，而日本又是一个国土面积狭窄的岛国，不可能把灾害频发地区都宣布为“不宜人居之地”。这一特殊环境孕育了一种新的灾害观：容纳灾害，与其共生。这种灾害共生论成为日本灾害社会学的一个新的理论支点。

对于上述灾害共生论，可从三方面把握。首先，其核心理

① 岩崎信彦等：《阪神・淡路大震災と社会学》第3卷，昭和堂，1999年，第323页。

念在于从肯定硬件承受力的有限性出发，思考社会如何把灾害的破坏控制在最低程度，从而实现与灾害共生。换言之，灾害共生论不是消极的宿命论，而是建立在科学基础之上的积极的灾害应对。其次，它强调每个居民、每个社会单位在防灾减灾对策方面的责任，认为只有当每个人、每个社会单位都切实地承担起防灾减灾的责任时，“灾害共生”才可能从理想成为现实。再次，它是一种实践论，“灾害共生”是一个贯穿整个灾害过程的实践过程。以 2000 年有珠山火山喷发灾害为例，灾害共生实践表现为如下过程：火山喷发之前，进行各种防灾活动；火山喷发前夕，密切观察前兆的细微变化，及时发布紧急通告、避难劝告和避难指示，组织居民避难；火山喷发灾害发生时，因居民都已经安全避难，所以没有造成人员伤亡；火山喷发沉寂之后，在国家和民间组织的援助下，组织居民展开以“与火山喷发共生”为目标的地区复兴和重建事业。

3.“脆弱性”和“复元・恢复力”

“脆弱性”和“复元・恢复力”这对概念并非同时产生，灾害社会学研究者首先发现的是“脆弱性”问题。B. 瓦茨奈（B. Wisner）把“脆弱性”概括为三个层次：一是根源性・整体性要素，包括贫困、权力结构和资源限定、意识形态、经济体系等；二是动态压力要素，包括公共设施、教育、训练、适宜空间、投资环境、市场和新闻自由等的缺乏以及人口增长、城市化、环境恶化等宏观要素；三是危险的生活环境，包括脆弱的物理环境（如危险地区、危房、安全系数低下的城市基础设施等）和脆弱的地方经济（如朝不保夕的生活状况、低收入等）。B. 瓦茨奈认为，由于上述要素的作用，人们的具体生活环境存在诸多脆弱点，当这些脆弱点遭遇地震、暴风、洪水、火山爆发、滑坡、饥饿、化学灾害等灾害因子，就会引起灾害的发生或扩大灾害造成的损失。

"复元·恢复力"的本意指"回跳"、"反弹"或"伸缩性"，作为学术概念，它首先进入力学领域，指材料因受力而发生形变但具备恢复势能的能力；1970 年代，它被引进生态学领域，先只是指生态系统的一种自我恢复能力，后被用来说明"社会—生态"系统的可持续发展能力；此后，它被作为"脆弱性"概念的补充，指社会系统对致灾因子冲击的承受力和恢复力。在灾害社会学理论体系中，"'复元·恢复力'概念是一个帮助人们在把握宏观环境的同时，聚焦社会内部的凝聚力、交往能力以及解决问题的能力等要素的逻辑装置"。"复元·恢复力"研究的根本目的有二：一是发现内在于受灾地区社会文化结构深处的、真正能够帮助受灾地从灾害中恢复元气的原动力；二是从社会系统内部着手，提升其对致灾因子冲击的承受力和恢复力。[①]

① 浦野正树等：《復興コミュニティ論入門》，弘文堂，2007 年，第 32—33 页。

和欧美国家的灾害社会学一样，在日本灾害社会学界，“脆弱性”研究比“复元·恢复力”研究起步更早，成果更丰硕。而随着“灾害共生”理念的确立，更多的研究者开始更加重视“复元·恢复力”。

四、日本灾害社会学的主要研究领域

1. 灾害中的生命问题和心理问题

这个领域的主要研究重点包括“灾害与生死”（灾时应急反应和逃生行动、灾害关联死亡、受灾者心理援助等）、“灾时医疗救护”（受灾者紧急就诊行动、医疗急救体制等）、“救灾相关组织”（救灾相关组织的分类和系统构成等）以及“救援者心理援助”等问题。

2. 灾害信息

这个领域的研究对象主要有“灾害信息与行动”（灾害信息对避难行动和防灾行动的影响等）、“灾害信息与媒体”（各类媒体在灾害信息传播方面的特点、彼此互补以及各自需要解决的问题和解决途径等）、“灾害信息发布过程”（灾害信息发布的及时性和迅速性、灾害信息内容的准确性、详细化和细分化、灾害信息的表述等）以及“灾害文化和防灾教育”等问题。

3. 灾后生活

这个领域的主要研究课题有“灾害弱者问题”、“避难生活”、“受灾者的生活重建”和“受灾地区的复兴建设”等。

在日本，“灾害弱者”这个概念最早出现在1986年发表的《防灾白皮书》中，1995年阪神·淡路大震灾之后，灾害弱者问题成为灾害社会学的一个关注重点。[①]“灾害弱者”，也即“灾害时需要援助的人”，指那些在灾害发生时无法像普通人那样回避危险或逃离到安全场所，在灾害过后也无法像普通人那样在避难所生活以及进行复旧复兴工作，因而在整个灾害期间都必须依靠他人援助的人，[②]具体包括“老年人、需要护理者、身心障碍者、重病患者、孕妇、未满五岁的孩子、不能熟练使用日语的外国人等”。[③]日本灾害社会学关于灾害弱者的研究，主要集中在灾时灾害弱者的逃生困难、灾后灾害弱者的生活重建困难、灾害弱者保护的社会责任、解决灾害弱者问题的具体举措等方面，其研究成果直接促成了日本政府的《对灾害时要援助者提供避难援助的指导意见》和日本红十字会的《灾害时要援助者对策纲领》的出台。

---

① 阪神·淡路大震灾中，50%以上的丧生者为老年人这一事实暴露了灾害弱者问题的严重性（参看大矢根淳等：《災害社会学入門》，弘文堂，2007年，第136页）。

② 日本红十字会：《災害時要援助者対策ガイドライン》，2006年。

③ 《朝日新聞》晨刊，2011年4月13日。

在日本灾害社会学中，“避难生活”主要指受灾者在避难所的生活，其研究重点包括避难所的生活问题和运营问题以及“灾害时需要援助的人”的照料问题。关于避难所的生活问题，松田丰等人按照时间过程把它划分为灾后最初阶段的“生活功能”问题、稍后的“生活环境”问题以及再后的“生活重建”问题。[①] 关于避难所的运营问题，岩崎信彦等人根据避难所运营主体把它分成五类。[②] 而避难所对“灾害时需要援助的人”的照料问题，也是上述“灾害弱者”研究的一部分。

在灾后复兴研究方面，阪神・淡路大震灾成为一个转折点。此前，灾后复兴一般以受灾地区的空间规划、公共基础设施和建筑物重建等为重点；此后，灾害社会学研究者明确地把受灾者生活重建问题与受灾地复兴建设问题区别开来，指出不仅受灾地的复兴并不一定意味着受灾者生活的重建，而且受灾地复兴建设有时还可能影响受灾者生活重建。他们关于受灾者生活重建的研究，推进了《受灾者生活重建援助法》的制定。在受灾地复兴建设研究方面，街区和居民共同体的恢复和新建，即社区复兴问题成为研究的重点。

---

① 松井丰等：《あのとき避難場所は——阪神・淡路大震災のリーダーたち》，ブレーン出版，1998年。

② 岩崎信彦等：《避難所運営の仕組みと問題点》，神户大学震灾研究会编，《大震災100日の軌跡》，1995年。

4. 新视点

近年来，有不少新的问题被纳入日本灾害社会学的研究视野，以下四个方面受到越来越多的关注，似将成为新的重要研究领域。[①]

一是防灾福祉社区研究。一方面，在现代城市里，基层地域社会应对巨大而复杂灾害的能力愈趋低下，脆弱性日渐增强；另一方面，随着少子化·老龄化的愈益加剧，基层地域社会面临如何维持和发展老年社会福利的难题。"防灾福祉社区"是一种把这两者整合为一个社会问题加以考虑的新思路，试图通过重新开发传统社会中的"居民互助"这一福利资源，并把它整合进现代社会结构，从而构建社区这种现代居民共同体来解决这一社会问题。代表性研究成果有《防灾福祉交流地域福祉和自主防灾的结合》（仓田和四生，密涅瓦书房，1999）、《共同性的地域社会学》（田中重好，哈巴斯特社，2006）以及《市民主体的危机管理》（东京志愿者·市民活动中心，筒井书房，2000）等。

二是灾害与社会性别问题研究。在女性在避难生活中的特殊困难、在防灾救灾中的积极作用以及男女共同参与灾害

① 大矢根淳等：《災害社会学入門》，弘文堂，2007年，第211—263页。

共生对策制定与基层地域社会的“复元·恢复力”之间的内在联系等方面，近年已有《火鸟女性——市民组织起来挑战新公共理念》（清原桂子等，兵库日报社，2004）等研究成果问世。而大矢根淳认为，这一领域今后还应该关注避难倾向、志愿者活动、避难所集体生活的影响、复兴过程中决策参与程度等方面的性别差异以及灾害对夫妻、家庭关系的影响等问题。

三是风险社会中的公民社会建设研究。重点有两个：一是志愿者活动及其组织，包括灾时志愿者活动及其组织的救灾功能和平时多样化的志愿者活动及其组织的防灾减灾功能；二是居民互助网络及社区的构建。代表性研究成果有《地震灾害救助志愿者社会学》（山下祐介等，密涅瓦书房，2002）、《志愿者知识》（渥美公秀，大阪大学出版会，2002）、《地震灾害救助志愿者》（大阪志愿者协会，1996）等。

四是受灾地长期调查方法研究。这是研究者在对自己的研究实践进行反思的基础上，对这种方法予以理论化构建。其代表性研究成果有《灾害社会学研究实践——超时空问题结构比较实地研究》（大矢根淳，《专修社会学》第14期，2002）、《推进实践性研究——人类科学的现状》（小泉润二等，有斐阁，2007）等。

五、日本灾害社会学的特点

1. 灾害社会学的双重取向

长田攻一认为，社会学的灾害研究以描述和揭示灾害引起的社会变动及其规律为重要目的之一，因而必然具有社会变动论的取向；同时，随着社会系统的脆弱性、适应性以及复元・恢复力越来越受到重视，社会学灾害研究的重点逐渐移向前灾害期社会系统的备灾状态，因而具有了防灾社会学的取向。在他看来，因为具有社会变动论的取向，所以社会学的灾害研究能够为已有的社会学理论（如社会变动理论）提供研究素材；因为具有防灾社会学的取向，所以社会学的灾害研究必然面向实践，直接服务于减少脆弱性、增强复元・恢复力的社会建设。[①]

在长田攻一之前，田中重好已经提出，可以把社会学的灾害研究区别为"以灾害为研究对象的社会学"和"以灾害为研究素材的社会学"；前者为后者提供宝贵的研究素材，而后者则关注灾害的"非日常性"一面，发现那些在"日常状态"中隐藏很深而被忽视了的社会矛盾，从而修正和完善已有的

① 岩崎信彦等:《阪神・淡路大震災と社会学》第3卷，昭和堂，1999年，第323—324页。

社会学理论。①

长田把自己的“社会学灾害研究双取向论”与田中的“社会学灾害研究两类论”相结合，首先把“以灾害为研究对象的社会学”区分为“以说明灾害的社会性机制为目的的‘灾害社会学’”和“以战胜集合性灾害应急反应，并在实践中创建新的具有更高灾害免疫力的社会系统为目的的‘防灾社会学’”，其次把“以灾害为研究素材的社会学”区分为“以修正和完善已有理论为目的的‘理论性研究’”和“以解决以灾害问题的形式表现出来的基层地域社会矛盾为目的的‘实践性研究’”，由此勾画出社会学灾害研究“四分法”的一般图式。

社会学灾害研究四分法

	理论化取向	实践性取向
以灾害为研究对象的社会学	灾害社会学	防灾社会学
以灾害为研究素材的社会学	理论性研究（如地域社会理论研究、社会阶层理论研究、家庭社会学理论研究、族群社会学理论研究、社会变动理论研究等）	实践性研究（如街区建设、社会运动、社会规划等）

① 岩崎信彦等：《阪神・淡路大震災と社会学》第3卷，昭和堂，1999年，第334页。

但是，对于以“脆弱性”和“复元·恢复力”为基本概念的灾害社会学来说，防灾研究是其出发点和归宿。所以，显然不能把防灾社会学从灾害社会学体系中分割出去。不过，长田和田中的分析确实揭示了灾害社会学的一般特性，即这是一门具有“理论化”和“实践性”双重取向的学问。

2. 日本灾害社会学向“实践性取向”的倾斜

在“理论化”和“实践性”的双重取向中，日本的灾害社会学明显地倾斜于“实践性取向”，具体表现在以下两个方面。

其一，从已有研究来看，日本灾害社会学的“理论化取向”较为薄弱。首先，从数量来看，根据田中淳的统计，在二战结束至 20 世纪 90 年代初期，日本关于自然灾害的社会科学研究共有 2087 项，其中，防灾对策研究 862 项，灾害状况纪实 462 项，受灾状况调查 329 项，灾害过程理论研究 287 项（案例分析 171 项、基础研究 116 项）。由此不难推知，日本灾害社会学在基础理论研究方面的研究，数量十分有限。从日本学者撰写的灾害社会学专著来看，大多理论框架欠完备，逻辑演绎欠精致。其次，从内涵来看，在为数不多的理论研究中，大多属于具体理论领域的研究，而很少有关于灾害社会学理论体系整体框架的研究；至于日本学者撰写的灾害社会学专著，也大多存在理论框架欠完备、逻辑演绎欠缜密的倾向。

关于造成上述“理论化取向”薄弱的主要原因，试举两点：（1）灾害社会学这一学科还十分年轻，而理论积累则是有待时日之事；（2）置身于重大灾害频发的国度，日本的灾害社会学研究者不得不把大量的时间和精力用于实地调查和对策研究，因而缺少进行缜密细致的理论思考及在此基础上建构理论体系所需要的时间。

其二，就基本理念而言，日本的灾害社会学具有鲜明的“实践性取向”。这一“实践性取向”主要体现在六个方面：一是旗帜鲜明地以灾害共生实践研究为出发点和归宿；二是研究项目绝大多数为应用性研究；三是研究成果直接服务于相关政策法规的制定和各项相关实践活动；四是受灾地长期调查的研究方法受到普遍重视；五是作为研究成果的实证资料浩瀚、真实、完整；六是大多数研究者明确地把灾害社会学作为一门“实践的学问”。正是这种鲜明的“实践性取向”使日本灾害社会学成为世界灾害社会学体系中的一枝奇葩：尽管“理论化取向”较为薄弱，但总体水平仍位居前列，为其他国家的灾害社会学研究提供诸多有益的参考和借鉴。

其实，自20世纪末以来，已有越来越多的日本学者意识到“理论化取向”薄弱这一问题，并明确提出日本的灾害社会学应该处理好“理论研究、实证研究和社会实践的关系”[①]，必须把构建关于灾害共生实践的学问体系作为重要课题。[②]下述弘文堂“灾害社会学”系列丛书，可以说正是他们构建这种学问体系的一种尝试。

六、关于弘文堂“灾害与社会”系列丛书

弘文堂是日本著名出版社之一，已有110余年历史，以出版高质量的法律和社会学的学术著作在日本的学术界和出版界享有盛誉。2007年12月，弘文堂推出系列丛书“灾害与社会”的第1卷，至2009年3月已出齐一期计划的8卷。

该套丛书的编著者以中年学者为主体，他们大多是当今日本灾害社会学研究的领军人物，其所属单位及职务如下：

大矢根淳（第1卷和第2卷主编之一）：专修大学教授，早稻田大学地域社会与危机管理研究所兼职研究员。

浦野正树（第1卷和第2卷主编之一）：早稻田大学教授，

① 岩崎信彦等：《阪神・淡路大震災と社会学》第3卷，昭和堂，1999年，第322页。
② 大矢根淳等：《災害社会学入門》，弘文堂，2007年，第32页。

早稻田大学地域社会与危机管理研究所所长。

田中淳（第1卷、第3卷、第7卷和第8卷主编之一），东洋大学教授，日本中央防灾会议专门委员，日本文部科学省科学技术学术审议会专门委员，日本文部科学省地震调查研究推进总部专门委员会委员，日本国土审议会专门委员。

吉井博明（第1卷、第3卷、第7卷主编之一）：东京经济大学教授，日本中央防灾会议专门委员，日本原子能安全委员会专门委员，日本文部科学省地震调查研究推进总部专门委员会代理委员长，日本消防审议会会长。

吉川忠宽（第2卷主编之一）：日本防灾都市计划研究所计划部部长，早稻田大学地域社会与危机管理研究所兼职研究员。

菅磨志保（第5卷主编之一）：大阪大学特聘讲师。

山下祐介（第6卷著者、第5卷主编之一）：弘前大学副教授。

渥美公秀（第5卷主编之一）：大阪大学副教授。

永松伸吾（第4卷著者）：日本防灾科学技术研究所特别研究员。

以下，就各卷内容做一简单概述。

第1卷《灾害社会学导论》由七章构成，分为“总论”、

“分论”和“灾害社会学的涉及范围与新型风险”三个部分。“总论”部分提纲挈领地回顾了日本灾害社会学研究的历程，并简明扼要地论述了日本灾害社会学的基本概念和理论框架；“分论”部分对日本灾害社会学的主要研究领域予以分别评述；第三部分对日本灾害社会学的新研究领域进行了分析和展望，其中关于核灾害的特性及应对的论述，在东京大震灾引发核电站严重核泄漏事故的今天读来，其前瞻性和学术敏锐性显而易见。在本套丛书的规划上，主编们赋予这第1卷以“母体”的职能，其各章主题即为其余各卷的选题，所以也可以说它是本套丛书的序言或概论。

第2卷《灾后社区重建导论》也包含七章，分为“概论”和“分论”两个部分。“概论”部分提出了复兴社区论的分析框架和基本观点；“分论”部分在案例研究的基础上，分别对震灾、火山喷发灾害、战争灾害、水灾、火灾等灾害现象与社会制度的相互关系以及受灾者生活重建的具体过程进行理论考察。

第3卷《灾害危机管理导论》以灾害会导致的三种危机——灾时生命财产危机、灾后复兴·重建危机以及受灾地社会崩溃危机——为前提，从灾害危机的“管理能力是在具体案例的学习中培养出来的”这一基本认识出发，试图提供一本“面向防灾危机管理者的基础讲座”。全书11章分为三部分：

第一章对灾害危机的本质和分类、灾害危机管理的要点和失败原因进行理论分析；第二章至第十章构成第二部分，区分不同种类的危机，结合具体的案例分析，论证灾害危机管理者应该采取的应对措施；第十一章聚焦灾害危机管理者的实际技能，介绍若干具体的训练和演习方法。

第 4 卷《减灾政策论入门》围绕巨大灾害的管理和市场经济问题，从四个方面对减灾政策进行分析。首先，从灾害的低频度化、巨大化、多样化、复杂化等视角分析防灾减灾这一政策领域的特点；其次，分别从灾时经济损失以及巨大灾害后复旧复兴所必要的财政来源这两个角度，分析减灾政策论的核心——经济风险问题；再次，以地域防灾计划为例，探讨减灾政策中的管理结构问题；最后，在上述三方面的基础上，探讨作为减灾政策的组织基础的管理体制模式。在日本学术界，该书受到很高评价，被认为既开拓了公共政策研究的新领域，同时也标志着灾害经济学的初步形成。2009 年，该书获得“日本公共政策学会著作奖”。

第 5 卷《灾害志愿者理论入门》围绕“何谓灾害志愿者”这个问题，从“理论”、“实践”和“思想”三个层面予以考察。“理论篇”从理论上说明“何谓灾害志愿者”：首先从宏观视角分析风险社会中的志愿者的思维和行动特征；继而从灾害志愿者与受灾者之间的关系这一微观视角，分析灾害志愿者的社会价值；最后从灾害志愿者行为这一内在角度，分析灾害志愿者应该是一种怎样的存在。"实践篇"分别介绍救灾、复旧复兴等不同阶段的灾害志愿者活动实例，通过那些活动的内容、成果以及"在那些活动中持续反映出来的东西"来对"何谓灾害志愿者"予以注解。"思想篇"通过灾害志愿者活动中形成的新型价值观念来深入说明"何谓灾害志愿者"。该书在对先行研究进行概括和梳理的同时，尝试建构一个志愿者研究的分析框架，这在日本的志愿者研究史上具有划时代的意义。

第 6 卷《风险社区论》从"现代社会是风险社会"这一基本认识出发，分析在社区这一层次减灾及救灾的可能性以及使这一可能性成为现实的必要举措，并试图构建一种风险社区理论。全书分三个部分，第一部分分析日本社会中所存在的各种风险以及居民共同体的演变，从历史的角度论证风险社区的必要性和逻辑必然性；第二部分对关于居民共同体和社区的先行研究进行梳理，从中找出构建风险社区的理论依据；第三部分以上述理论为依据，对风险社区的形态进行具体设计，并提出风险社区的一个重要特点：与以往的社区论强调社区内部的资源动员、自我完结不同，风险社区在资源动员上，不能局限于社区内部，还必须动员和利用外部资源。

第7卷《灾害信息论入门》较为全面地介绍了灾害信息论这一从信息论视角研究减灾问题的新兴研究领域，其内容主要包括以下几个方面：灾害信息论的主要观点和理论框架、灾害信息的生产、传播和接受，灾害信息的共有，灾害报道等灾害信息的负功能。

第8卷《从社会调查看到的灾后复兴》与其他7卷不同，是一项个案研究。2000年三宅岛发生火山喷发灾害，某专业调研机构在灾后对岛民进行了连续四年的追踪调查，第8卷即以这一调查数据为主要依据，描述受灾者的意识和生活的变化过程，分析当地社会灾后复兴建设的过程及其各阶段的重要任务，揭示了复兴理想与现实之间的矛盾，对"灾后复兴"给予了真实诠释。该书的价值已超越灾害社会学研究本身，作为追踪调查研究的个案，它对社会调查方法研究也提供了不可多得的素材。

总之，弘文堂的"灾害与社会"系列丛书一期计划的8卷各有特色，又共同构成一个体系。这套丛书是日本灾害社会学各主要领域前沿研究的集萃，也是日本灾害社会学理论框架建构的一种尝试，在日本灾害社会学发展史上必将留下浓重的一笔。

人类遭遇极端天气和灾害已经成为常态，这一点跨越国界，不分民族。因此，我国学术界也亟须开展灾害社会学研究，构建中国灾害社会学体系。他山之石，可以攻玉，这套丛书对于我们具有借鉴和启示之意义，自不待言。值得欣慰的是，经过多方努力，这套丛书前三卷的中译本终于可与中国读者见面了。借此机会，我们对前商务印书馆副总编辑王乃庄先生在推进我国灾害社会学研究方面的远见卓识表示崇高的敬意；对大矢根淳教授在中译本翻译过程中所提供的无私帮助表示诚挚的谢意；还要特别感谢商务印书馆编辑王仲涛先生，因他很多有益的建议和帮助，才使这三卷中译本得以顺利面世。

蔡骥

2011 年夏

目录

序

3

危机管理这一词汇为日本社会广泛认知还是近几年的事情。虽然很多人是在美国“9·11”恐怖袭击事件发生后才知道这个词的，但是早在1995年的阪神·淡路大震灾以及奥姆真理教制造的地铁沙林毒气案发生之时，这个概念就已经开始受到了社会的关注。“安全和水是不用愁的”这一日本社会的重要特征随着这两起事件与无孔不入的恐怖袭击的发生，正和泡沫经济一起走向消亡。每当恐怖袭击事件发生时，人民对安全与安心这一最为基本的希求的渴望度都显得越来越强。2004年，台风先后10次在日本登陆，加之又发生了新潟县中越地震，“灾”成了那一年的流行语。2007年先后发生了多起篡改食品保质期的恶性社会事件，还发生了能登半岛地震及让人们对核电设施耐震性能深感不安的新潟县中越冲地震。诸如此类威胁到人们的安全、令人不安的事件可谓层出不穷。

在这一社会背景之下，危机管理作为实现和保障人们对安全、安心的渴望的关键词汇登场了。政府以及众多的地方公共团体都新设了负责危机管理的部门，或者对已有的相关部门重新进行了调整。许多地方都新设了“危机管理人”这一职位，企业也设立了负责危机管理的董事职位。

然而，危机管理并不如此简单，并不因人们如念经般反复地强调，情况就会有所改善。危机本来就形式多样，包括地震、洪水、火山喷发这样的自然灾害，工厂爆炸、危险物外流事故，或是新型流感、中毒这样的医疗保健事件，还有恐怖袭击、国际纷争等等。这些事件通常是难以预测的，所以当这些威胁到人们生命的严重事件突然发生时，需要采取恰当迅速的应对措施。许多情况下，对事件的把握和应对需要相关的专业知识，有时甚至必须在时间紧迫和仅掌握少量不确切信息的情况下做出决断。由此可见，危机管理是一项多么困难的工作。要做好这项工作，完善组织与体系以及培养相关人才是必不可缺的。毋庸赘言，危机管理虽然是一项领导发挥重要作用的工作，但成败的关键在于辅佐领导的专业团队的能力。

本书作为“灾害与社会”系列丛书继《灾害社会学导论》和《灾后社区重建导论》之后的第 3 卷，是为从事危机管理的专业人员撰写的入门书籍。由于危机的形式多种多样，无法一一涉及，因此本书涉及的危机仅限于自然灾害。在日本，谈到危机管理主要是指对自然灾害的危机管理，因为日本随时随地都有可能发生自然灾害。

灾害会引发三个层次的危机：第一层是灾害发生后造成生命财产损失的危机，第二层是灾后重建工作中可能引发的危机，第三层是区域社会崩溃瓦解的危机。灾害发生后，首先必须采取应急措施挽救生命与财产。这项工作告一段落后，工作的重心转向灾后生活重建上。如果是发生大灾害的话，作为一个持续10年的长期问题，因灾害而蒙受打击的区域社会的重建将成为一个重要课题。

基于以上考虑，为从事灾害危机管理的一线人员提供入门书籍即为本书的定位。虽说周全、缜密的准备工作和随机应变对于危机管理是不可或缺的，但是这种能力是在具体案例的学习中培养出来的。因此，本书将尽可能多地列举各种灾害案例，在此基础上简明扼要地指出危机管理的要点。本书共分十一章，第一章为引言，第二章至第五章主要从危机管理责任人的角度出发，根据灾害的不同种类分别介绍具体案例，分析灾害发生后针对第一层危机的应对措施，并总结其中的经验教训。第六章、第七章将关注危机管理中居民与媒体的动向，因为他们将直接影响第一层危机应对工作的成败。我们将具体分析居民的避难行动以及媒体的报道。在第八章、第九章中，我们主要思考应对第二层危机的问题，即对灾后重建的行政援助以及产业的重建复兴。第十章中我们将从互助的角度出发，探讨如何让自主防灾组织充分发挥其作用以及如何加强志愿者的合作。第十一章主要讨论为提高危机管理人才的技能而进行的训练、演习的相关理论和方法。

以上是对本书的大体构成的介绍，接下来我们再详细说明一下每一章的具体内容。作为引言部分，第一章首先回答何 5 谓危机、何谓危机管理等一些基本问题，然后分析造成危机管理失败的因素。主要观点是，首先，危机所具有的非常规性、突发性以及紧迫性等特性会对危机管理工作造成困难，导致失败。此外，危机管理需要根据自上而下、提前主动的原则做出判断，而沿用平时常规的自下而上的决策系统来进行危机管理是导致失败的原因。

第二章中，我们将通过实例来分析地震灾害时危机管理的具体情况和教训。首先例举阪神·淡路大震灾时芦屋市受灾的职员所面临的严峻局面，重点考察职责纠纷等问题。其次，介绍在新潟县中越地震时抗震总部如何向媒体开放，如何处理避难所数量不足、存在孤立地区的问题以及对灾情的报道。此外还介绍了地震海啸警报的发布、呼吁居民实施避难以及居民避难的实际情况，并分析了部分居民不采取避难措施的缘由所在。

第三章讨论洪涝灾害时的危机管理。在洪水、山体滑坡等洪涝灾害发生时，河流以及陡坡的管理者根据相关法规，不仅在硬件设施上，还在信息提供等软件方面采取各类对策。我们首先介绍与风灾、水灾有关的相关法令，然后通过最近发生的丰冈市的水灾以及水俣市的山体滑坡灾害等受灾事例，分析各级地方政府的应对措施和面临的课题，最后总结洪涝灾害中一些共通的经验教训。

第四章讨论火山灾害的危机管理。火山灾害与其他自然灾害不同，有以下多种特点：一是灾害的形式多样；二是虽然可以实现预警，但是除对地区建设的地理位置进行相关限制以及灾时避难之外没有有效的对策；三是灾害的持续时间较长。对此，我们根据持续时间和爆发的不确定性对火山灾害进行分类，通过云仙普贤火山喷发和2000年有珠山火山喷发等具体案例，分析紧急援救以及灾后生活重建等各阶段行政应对中所面临的问题。

立足于第二章至第四章中讨论的问题、总结的经验教训，第五章将总结在灾害发生初期和紧急救援期间市镇村各级长官和辅佐其工作的危机管理人作为“抗灾总部”必须实施的重要工作内容，以及在迅速、准确地实施这些工作时必须注意的各种问题和专业知识。特别是事前应做哪些检查工作，灾害刚发生后应做怎样的思想准备，采取何种行动。

第六章中我们将关注居民的避难行动。许多灾害发生中都会有一些居民不愿意进行避难，其原因何在？本书将从多个角度进行分析，并提出“溢出模型”这一避难行动中的新模型。此外，发布和传达灾害警报是政府在应对灾害时的主要工作之一，本章将论述政府应当发布什么信息，应当怎样有效地利用媒体，并将探讨利用移动电话传达信息这一新服务手段的可行性。最后还将分析不愿意进行避难的居民的心理，强调因人而异展开交流说服工作的必要性。

在第七章中，我们将探讨如何进行宣传报道，如何应对媒体以及利用因特网等问题。这些问题在危机管理的现场指挥中显得愈发重要，也是灾区政府最为苦恼的问题。因为政府一方面要时刻向受灾群众提供有关避难所、救灾物资、澡堂、商店等一系列与救援和群众生活相关的各类信息，另一方面又要忙于应对各类媒体报道。政府应当如何妥善处理这两项工作，本章将通过实际案例进行探讨分析。

第八章将涉及在以往灾区的重建复兴过程中，行政部门该如何参与及怎样参与的问题。首先，思考行政部门对灾害所引发的第二层危机，即生活重建中出现的危机该给予何种援助。本章将回顾从过去到最近《受灾者生活重建援助法》被修订为止的这段历史经验。在此基础上明确指出行政部门制定复兴计划的基本方针。本章将详细论及目标设定、计划制定的体制与机制以及计划内容等各要素。关于这一问题，请详见《灾害与社会》第2卷《灾后社区重建导论》。

第九章将讨论有关产业损失和企业的危机管理战略问题。要实现灾区生活重建和地域复兴，首先要实现受灾企业的复兴。本章前半部分将阐述灾害对产业或地区经济造成的直接和间接损失。由此我们可以了解，受灾损失及影响程度与行业、企业规模、受灾时经济状况以及产业规定有关。之后将讨论行政支援制度及其有效性。后半部分聚焦企业的危机管理，将总结企业危机管理的历史以及企业持续经营计划（Business Continuity Plan）的现状及面临的问题。

第十章将讨论发挥着区域互助作用的自主防灾组织以及志愿者。关于自主防灾组织，本章首先回顾在区域互助上起到核心作用的町内会*、居民自治会的历史发展过程，然后提出进一步促进区域活动的目标方向。此外，本章还将介绍阪

* 町内会是日本基层居民自治组织的代表性名称，主要职能是维系社区邻里关系、营造社区文化。——译者

神·淡路大震灾之后全面开展各项活动的各志愿者组织和自主防灾组织之间的合作案例，并探讨今后的发展趋势。

第十一章中将系统地阐述提高危机管理人员能力的训练和演习方法。为培养正确且迅速应对各种危机的能力，反复训练和演习是必不可少的。但是，重复不成体系的训练和演习是没有效果的。本章将探讨如何有效地进行训练、演习这一课题，论述系统的训练和演习的方法。

在本书的策划及编辑的过程中，笔者深受弘文堂编辑部中村宪生先生的照顾，借此机会深表谢意。灾害危机管理的研究人员每当发生灾害就要立即赶赴灾害现场进行调查，并将调查结果整理为学会论文或报告。最近，仅应对各类突发事件已是竭尽全力，一直没能将研究成果编纂成册。所以，如果没有中村先生严厉而温馨的鞭策与鼓励，也就不会有本书的付梓。因此，再次向给予我机会使我的研究成果出版问世的中村先生表示最崇高的敬意与感谢。

编者

2008 年 2 月 22 日

第一章　灾害危机管理的定义

第一节　危机的定义

第二节　危机的多样性

第三节　危机管理——失败的原因、PDCA 循环方法

第一节　危机的定义

18

一、危机的定义

危机是指对于特定的主体（个人、家庭、企业等）或社会（地区、国家等）而言严重威胁其存在的事态（事件）突然发生并延续，亦或是迫近的状态。这一定义要注意以下三点。首先要明确是对谁而言的危机，能否把已经发生或者正在迫近的事态认定为危机，是因设定的主体与社会的不同而各不相同的。比如说某人遭遇交通事故，这对其本人或是家人来说的确是一场危机，但是对社会来说并不是危机，因为这只是每年多达数万起频发的事故之一而已。

第二是要明确严重威胁某个主体或社会存在的事态是什么，或者是由谁引起的。危机的原因（起因）将很大程度上决定危机的性质。危机的原因是地震、台风这样的自然灾害，或是企业生产活动中的事故，还是恐怖袭击这样的社会、政治问题，根据不同的原因，危机的性质以及危机的管理方法会有很大差异。

第三是要注意，突发性是认定危机的条件。危机包括像多数地震灾害一样没有任何前兆而突发的情况，也包括像台风一样在一定程度上可以从数天前预测的情况，无论是哪一类，从掌握危机的前兆到危机发生的间隔时间（前置期）短是危机的必要条件。自然现象的前兆的前置期和预测精度主要由观测系统的性能以及科技的水平所决定。而恐怖袭击的前兆则通过情报机关对恐怖分子的监控体系来完成。如果能够运用这样的监控来捕捉灾害的前兆的话，就可以事先做好例如防火、避难等应急措施，通过加强戒备把灾害防患于未然或者把损失控制在最低程度。但是像全球气候变暖这样逐渐形成的、到了一定程度就不可逆转的自然现象，能否把它看作是危机一直有所争议。通过加强观测以及科学的进步，在危机发生数十年前就能够在一定程度上预测到灾害损失的情况，是否应该把它称之为危机，或是当作其他问题来处理还有进一步探讨的余地。

19

这里又引出了另一问题，危机从何时开始，又至何时结束？危机是从捕捉到前兆开始算起，还是从实际发生灾害开始算起，这是一个很难的问题，因为这和前兆预测的精确度有关。比如，关于东海地震的提前预报，至今已有许多争论。如果提前预报“落空”，那就有可能造成巨大的应对成本（比如暂停工厂运营等），甚至可能引发可以称之为预报灾害这样的后果。又如，如果发生东南海地震，那就极有可能引发南海地震，如果做了预报可能会造成相同的后果。像这样预报地震的情况，危机应该从何时算起这一问题主要取决于社会的反应。如果社会的反应平静，那就避免了预报引起的危机；如果预报造成了社会混乱，那危机开始的时间就提前了。此外，危机何时结束这一问题有时也不容易回答。例如，在美国 9・11 恐怖袭击事件中，或许应当把可以确定一系列恐怖袭击已经结束的时点看作是危机的结束。还有火山喷发等自然灾害的情况也是如此，何时解除避难等宣布危机结束或者发表安全声明的时间点很难掌握。无论何种情况，判断危机结束的是危机管理者，虽然这个判断是根据客观的科学信息做出的，但是很大程度上仍包含了较多主观的政治层面的因素。

本书主要以因自然灾害（地震、暴雨或台风造成的洪涝或山体滑坡灾害、火山喷发）引发的区域性社会危机为分析对象，即“因自然灾害而极有可能对广大居民的生命财产、企业的资产及生产活动和社会基础造成重大损失的事态突然发生及延续，或者迫近的状态”。根据这一意义，本书使用了“灾害危机”一词。此外，危机管理的主体主要设定为负责区域安全的市町村以及都道府县，包括与之相关的地区自主防灾组织及企业。

20

二、从应对层面看危机的特征

在应对危机的时候，首先要思考陷入危机时会发生哪些问题？各类危机所共同的特征主要有以下三点：

（一）较高的不确定性（把握事态的困难性）

受灾的地点在哪里？遭受了怎样的损失？消防、警察以及其他相关部门采取了何种应对措施？危机发生后这些信息往往无法及时被传递出来。很多时候受灾最严重的地区的情况无法被传送出来，导致无法及时地应对。例如新潟县中越地震发生时，直到翌日仍然无法掌握有关与外界隔离的山古志村的情况，而在阪神·淡路大震灾发生时，与周边受灾较轻的地区相比，对神户市内受灾情况的把握则滞后了许多。1992年安德鲁飓风袭击美国佛罗里达州时，受灾最严重的地区的惨状直到飓风离去后的第二天才为人所知。由此可见，受灾最严重的、最需要援救的地区的信息往往无法及时被传递出去。

不仅如此，危急中无法获得信息时，人们往往会进行各种猜测。而这种猜测又会被误认为是事实，最终影响重要决策的出台。1986年伊豆大岛火山喷发时，误报环岛的道路被熔岩阻断无法通行，町政府抗灾总部把该地区的避难路线从公路（巴士）改为了海路。然而由于海浪汹涌，据说避难途中就有居民受了重伤。

此外，应对危机时，一些重要的信息会被埋没在各类繁杂的信息中，而无法被传递到决策层，即信息的格雷沙姆法则。1983年日本海中部地震发生时，有关大海啸的警报在秋田县厅中断未能上报，其原因也是大海啸警报这一重要信息在众多信息中被埋没了。在1991年云仙普贤火山发生的火山灰流事件中，在火山灰流发生之前观测站就发出了“火山情况出现异常，建议进行避难”这一宝贵的信息，虽然这一信息正确传递给了警察，但是在传递给岛原市政府之后信息的传递就中断了。此外，在2000年东海地区暴雨灾害中损失严重的西枇杷岛町曾收到了许多传真过来的信息，其中大多数是一些没有价值的信息。因此，抗灾负责人决定停止查阅传真。但这其中就包含有非常 21 重要的信息，却没有被看到。以上这些情况在事故发生时也经常出现。例如豪华客轮泰坦尼克号在撞上冰山并造成1500多人遇难这一海难发生之前，附近航行的船舶曾7次发电警告，但这其中只有两封电报被传递给了船长，而最为重要的警告电文并没有传递过去。紧急程度高的关及乘客性命的警报、联络被紧急程度低的联络信息（通知船到港的时间等）耽误了。

此外，危机还经常呈现出不断变化的态势，尤其是遇到火山喷发，喷发的地点每时每刻都发生着变化。这就会造成相关人员在了解情况与应对决策上出现时间滞差。1986年伊豆大岛火山喷发时，抗灾总部的指示信息以无线方式及时传达给了现场的警察，但是由于通信手段的问题，发送给消防队的指示信息被延误了。其结果就是，同一现场的警察与消防队员向居民发布的避难指示相互间存在出入。同样的事件还发生在2004年的新潟暴雨灾害中。受灾严重的三条市抗灾总部曾发布了避难公告，但是由于在市政府内部未能实现信息的共享，因此在回答居民和外界的询问（避难公告是何时向何处发出的）时出现了错误。不同部门之间的信息共享就愈加困难了。阪神·淡路大震灾发生时，由于被活埋人员的地点这一信息未能在警察厅、消防厅、自卫队之间实现共享，致使救援行动的任务分配及调整颇费周折。

由此可见，危机出现时，由于1.无法在第一时间获取重要信息；2.错误的信息满天飞；3.重要的信息埋没在众多的信息中而未能传递给决策层；4.未能实现信息的共享等情况的出现，都使得掌握灾情的难度加大，使得应对工作出现混乱。

（二）时间紧迫

危机发生后，市町村及都道府县须立即设立抗灾应对总部，同时要对信息的收集及传递、发布避难劝告、避难指示等诸多事项做出决定。抗灾应对总部的指挥人员也可能因突发事件的出现而不知所措并陷入恐慌，失去做出冷静判断的能力。他们可能只是机械地处理各类传递进来的信息，忙于接听各类电话，从而延误了做出重要判断、决策的时机。要在紧急情况下做出迅速且正确的判断，必须对事态有一个总体的把握，同时预测事态的发展。在何处可能会发生何种情况，又会如何演变，能否描绘出危机情形是关键所在。因为如果能够描绘出危机发展的情形的话，就能够据此进行必要的调查从而弄清楚必须着手的工作。例如，1986年伊豆大岛火山喷发之际，抗灾指挥人员就曾迅速、准确地向全岛居民发布了避难指示。之所以能够成功地做出决策，是因为东京都的抗灾指挥人员在火山喷发前仔细研究了1983年三宅火山喷发时的应对过程。这使得指挥人员能够把握全局并对灾情的发展做出预测，从而迅速地做出了正确的决定。

（三）可调动资源不足

应对危机时我们要注意的另一点，这就是地区内可以调动的人力物力资源是有限的，如果要采取所有必要的应对措施，资源就会出现不足。比如发生洪水灾害时，要救出没有及时撤离的居民时，必需的小船往往会不够。又如，要将洪水排出的话，需要移动式水泵，但该区域不一定有此设备。阪神·淡路大震灾发生时，消防车和救护车的数量不够，消防栓不出水的情况也较多。在被埋在倒塌房屋中的受灾人员中，八至九成是被家人或附近的人救出的而不是警察或自卫队。2007年新潟县中越冲地震发生时，求助的要求纷至沓来，而出动的救护车在途中被其他抱着受伤人员的人们拦下，始终无法赶到求助现场。

也就是说，危机发生时，在灾情瞬息万变、只掌握一些不确切信息的情况下，决策者必须迅速做出正确的决定。同时，他必须面对一个非常困难的局面，即手中可调动的资源十分有限，而请求、要求却纷沓而来。

（吉井博明）

23 第二节 危机的多样性

危机有着不同的形态，不同形态的危机需要不同的应对方式，这一点不言而喻。单是自然灾害就有多种形态，根据不同分类基准可以分为许多类型。以下列举灾害危机分类的主要基准。

一、灾害原因（诱因）及危害

最简单的分类方法就是根据灾害的成因或者因其引起的危害来分类。就自然灾害来说，有地震（断层运动）、台风、集中降雨、火山喷发、满潮等多种原因，这些因素又会引起地面摇动、海啸、洪水、塌方、岩浆流、泥石流、水位上涨、积水等多种危害，进而给居民生活带来损失。

二、灾害的发生时间与季节

根据灾害发生的时间不同，受灾的情况也有

所不同。阪神·淡路大震灾发生在长假结束后第一个工作日的清晨，因此新干线虽然受损，却没有乘客伤亡，商业街的建筑虽有倒塌现象，却几乎没有造成人员伤亡。若是发生在工作日的中午的话，则不仅会造成严重的人员伤亡，还可能使许多上班族无法回家，这样危机的后果就截然不同了。同样的道理，海啸是发生在旅游旺季夏天的海滨，还是发生在冬夜的海滩，其结果自然不同。此外，应对危机的能力也与危机发生的时间有很大关系。假设危机在各时间段发生的概率是相同的，一年的工作时间以2500小时来计算，那么工作时间段发生危机的概率仅为28.5%。如果灾害发生在工作时间段以外的话，就需要采取紧急集合等应对措施，那么灾害的应对就需要更多的时间。

三、受灾面积

24

受灾面积大小也是因素之一。对小范围灾害的应对措施和对波及多个都道府县的大灾害的应对措施有很大的不同。灾害范围可以小至一个市町村的一至两个地区，也可以是某个市町村全境或是同一都道府县内的数个市町村，甚至可能是影响多个都道府县、超越地区的超级大灾害。预计可能发生的东南海·南海大地震就是受灾范围极大的超级大灾害。受灾范围越广就需要国家发挥更多的作用，需要更多的组织一起配合应对灾害。此时建立协作体系就成为了关键。

四、受灾程度

受灾程度越是严重，灾区的应对能力会因抗灾资源（人力及物力）蒙受损失而下降。此时就需要建立能够动员灾区所有资源的指挥体系，并且需要外界的强力支援。与“三”的情况相同，此时建立大规模的救援体系显得尤为重要。

五、受灾地区特征（特性）

受灾地区是大城市还是山区，受灾地区的特征不同应对方式也不同。像新潟县中越地震这样的灾区，由于地处山区，问题集中体现在孤立的村落或极限村落[①]等方面。而如果是东京这样的大城市发生灾害时，问题则集中在大量的避难民众以及无法回家者的安置方面。此外，受灾民众对返回原住所的坚持程度也各不相同。

六、危害及灾害的持续时间

火山喷发与其他灾害的不同之处，在于其所造成的危害是形式多样的。这些危害会不断发生变化并长期持续（例如云仙

---

① 指 65 岁以上人口占比 50% 以上的，村落的功能及发展到达极限的老龄化村落。——译者

普贤火山喷发持续了近 6 年)。每次地震余震的持续时间各不相同,一般来说主震越强余震持续的时间越长。而洪涝灾害一旦发生,危害将从大坝溃堤持续到缺口被堵上为止。

七、危机的多样性及危害的连锁效应

25

地震带来的危害是多种多样的,比如大地摇动、海啸、砂土液化、山崩、房屋倒塌、火灾蔓延等二次灾害,还包括民众被困于房屋、电梯中,在避难过程中沾染疾病以及因各种心理压力造成的间接死亡等(详见图 1-1)。如图所示,随着各种危害的并发,灾情不断扩大,灾害的性质也随之发生改变。自然

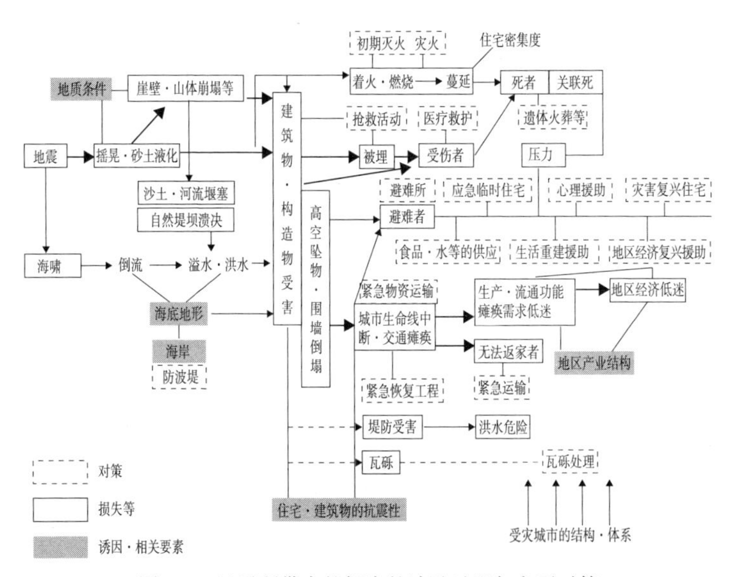

图 1-1 地震所带来的损失的波及过程与主要对策

灾害就其诱因或其引发的危害而言确实是天灾，但是灾害在向二次灾害、三次灾害转变的过程中，住宅等建筑物的耐震性能、城市布局以及城市生命线等人为因素变得愈发重要，社会灾难（人祸）这一层面就凸现出来了。

八、诱因的发生间隔

诱因的发生间隔时间也是重要因素之一。像关东大地震这样的大地震一般每 200—300 年发生一次，东海地震、东南海、南海地震大约每 100—140 年发生一次。而有珠山每 20—30 年喷发一次。但富士山在近 300 年来都未曾喷发。像有珠山这样喷发间隔短且间隔时间基本固定的情况，不仅容易应对，而且当地居民也将所学到的经验传给了下一代，容易形成防灾文化。反之，如灾害间隔时间长而又没有规律的话，则难以把应对危机的经验运用到下一次灾害中去。每次发生灾害的情形不同，就无法很好地运用之前的经验（经验的反作用），因此就难以形成防灾文化。

26

九、灾害、危机的持续期间

如果无法事先捕捉到危机的前兆，那么灾害和危机就将同时发生，危机会一直持续下去，直到应急措施开始发挥作用、受灾范围不再扩大、局面已经趋于稳定方才宣告结束。与此不同，会一直持续到社会的基础设施得以复原，或是地区恢复原貌、实现地区复兴为止的这种大灾害发生时，灾害的持续时间可长达10年以上。如果在较早的阶段就捕捉到了灾害发生的前兆，或者是像预测地震对灾害进行长期的概率评估，即便在地震实际发生之前，这些信息就早已对区域社会产生了影响，只要这种影响被控制在一定范围之内，那么这段时期只能算作灾害的预警期，不应算作灾害期。

十、恢复的可能性

因危机的出现而遭受严重损失的地区并不是都能够恢复原貌、实现地区复兴的。甚至可能出现村落消亡、地区毁灭的极端情况。特别是一些被称作极限村落的高度老龄化的村落，很有可能因灾害而消亡。此外还有某些情况是地区整体并未消亡，但是商业街、当地产业、港湾等却因灾害停业或者失去顾客，无法恢复到原来的模样。

如上所述，危机有诸多特点，因此制订能够完全对抗危机的完美计划或指南几乎是不可能的。也就是说，虽然我们主要通过制订计划与指南来应对危机，但是在实际操作的过程中，有许多情况要求我们随机应变地处理问题。因此，危机管理的责任人必须掌握能够随机应变地应对危机的专业知识。

（吉井博明）

27 第三节 危机管理——失败的原因、PDCA 循环方法

一、危机管理的定义

危机管理是指“在努力预防或缓解危机发生的同时做好充分的准备工作，一旦危机发生，立刻采取各项应急措施，尽可能把损失控制在最小范围，同时防止危害的扩散，并为日后能够早日重建灾区而筹谋划策的综合应对能力”。因此，危机管理有两层含义：其一，在危机发生前，通过预防减灾（如提高建筑的抗震性、加固堤坝）从而抑制危机发生或者尽可能缩小危机的规模，通过事前准备（包括制订应急计划及规程、配齐必需的器材设备、专员培训等准备事项），采取防止危害扩散的对策；其二，在危机发生后，实施各项应急措施（如灭火、抢救、治疗伤员、安顿避难群众等），

为尽早实现灾区的重建制订计划，并协调相关人员的意见。

二、导致危机管理失败的因素

那么危机管理是否能够进展顺利呢？只有在灾难实际发生时才能真正对危机管理做出评价。通过第二章至第四章的介绍，我们会发现，就最近发生的多数危机（灾害）而言，危机管理其实实施得并不顺利。事实证明，虽然我们制订了危机管理计划，确定了负责人，也任命了危机管理人等职位，但并没有达到令人满意的效果。灾害规模越大，其效果越是令人失望。这究竟是为什么呢？其原因主要有以下三点：

（一）发生预料之外的危机（重大事件）

28

灾害发生后的记者招待会上常能听到这样的辩解："没有预料到会发生这样的事情。"如果没有预料到导致危机出现的重大事态可能会发生，这种情况下的危机管理是不会获得令人满意的效果的。由于"关西不会发生地震"这一毫无根据的错误观念作祟，阪神·淡路大震灾发生时，县、市、町以及居民基本上都没有采取防范措施。不得不承认这种毫无根据的错误观念的代价太大了。

（二）预测到危机可能会出现，但未制定实战应对措施及开展训练及演习工作

如前所述，危机发生后经常会面临信息不确切、时间紧

迫以及可动用的抗灾资源不足的局面。如果没有这样的经历，人们很容易在危机发生后陷入恐慌，头脑一片空白，丧失平时所具有的能力。即便缓过神来，如果不具备紧急应对能力的话（有时甚至不知道自己应发挥何种作用），往往会按日常的方式来处理。更有甚者，不努力去掌握危机的整体状况，而仅忙于应付眼前的事态，往往会搞错应对工作的优先顺序。可以说，危急时刻往往会使人一叶蔽目。

（三）无法应对危机的多变——经验的反作用

危机是多种多样的，完全相同的危机是不存在的，这一点我们已经反复强调。如果只是预设某一类型的危机，那么发生不同类型的危机时就无法灵活应对。海啸灾害中经常提及的"经验的反作用"就是一个典型。1993年北海道西南冲发生的地震袭击了奥尻岛，并引发了海啸，如果依据十年前发生在日本海中部的地震的经验来判断，海啸在地震发生后不会马上来袭，然而，正是这一经验延误了居民的避难行动。1999年在熊本县不知火町松合地区发生了满潮引发的灾害。当地居民根据以往的抗台风经验，仅对悬崖塌陷可能带来的危险进行了防范，而忽略了满潮可能引发的危险，最终因没有及时避难造成了多人遇难。发生洪水灾害时，那些居住在经常会因下雨而出现积水的房屋中的居民常会误认为洪水只是普通的积水而已，从而导致没有及时避难。

三、做好防范工作应对危机

如何能让危机管理工作取得成功呢？不从以往失败的案例中吸取教训，而是走一步看一步，是注定要失败的。一定要做好准备工作。那么应该怎样去做呢？

首先要预测会发生何种危机，危机发生时会出现何种情况，也就是必须清楚地描绘出危机的具体情形，并在整个地区内实现信息共享。为此，比如要预测出地震可能会带来的损失，首先要制作海啸、洪水、火山喷发、满潮等灾害的危害地图。在制作过程中，要考虑到可能出现的最糟糕的情形。不是要预测我们能够应对的情况，而是要预测可能发生的最糟糕的情形，并思考如何应对。如果做好了上述准备工作，那么在面对并非最糟糕的局面时，我们就能比较从容地应对了。但问题在于什么才算最糟糕的情况，我们该如何设想。一般来说，特大台风与特大地震同时来袭的可能性是比较小的，但是，伴随着特大地震的发生，核电站也可能发生事故，所以做出这样的假设是有必要的。事实上，在 2007 年柏崎刈羽核事故中就发生了类似的情况。在此基础上，还要把危机出现时的具体情形告诉当地的有关部门和居民。如果了解灾害可能带来的损失及危害地图等情况的仅限于参与信息汇总的人员而已，那么这项工作是毫无意义的。为了实现信息共享，必须脚踏实地地做好宣传工作。

其次要把事前、事后的应对措施制订成计划。要根据《灾害对策基本法》制订地区防灾计划，制订核事故应对计划，并事先决定好由谁（或哪一部门）、至何时要完成的工作内容。平时要做好预防减灾（Mitigation= 提高耐震性、固定家具等）、制定预防对策及准备（Preparedness）工作。危机出现时要先采取应急对策，之后逐步实施恢复原貌的复兴计划。在预防减灾方面，要根据国家地震防灾战略的指示，严格设定目标值（例如10 年内将预想的危害程度降低一半），并一步一个脚印地向目标迈进。而在准备工作方面，需要备齐各种设备及器材，以便能够迅速有效地落实应急措施，要制订危机发生时人力资源的动员及分配计划，制定应对规程，并据此订立训练与演习计划。

第三是要实际落实各项计划。预防减灾计划可以作为政策评定的一环，每隔几年检查其实施进度，以落实整个计划为最终目标。提高避难所、抗灾总部建筑的抗震性等计划由于是由危机管理部门自行实施，所以对计划实施进度的监管就比较容易。但是在敦促居民提高住房的抗震性能、加固家具等时，使用的手段是十分有限的（仅限于呼吁、给予某些补助等刺激手段）。同样，在准备环节方面，要敦促当地居民及该地区做好各项准备工作。

此外，为了提高准备工作的质量，尤其是提高应急能力，必须做好研究以往案例和训练、演习这两项任务。获取习得应急能力所需要的专业知识不仅无法通过日常的在职训练（On the Job Training）来完成，也无法在危机发生后完成，因此只有事先通过重现以往失败的案例来学习其中的要点与诀窍。特别对于负责危机管理的领导而言，接受系统的培训是必不可少的，尤其要学习该如何把握受灾的整体情况，通过反复的纸面演习不断地重复危机发生时各相关部门的行动等可以预想到的环节。日本的行政人事制度重点是培养通才，因此为提高负责危机管理的领导的专业性，必须准备好严格的培训教程，必须建立一套只有通过了培训教程才能任职的人事体系。

四、PDCA 循环方法

危机管理最大的难题在于从预防减灾，也就是事前准备，到实施应急措施，再到重建的过程中，各阶段的计划是否能够真正发挥作用。正因为危机是多样的，所以要做到万无一失几乎是不可能的。何况随着时代的变迁，需要防范的危机也在发生着变化。很多时候其他地区发生的危机会给我们提出新的课题，启发我们以明确该如何制定有效的应对措施。例如，新潟县中越冲地震证实了地震发生时不能忽视发生核事故的可能性，能登半岛地震启发我们由县与受灾市町共同举办的会议作为一个信息共享的平台是非常有效的。在卡特里娜飓风袭击美国的前一年，联邦应急管理局（FEMA）组织了由联邦、州、郡、市一起参与的联合纸面演习（包括对策研讨会），即名为“飓风帕姆”的演习。由于没有预测到会发生决堤的状况，所以演习准备得并不充分，而之后提出的“路易斯安那州东南部飓风功能计划”在尚未完成时卡特里娜飓风就已经31登陆了。从中我们可以看到要实现各部门之间的协作是多么困难，同时也可以看到纸面演习与研讨会相结合的方式是十分有效的。

如上所述，了解、掌握其他地区发生的危机以及纸面演习等方法，可以让我们不断对已有的计划进行修正，因此这项工作是必须的。制订规划（Plan）→实施（Do）→检查（Check）→重新修正（Action），只有不断地将这一过程重复下去，才能让危机管理计划时刻保持着其现实意义。

【参考文献】

Tiemey, K. j., Lindell, M. K. and Perry, R. W., 2001, *Facing the Unexpected: Disaster Preparedness and Response in the United States*, Joseph Henry Press.

ケネディ行政大学院ケースプログラム「ハリケーン・カトリーナ(A)ニューオーリンズでの『ビッグワン(大災害)』の備え」C15-06-1843.0 = 東京慈恵医科大学・浦島充佳氏による訳.（http://dr-urashima. jp/pdf/sai-4.pdf#search=‘ハリケーンパム’）。

Fearn-Banks, K., 1996, *Crisis Comminications: Casebook Approach*, Lawrence Erlbaum Assoiciates.

大泉光一，1997『クライシス・マネジメント』同文舘。

（吉井博明）

第二章　发生地震灾害时的危机管理

第一节　阪神·淡路大震灾中市町村面临的问题

第二节　新潟县中越地震灾害（中越大地震）中市町村面临的问题

第三节　海啸袭来与市町村面临的问题

34

本章讨论的对象是位于灾害应急最前线的市町村。本章将通过具体案例指出市町村在遭遇地震袭击后展开震后紧急行动过程中面临的问题[①]。事前准备与临场应对被称为是妥善处理危机的两个重要因素（G. A. Kreps 1991）。为了妥善应对突发的地震，需要未雨绸缪，做好应急的各项准备工作。首先需要清晰地描绘出危机的具体情形，在此基础上制订地区防灾计划，再根据计划事先制订好各项应对措施（准备阶段）。另一方面，当地震突然袭来时，各种事态的出现可能与事先预计的情况相距甚远，对于意外突发的事件，需要根据具体情况随机应变地处理问题。临场应对能否成功很大程度上由平时准备的程度决定（准备得越充分，处理突发事态越是可能取得效果）。如何才能做好事前准备和临场应对，本章首先介绍市町村所面临的一些问题。

地震随时随地都有可能发生，而且展现出不同的形态。地震发生在哪一天或者是星期几，这些因素会对能否迅速召集工作人员产生影响，从而决定收集灾情信息等震后紧急行动能否成功。此外，如果在大城市发生地震，那么地震所引发的灾害无论在规模上还是在程度上都难以预测。而如果山区

---

① 本章以市町村政府机关中除消防等部门以外的一般行政部门为主要考察对象。

发生地震，可以预见山路的阻隔会加大救灾的难度。如果地震的发生还伴随着海啸来袭，就必须立刻让居民采取避难行动。如果地震是发生在盛夏或者隆冬，或者受灾面积广，那么情况将变得更加严峻。

本章主要以近年日本遭遇的最具代表性的两次地震灾害——阪神·淡路大地震和新潟县中越冲地震（也称中越大地震）为例，分析受灾市町村所面临的一系列问题。两起地震的相同之处在于两者都是直下型地震，不同之处在于前者震中位于城市而后者震中位于山区。此外，后者出现在前者的9年之后。通过分析，我们将对如下问题有所把握，即地震灾害中一些共通的问题，因发生地点的不同而出现的不同问题，所有灾害应对工作中存在的共通的问题。分析了这两起地震之后，我们再来看看近年来发生的海啸，对我们国家来说这也是不可避免的灾害。至于为了避免灾害的出现及灾害发生时我们应采取何种措施，这一问题将在第五章中详细阐述。

第一节　阪神·淡路大震灾中市町村面临的问题

一、地震的概况

平成7年（1995年）1月17日（周二）5时46分，发生了震源位于淡路岛地下16公里处、震级为7.3级的大地震（兵库县南部地震）。北淡町、一宫町、津名町（以上均为三地当时的地名）、神户市、芦屋市、西宫市以及宝塚市部分地区的烈度均达到7度，这是自福井地震（1948年）以来首次发生最大震级超过7级的地震，这些被称作“受灾带”的地区遭受了重大的损失。2月14日，在政府内阁会议上口头达成共识，将此地震灾害称为“阪神·淡路大震灾”。

发生在长假后第一个工作日清晨的这起地震，造成了二战之后最严重的人员伤亡，无数住宅房屋倒塌，煤、水、电、通信、道路等生活基础设施瘫痪，百姓的生活受到了严重影响。之后的重建工作耗费了巨额经费和无数的劳力，即使在12年后的今天其影响仍未消失。

此次地震发生在大城市，它让我们亲眼看到了城市直下型地震的恐怖，让日后日本的防灾、危机管理体系发生了巨大的变化。人们从多个角度重新审视以往的各项措施，如国家、

表2-1　阪神·淡路大震灾中的主要受灾情况

<table>
<tr><th>项目</th><th></th><th>整体受灾情况 *</th><th>兵库县芦屋市受灾情况 **</th></tr>
<tr><td rowspan="4">人员损失</td><td>死亡</td><td>6434人 ***</td><td>444人</td></tr>
<tr><td>失踪</td><td>3人</td><td>无</td></tr>
<tr><td>重伤</td><td>10683人</td><td rowspan="2">3175人</td></tr>
<tr><td>轻伤</td><td>33109人</td></tr>
<tr><td rowspan="4">住宅损失</td><td>全毁</td><td>104906栋</td><td>4722栋</td></tr>
<tr><td>半毁</td><td>144274栋</td><td>4062栋</td></tr>
<tr><td>部分损毁</td><td>390506栋</td><td>4786栋</td></tr>
<tr><td>火灾</td><td>293起</td><td>13起</td></tr>
<tr><td rowspan="2">避难转移人员</td><td>最大避难所数量</td><td>1138处</td><td>55处</td></tr>
<tr><td>最大避难人数</td><td>约317000人</td><td>20960人</td></tr>
</table>

资料来源：*《关于阪神·淡路大震灾的确切报告》，消防厅平成18年（2006年）5月19日，避难转移人数根据消防厅（1996）报告。

** 根据芦屋市政府网页（日期2008年1月11日）。

*** 阪神·淡路大震灾中，虽在地震发生时存活下来，但在随后的避难生活中因条件恶劣而丧命，即所谓的“地震灾害导致的间接死亡”的人数为912人（《防灾白皮书》，内阁府，2007年）。这是首次将“地震灾害导致的间接死亡”人数计入死亡人数的案例。

都道府县以及市町村各级行政部门的初期应对体制，大范围救援、灾害医疗、支援受困人员、与志愿者协作、防灾训练、加强住宅抗震性、发挥自主防灾组织的作用，等等。此外，还制定了新的制度，对原有的制度进行了补充和修改。

二、芦屋市的震后初期应对措施

36

地震发生后，市町[①]必须开展形式多样的初期应对措施，从而使损失降低到最小程度。其中包括收集、传达有关人员被埋、火灾等的受灾信息，向自卫队及其他市町村政府寻求并接受援助，在人员被埋现场开展搜救活动，设立避难所，确保食物与用水的供应调配，对运抵的救援物资进行分类、配发，媒体宣传，安置遇难者遗体等各项行动。为了迅速准确地开展上述行动，需要市长、町长迅速到达工作岗位，召集工作人员，确立组织体制。同时，还须确定指挥场所，保证转移人员、运送物资的车辆，确保通讯畅通以及避难所等设施。本次地震中受灾的市町在多大程度上满足了上述条件，在没有完全达到上述要求时，他们又是如何应对的？在此，我们以兵库县芦屋市的情况为例具体分析（芦屋市 1997）（下川 1995）。

① 在阪神·淡路大震灾中受损程度达到《灾害救助法》所规定的适用程度的市町有 25 个。本节中将其简称作“市町”。

（一）市长到岗

芦屋市秘书处处长在驱车迎接市长的时候，副市长已经在这段时间内开展了震后的初期应对救援行动。

当时全国唯一的女市长——北村春江市长离市政厅徒步30分钟距离的住宅在地震中受损。跑到屋外的市长让腰部受伤的丈夫横躺在脱落的推拉门上（之后因骨折在大阪的医院住院至3月初）。当天色渐亮的时候，秘书处处长高喊着“城里出大事了”驱车赶来——这是计划外的自发行动。在把丈夫送到徒步1分钟距离的医院之后，市长赶到了市政厅。抵达时间估计是在7点过后。①

此时，驱车2公里赶到市政厅的后藤太郎副市长已经在6点半左右开始了震后的初期急救行动。副市长安排两名职员去医师会会长家请会长来市政厅，并指示在附近的寺庙里设立遗体安置场所。此后打电话给殡仪馆订购了100具棺材。赶到市政厅的市长首先从副市长处得知棺材准备好了。

（二）召集工作人员

芦屋市发生地震以后，包括收集、传达各类信息，设立避难所，接收、分配从各地昼夜不停运送过来的救援物资等各项

① 朝日新闻社（1996年）对各地市长、町长的行动做了详细报道。其中，徒步或者自行驱车上班的市长、町长最先到岗，其次赶到的是部下驾车迎接的情况。而在家等待政府公车迎接，途中又遇到堵车的市长、町长最晚抵达。朝日新闻批评道：“地震刚发生后的3、4小时，市长没能为保护市民安全采取任何措施，而是把宝贵的时间花在了上班路上。”

工作都需要大量的专员。然而，多数从事这些工作的专职人员也遭受到了灾害的侵袭，其中 4 人死亡，111 人受伤，还有 10 名工作人员的配偶、父母遇难。住宅全毁的职员占总数的 9.3%（121 人），半毁、部分损毁的分别占 9.3%（120 人）以及 37.3%（484 人）。此外，市政府工作人员中有 7 成居住在神户市等其他地区，交通线路的中断也阻碍了工作人员的集合行动。由于上述原因，灾害当天工作人员的到岗率为 42%，第三天也仅达到 60%，工作人员严重不足。而消防官兵的到岗率在地震发生当天就超过了 9 成，可见在意识与行动上消防官兵的素质高于一般的工作人员。我们将在下一项中介绍有关一般工作人员的行动。

（三）建立组织体制（抗灾总部体制）

由于到岗的工作人员较少，地区防灾计划中所计划的抗灾总部在灾害发生后未能立刻发挥作用。因此，副市长在指挥震后急救行动时，没有依据工作人员的所属部门分配工作，而是根据事态的重要程度依次给到岗的工作人员发布指令。刚开始最为重要的工作是“抢救生命”、“确保食物与用水”以及“安置遗体”。

38

地震发生后的第三天，根据区域抗灾的组织计划，对物资分配、遗体安置、信息记录、避难所管理等当下紧要的重点工作配置了专员，建立了人员组织体制。之后，分别于 1 月 24 日、2 月 8 日、2 月 13 日、3 月 1 日、4 月 1 日根据活动内容的变化以及其他市町村和志愿者的援助情况，对组织体制做了改动。频繁地改动组织体制虽然是为了在工作人员数量有限的情况下最大程度地发挥其作用，但是也产生了各小组人员构成杂乱、难以统一指挥等问题，负责人员安排的领导对各小组的人员改编煞费苦心。

在抗震救灾活动中还出现了一些组织体制计划之外的队伍及活动。建设部组织了一支救援队，他们和警察、消防官兵一起展开了救援行动。这支由建设部与之后加入的城市规划部工作人员构成的救援队分成 12 个小组，每当从警察局职员处接到有人被埋在倒塌的房屋中的消息，就会组成两个人的工作组赶往事发现场，其中一人是司机，另一人当助手。

（四）办公场所

昭和 36 年（1961 年）建成的市政厅北楼于地震发生前两年进行过全面维修，在地震中虽然没有倒塌，但是作为避难所并不安全，因此于 19 日 20 时半起该楼禁止入内。平成 2 年（1990 年）建成的南楼在梁柱、抗震墙等处出现了裂纹，因热水管破裂及断水等原因导致洗手间、卫生间无法使用；尽管如此，但是其空调、电力系统仍可以使用。因此可以继续作为市政办公场所使用。而昭和 44 年（1969 年）建成的市政厅分部受损不大，也可以继续使用。

然而，能够继续使用的空间并不能满足所有的办公需求。南楼的走廊、一楼办公室以及会议室内挤满了避难的民众。市政府工作人员大多都住在市政厅办公，而且还有许多从其他地区赶来参加救援的工作人员以及志愿者。为了确保他们工作以及睡眠的场所，必须设置临时办公场所并借用部分民间设施。

此外，电力系统恢复得较早，而水和煤气供应的恢复却花费了一些时间。这样一来厕所用水就成了大问题。后来他们修复了附近小学的水井，以此保证了卫生用水。

（五）总部办公室与总部会议

39

作为收集、发送信息以及做重大决定场所的总部办公室的地点在地震刚发生后暂定在了市政厅北楼的警卫室，之后于 8 时 30 分迁至北楼二楼的第 6 会议室，最终于 9 时迁至市政厅中面积最大的南楼二楼会议室。

地震刚发生后，总部忙于处理现场的各种急救工作，无法召开总部全体会议，因此总部会议机制未能发挥作用。工作人员随时商讨出现的各种问题，副市长则临阵指挥，根据具体情况下达指令，这就是最初的工作状态。总部会议的地点最初设在了总部办公室（市政厅会议室），但是由于接听电话、交换信息的需要，总部办公室内拥挤不堪，因此总部会议后来移至副市长的待客室中召开。椅子不够，部分部长席地而坐参加了总部会议。在地震刚发生后的一段时间内，总部会议不分昼夜随时召开，讨论各部门的报告及当前所面临的问题。而从震后一周起至震后 100 天的 4 月 27 日为止，总部会议固定在每天上午8时召开。

（六）车辆

部分车辆被建筑物砸毁，停车场的电动卷帘门也因故障无法开启或者无法使用。震后室内一片狼藉，寻找车钥匙也颇费周折。

（七）通信功能

灾害发生后，固定电话线路由于拥挤而很难拨通，为实施各种应急措施而展开的信息收集工作只能依靠双腿来完成。此外，与县、避难所、市驻外机构的联络也不尽如人意。在地震当天要拨通向其他市町村请求援助的电话要花费几个小时。

在这种情况下，市长首先希望与县政府取得联系，但无论是电话还是卫星通信网络都处于瘫痪状态。县卫星通信系统本是最尖端的系统，它能够收集县内市町村的信息并迅速传递给国家，却由于县政府的自行发电装置的冷却水停止工作而无法使用（吉川2000）。

（八）避难所

选择在避难所避难的不仅是失去家园的人，还有担心余震发生的人们。芦屋市一共指定了21处避难所（预计可接受2950人），包括学校及一些公共设施。但是，由于寻求避难的人远远超过了预计人数，受损较轻的市政厅、民间公寓的大厅、托儿所等也成了临时避难所（1月19日高峰时有20960人避难，约占全体市民的 24%）。最多时共设置了 55 处避难所（1 月 24 日）。此外也有人选择在公园、空地搭帐篷或是在车内避难。

查看抗震总部的人员组织图可发现，1 月 19 日在避难所内并没有安排工作人员，很多工作人员（95 人）被安排去了物资分配组。然而到了 1 月 24 日有 65 名工作人员被安排在了 31 个避难所，2 月 8 日则有 50 人被安排在 4 个避难所。

三、召集工作人员

上一节概述了芦屋市的震后急救行动，本节将聚焦在行动中发挥了重要作用的工作人员的集结情况，同时与读者分享笔者在芦屋市所做调查的结果（黑田、广井 1996 年）。调查时间为平成 7 年（1995 年）8 月至 9 月，调查对象为除消防官兵及医院医生以外的芦屋市全体政府工作人员 680 人，委托市政府分发调查问卷，通过邮寄方式回收，回收率为 50.3%。以下为从家庭（有无弱者）、受灾现场遭遇、性别、职位高低等角度分析的结果。

家庭成员（有无弱者）

工作人员的家庭中有无弱者（婴幼儿、小学生、65 岁以上老年人、残疾人以及自身行动不便者）对其到岗时间有很大影响。在是否对离开家人赶赴工作岗位感到犹豫这一问题上，家庭中有弱者的人中有35.1%选择了非常犹豫，而家庭中没有弱者的人中只有18.9%。

许多工作人员为了保护家庭中的弱者，在震后没能及时赶到工作岗位。其中有人在自由回答中对未能及时到岗表达了自责与后悔的心情。有人虽然住在市内，但因无人照看父母而未能及时到岗，对此表示道歉。也有人遭受家人遇难、房屋倒塌的双重打击未能及时到岗，并回答道："作为公务员，未能舍弃一切完成任务，感到十分自责。"

41 **遇到受灾现场**

震后外出遇到人员被埋或者火灾时，政府职员会采取怎样的行动？如果在赶赴单位的途中遇到人员被埋或者火灾的情况，政府职员又将如何？在家附近参与救人、灭火、紧急治疗等行动的大约占17.5%。此外，在赶赴单位途中参加救人、灭火的占5.3%。"应更多地参与到附近的救人活动中去"——受访者中有人因此而感到内疚，也有人因分身乏术而体会到了情感上的纠结：一方面眼前的救援行动仍需要他的帮助，而他却必须赶往工作单位。

性别

从性别上看，男性及时到岗的比例较高。关于1月17日未能到岗的理由，列举了"家人受到伤害、财产受到损失"、"不能确保家人安全"等理由的女性比例高于男性。而对离开家人赶往单位是否感到犹豫这一问题的回答中，感到犹豫的女性比例高于男性。

职位高低

从职位高低的角度来看，职位越高的官员到岗越快。关于自己的到岗就位对部门的影响这一问题，回答自己的缺席会给工作带来严重影响的人数与职位的高低成正比。

由调查结果可知，在及时到岗的意识与行动方面，政府工作人员之间存在着相当大的差异。工作人员不仅面临着客观上能否及时到岗的问题，由于他们自身也遭受了灾害的侵袭，该如何处理亲人面临的困难，该如何面对自己看到的受灾现场，在这些问题上他们都体会到角色扮演上的矛盾（山本1981）。其次，我们还可以看到性别以及职位高低产生的差异。在本次地震后，全国各市町村都明确规定了人员的召集、配置标准（根据地震烈度设定相应的自行到岗的标准），并进行了突击集合到岗训练以及不利用交通工具的到岗训练。为了确保大地震发生时能够及时将职员召集起来，明确职员的行动规范、加强思想教育等工作无疑是不可或缺的。此外，从地震当日消防官兵的到岗率超过9成这点可以看到，让工作人员具体了解自己岗位的任务并让其深刻意识到自己的到岗会对抗震工作带来哪些作用（明示个人所起的作用）是非常必要的。

42

另一方面，参与灾后急救工作的政府职员同时又是受灾的民众，该如何处理工作与家庭的优先顺序，这一问题出现的可能性很高。解决这一问题要做好以下几项内容。如果在上班时间发生地震，要让从事紧急应对工作的职员及时确认家人的安全；帮助家庭中有弱者的职员；从其他市町村调集人员，尽早建立轮岗体系；保证充足休息；做好职员的心理辅导。为了能够出色地完成震后急救工作，确保职员的健康，保证职员的士气是非常必要的。[①]

（黑田洋司）

① 十胜冲地震（1968年）发生在上班时间（5月16日，周四，9点48分）。青森县（1969年）有以下记载："让家住在青森市的县政府职员暂时回家确认受灾情况，这一举措使职员在随后的抗震工作中非常投入。这一点尤其值得我们注意。"

第二节　新潟县中越地震灾害（中越大地震）中市町村面临的问题 43

一、灾害的概况

平成16年（2004年）深秋的10月23日（周六）17时56分左右，发生了震源位于新潟县中越地区的里氏6.8级、最大烈度7度（川口町）的地震。主震之后余震不断，地震当天18时11分、18时34分、19时45分以及10月27日（周三）10时40分又连续监测到最大烈度6度弱至6度强不等的多次地震。

一连串的地震给气候寒冷、普遍积雪的内陆山野地区带来了巨大灾害，呈现出与城市地震截然不同的灾情。地震引发了多起地表滑落、悬崖塌陷等塌方灾害，并且导致河道阻塞、道路中断，

表 2-2 新潟县中越地震主要受灾情况

项目		整体受灾情况 *	新潟县小千古市的受灾情况 **
人员损失	死亡	68 人 ***	19 人
	失踪	0 人	0 人
	重伤	633 人	120 人
	轻伤	4172 人	665 人
住宅损失	全毁	3175 栋	622 起
	半毁	13808 栋	大规模半毁 370 起、半毁 2384 起
	部分损毁	104917 栋	7516 起
	建筑火灾	9 起	1 起
避难指示	市镇村数	6 个（合并前数据）	/
	家庭数、人数	1024 户家庭、3231 人	/
避难公告	市镇村数	21 个（合并前数据）	/
	家庭数、人数	18724 户家庭、61664 人	532 户家庭、1905 人
最大避难人数	10 月 26 日	103178 人	29243 人

资料来源：* 平成 16 年（2004 年）《关于新潟县中越地震的报告》（第 62 期），平成 19 年（2007 年）8 月 29 日 11 时 00 分，内阁府。

** 小千古市政府网页（截至 2008 年 1 月 11 日），平成 18 年 8 月 3 日 12 时，避难指示、公告数据依据新潟县中越大地震纪实编委会 2006。

*** 地震时因被倒塌的房屋、沙石压埋直接致死的仅 16 人。而地震灾害导致的间接死亡人数较多，比如地震造成的精神压力以及避难生活中因疲劳引起旧病复发等是主要因素，其中多数死者为 65 岁以上的老年人。（新潟县中越大地震记录编集委员会 2006）（田村 · 阿部 2005）。

使得散布在各处的村落陷于孤立。河道阻塞不仅造成了住宅的积水，也增加了泥石流等二次灾害发生的危险。而且地震发生时即将入冬，这意味着在很长一段时期内降雪可能会导致泥石流、住宅受损等危险的出现。 44

二、小千古市的震后初期应对措施

地震发生后，当地的市町村迅速开展了各项震后应对措施，包括收集、传达有关人员被埋、火灾等受灾信息，向自卫队及其他市町村政府寻求并接受援助，设立避难所，确保食物与用水的供应调配，对运抵的救援物资进行分类、配发，媒体宣传等多项工作。本节主要根据时任新潟县小千古市长的关广一市长的记录，概述烈度达到6度强的小千古市的震后初期应对措施（关2007）。

（一）市长到岗并设立抗震总部

地震发生时关市长在自己家中。由于余震不断，市长让家人外出避难，自己驱车赶往市政厅。到达市政厅时，副市长、各科长以及数名职员已经到达停车场。由于天色已晚，不清楚市政厅大楼的受损情况，因此暂时在100米之外的消防局停车场内搭设帐篷，在此设立抗震总部。但是办公用品等一概全无，非常不方便，在对市政厅大楼进行了检查并自行发电后，将1楼面积最大的食堂设为抗震总部，大约在21时30分左右开始指挥抗震工作。将1楼的食堂设为抗震总部也是考虑到余震不断，便于职员避难。[①]

（二）工作人员到岗

根据市里的规定，如果发生烈度 5 度以上的地震，所有政府工作人员须主动集合到岗。除了一部分由于道路阻断留在村里的职员之外，几乎所有的一般职员与保育员都依照规定集合到岗。留在村里的职员作为市的工作人员负责村落避难所的联络调整工作。这一措施让被隔绝的市民感到安心，起到了良好的效果。市长称此措施“证明了灵活应变的重要性”，并给予了高度评价。

（三）信息收集

地震发生后信息收集工作面临很大困难，主要有以下几点原因：

1. 地震发生在星期六，政府职员也遭受了灾害的侵袭，无法立刻赶到单位；

2. 全市因停电一片漆黑，加之道路被阻断，无法驾车收集信息；

3. 电话线路拥挤，几乎无法接通。

基于上述情况，信息收集的工作只能依靠前来上班的职员的汇报，或者是市民以徒步、骑自行车、开摩托车等手段前

---

① 在烈度超过 7 度的川口町，由于町政府大楼存在隐患，于是在大楼前的停车场内搭建帐篷设立了抗震总部。

来报告。22 时 30 分过后，传来消息说盐谷村的许多房屋倒塌，包括孩子在内有 7 人被埋。由于没有通信手段，这条消息是靠当地村民在黑暗中赶了 13 公里直接传递过来的：他先是徒步而行，之后借到了一辆摩托车。抗震总部把通过这样的方式收集起来的信息画在地图上，以此来把握灾情的整体情况。随着受灾讯息的不断传来，紧迫感也随之不断提升。然而，有一些地区失联，还有些地区根本无法前去确认，注意到这一点之后，市长命令消防总部派消防团前去收集信息。

天亮之后，由于道路情况得到了改善，各种消息也纷至沓来。在调查那些陷于孤立的村落的受灾情况时，自卫队和县警视厅的直升机发挥了重要作用。直升机在某一个村落发现了居民写在道路上的 SOS，随后救援队便赶赴到了现场。

震后第二天开始逐渐建立起了信息收集制度，即把接收到的信息写入负责组规定的《信息备忘录》中，并交给相关负责人处理。第三天，由于许多灾民选择外出避难没有留在家中，“家里电话打不通”、“无法与他取得联系”等确认亲人朋友安全状况的电话就不断从外县、外市打到市政厅来。此外还有许多申请救援的电话，致使电话通信始终处于饱和状态。

46

（四）避难生活

小千古市原本指定了 64 处场所作为避难所，然而这些场所无法完全接纳在地震中住房受损以及担心余震的居民。其中又有两处避难所受损较重无法使用。由于人手不足，部分避难所无法安排工作人员。因此居民在一些原本未被指定为避难所的集会场所设立了避难所，由当地居民负责避难所的运营，包括对待援灾民进行救助等工作。结果高峰时全市总共设立了 136 所避难所［10 月 27 日，避难人数为 29243 人，占市民的 71.9%（田村、阿部 2005）］。此外，还有许多居民选择了与邻近的两三户人家相互照应，共同在车库、仓库中生活，也有人选择了在私家车内避难。

由于地震后余震频发，很多民众选择了躲在车内避难的方式。尽管许多房屋并没有严重受损，但许多居民仍担心余震的发生而选择了在户外避难。许多人选择在车内避难是由于车子能提供一个私人空间以保护个人隐私。然而长时间在车内避难会引发肺栓塞等所谓的“经济舱病症”。针对这种现象，抗震总部发放了许多预防传单并通过媒体进行了呼吁。（新潟县中越大地震纪实编委会 2006）

包括上述提到的问题在内，表 2–3 列举了避难生活中可能发生的问题。

表 2–3　避难所里发生的问题（新潟县中越大地震纪实编委会 2007）

1. 许多灾民无法进入避难所。
2. 由于各种原因，某些寻求避难的市民无法进入避难所。
3. 多数避难所的地面都是用木板铺成的，寒冷坚硬，难以入睡。
4. 寝具及防寒用具不足。
5. 由于断水，不能使用厕所。
6. 临时设立的厕所是下蹲式便器，老年人不方便使用。

续表

7. 由于避难人员众多，临时厕所的淘粪清洗跟不上。
8. 避难所空间不足，也没有隔离的墙壁，无法保证个人隐私。
9. 没有女性更衣或哺乳的场所。
10. 供应的物资在数量和质量上满足不了避难人员的要求。
11. 避难所得不到抗震总部的信息，没有对避难人员进行情况说明。
12. 避难所的卫生管理存在缺陷（居室里有泥、有人将宠物携带入内、洗手间不卫生等）。

47

此外，内阁府于平成 17 年（2005 年）7 月对 1000 名 20 岁以上 75 岁以下的男女居民（小千古市 800 人、川口町 200 人）做了问卷调查（第 3 届“关于山野地区零散村落的地震抗灾对策研讨会”资料 5—2），询问了他们当时在公共避难所的避难生活中遇到了哪些困难。小千古市的避难者中回答“洗澡”问题的占到了最多，为 59.4%，接下来依次为“总感到不放心”（占 51.7%）、“隐私”问题（占 50.0%）、“厕所较远、使用不便”（占 47.8%）。此外，回答“上厕所不方便，所以尽量少喝水”的人数多达 33.3%。在避难过程中由于身体不适请医生看病的占 23.9%。

三、本次地震灾害的主要特点及应对措施

上一小节中概述了小千古市震后初期采取的一些应对措施。在本次地震中，由于地处山区，受灾地区陷入“孤立”状

态，这一现象给国家和县的震后急救行动造成很大影响。在应对媒体方面，采用了通过地方有线电视台直播抗震总部会议这一方式。此外，其他市町村的救援活动也开展得如火如荼，其中印制宣传简报这一救援活动在危机管理上非常奏效。本小节将主要围绕以上三点进行探讨。

（一）孤立

这次地震中，遭灾的市町村面临的最大问题是深陷“孤立”。由于道路阻断，各个村落被孤立起来，其中山古志村（当时的名称）通往外界的所有道路全部受阻，整个村子与世隔绝。孤立不仅表现在道路阻断上，信息网也被阻断。固定电话和移动电话都因呼叫繁忙、电缆断裂以及中转站受损等原因无法接通。由于地震发生在深秋的傍晚，停电状态下的村落一片漆黑，无法派飞机从空中调查受灾情况。本次地震中被孤立的村落包括 7 个市町村中（根据当时的行政划归）的 61 个村落（关于山野地区零散村落的地震抗灾对策的研讨会 2005）。

地震发生时，在村落整体被隔绝的山古志村，时任村长的长岛忠美在自己家中，他根据周围的情况预计全村受灾严重，因此想尽快与新潟县政府取得联系，寻求救援。当时大的余震不断，无法赶到县政府。村长不断寻找移动电话信号覆48盖的地方，最终与县政府直接取得联系时已经过了 23 点（长岛、石川 2007）。随着灾情逐渐明朗，村长面临着一个更大的抉择——是否实施全村避难。在震后第二天的 24 日 13 点，由于余震不断，村长判断在这种情况下无法保证村民的安全，于是决定实施全村避难。在自卫队、消防及警察等相关部门的协助下，避难工作于 25 日 15 点完成。

为了总结这次地震的经验教训并探讨今后的对策，国家组织了多次研讨会，如“关于山野地区零散村落地震抗灾对策研讨会”（内阁府）、“关于震后初期灾区信息收集方法的研讨会”（消防厅）等。通过前者的讨论，我们了解到全国大约有 1 万 7 千个村落有可能在地震发生后深陷孤立。针对这一问题，会议讨论并提出了一些解决方案，如确保村落与外部的通信畅通、保证物资供给及自身进行储备工作等（关于山野地区零散村落的地震抗灾对策的研讨会 2005）。针对那些存在被隔绝危险的市町村，大家认为落实保证通信手段、加强自身储备等政策非常必要。

（二）公开总部会议及应对媒体

有关是否公开抗震总部会议这一问题，由于存在媒体可能会蜂拥而至的情况，对此问题的争论也就从来不曾停止。本次地震中，长冈市通过地方有线电视直播了会议。长冈市抗震总部（2005）认为直播有利有弊，有利之处有如下三点：

1. 信息能迅速传达至受灾居民，容易得到居民的理解。

2. 通过信息的公开，媒体对政府能够多一分支持和理解。

3. 能够让媒体清楚地了解到抗震总部现在正在为实现何种目标而努力，希望向受灾民众传递何种信息。

不足之处在于，对于那些可能引发混乱的微妙问题难以展开讨论。不过，我们可以先请少数相关人员商议这些问题，之后在总部会议上向所有人员传达商议结果，这样问题就迎刃而解了。但是值得注意的是，直播过程中会议现场的一些微妙氛围很难体现出来，有可能因误听而导致误解。

长冈市公开总部会议的做法虽不能说是尽善尽美，但至少说明一个时代已经到来，即市町村长要在综合考虑上述优缺点的基础上做出自己的决断。①

（三）协助灾区印制宣传材料

地震让受灾民众进入了非常时期，此时他们需要各种生活信息。此次地震中，市町村的救援活动不仅限于救人、供水等方面，他们还开展了一项以往不多见的活动——印制宣传材料。

东京都练马区帮助遭受7级地震的川口町印制了《川口地震抗灾对策简报》（练马区2005）。练马区领导判断身处灾区的川口町没有精力印制简报，于是派遣工作人员携带轻型

① 在“公开”这一问题上，是否应该禁止外人进入总部办公室也是不得不考虑的因素。平成19年（2007年）能登半岛地震发生时，石川县轮岛市从震后第二天起禁止外人进入总部办公室，而改在其他房间定期举行记者招待会（最初每隔30分钟一次，之后改为视情况而定）。尤其是需要定期频繁召开记者招待会的震后初期，应当禁止外人进入总部办公室。在日本，很多时候不得不把某些狭小的办公室改作总部办公室。如果外人可以随意进入，会妨碍工作人员冷静地处理各种问题。退一步来说，为了不给总部办公室的领导增添不必要的压力，我们也应该采取禁止外人自由进出总部办公室的措施。（黑田2007）

印刷机、排版机以及纸张等赶往灾区。在练马区的协助下，川口町从 11 月 1 日起几乎每天发行 2000 份简报。中川（2007）指出，川口町领导最初并没有意识到宣传简报的重要性。但是第 1 期发行后，不仅居民反响强烈，还促进了町政府各部门之间的沟通。人们纷纷提供各类信息，最终这些信息都汇总到了简报上。

宣传简报的发行不仅起到了“宣传”的作用，还促进了政府各部门间的信息交流，有力地推动了应急救灾活动。由此我们可以说，优先考虑简报发行工作能够更好更快地促进抗震工作（黑田 1999）（樱田 2007）（中川 2007）。而阪神・淡路大震灾发生时，在那些人力物力资源有限的受灾小城镇中，并没有优先开展发行简报的工作（黑田、广井 1997）。此次地震告诉我们，协助那些没有能力印制简报的小城镇发行简报，这一工作的开展与保证水、食物的供应、设置临时厕所等同等重要，需要尽早实施。

（黑田洋司）

50 第三节　海啸袭来与市町村面临的问题

一、海啸灾害的样态与对策

海啸会引起各种各样的灾害。明治29年（1896年）发生的明治三陆地震海啸就是地震海啸的代表事例。当时还没有海啸预报，虽然当地的烈度仅为3度，但海啸的袭来却夺去了三陆沿岸超过22000人的生命。在昭和58年（1983年）发生的日本海中部地震中，由于海啸预警发布得较晚，加之有人误以为日本海沿岸不会发生海啸以及对海啸的认识不足，致使去海边郊游的小学生和来钓鱼的人们无法幸免遇难。在平成5年（1993年）发生的北海道西南冲地震中，虽然海啸预警的发布时间大为缩减，但是海啸在震后三五分钟后就席卷而来，最终还是预警不及时，让人感到痛心不已。平成16年（2004年）年末发生了苏门答腊海底地震，地震引发了印度洋海啸。当时随着数码摄像机的普及，当地受海啸袭击的画面在全世界播出。人们在感到恐怖的同时，也深深体会到了“逃得远不如逃得高”这条海啸避难原则。

现今，日本公布的海啸灾害应对基本方针主要是根据平成11年（1999年）7月的《关于贯彻沿岸地区海啸警戒的通知》（以下简称《海啸对策协议》）而制定的。《海啸对策协议》对如何进行防灾训练等事前准备工作、如何实现迅速准确的预警发布、如何发布避难公告、避难指示等问题做出了详细的指示。

各市町村的海啸急救措施也基本根据《海啸对策协议》制定而成，主要包括对是否需要发布避难公告或避难指示做出迅速准确的判断，并将做出的决定传达给民众，同时敦促他们实施避难行动。然而，通过观察近年来应对海啸的实际案例，我们不难发现在执行具体措施方面存在许多问题。本节将对此进行讨论。

51

二、对是否发布避难公告及避难指示做出判断

《海啸对策协议》中规定，当海啸预警发布后，沿海的市町村长必须立即向沿岸的居民等发出避难公告或避难指示，命令他们迅速撤离岸边，转移到安全的地方。但是在平成15年（2003

年）的十胜冲地震中，尽管大地震发生后发布了海啸预警，但是有可能遭受海啸袭击的 21 个市町村中，有 7 个市町村并未发布避难公告或避难指示。平成 16 年（2004 年）9 月 5 日发生了震源位于东海道海底（现改称为三重县南东海底）的地震，同样的情形又出现了。必须发布避难公告的 42 个市町村中，有 30 个并未采取相应的措施。[“第四次关于加强灾害时帮助受困人员进行避难的对策以及信息传递的会议”（消防厅资料）]

每次发生海啸时，总务省消防厅都会对各市町村应对措施的执行情况进行调查，以此来敦促各市町村对《海啸对策协议》的执行力度。我们来关注东海道海底地震中“为何没有发布避难公告”的理由。调查结果显示，有 19 个市町村回答“虽然符合发布避难公告的标准，但是根据预测浪高以及当地的实际情况认为不需要发布避难公告”。具体理由中还包含“1 米的浪高不会造成灾害”这样的对海啸的错误认识。

对海啸错误的认识当然需要改正，但是另一方面也显示了市町村做出避难决定的艰难。地震发生在星期日深夜，需要大量的工作人员进行信息传递、避难引导、设立避难所等各项工作。也有居民以“明天还要工作”等理由拒绝进行避难，这些因素都使当局难以做出决定。但是，各市町村必须杜绝这种犹豫不决的情绪的出现，应当根据全国统一的应对标准采取措施，发布“海啸警报”的避难公告与避难指示。各组织团体不能出于“正常化偏见”而无凭无据地做出“我们这里不会有海啸危险”的判断。《海啸对策协议》中列举的各个事项，气象厅发布的海啸预警，是目前我国应对海啸的最佳方案。各市町村如无比其更客观的应对措施，就应积极主动地根据《海啸对策协议》的内容采取应对措施，并应事先向居民说明采取这些措施的理由。

52

另外，平成18年（2006年）11月及平成19年（2007年）1月震源位于千岛列岛的地震引发的海啸相较预测规模要小很多。对此，平成19年1月30日召开的“关于加强灾害时帮助受困人员进行避难的对策以及信息传递的会议”（内阁府）上，做出了进一步提高海啸预测精度的决定。同时，也要求气象厅等部门就预报存在偏差一事向民众做进一步的说明、解释，以期得到大家的理解。

三、迅速准确地传达海啸预警以及避难公告、避难指示

地震发生后，沿岸的市町村要将海啸预警以及避难公告、避难指示迅速准确地传达给民众。近年进行的关于居民得知海啸预警后的意识行动的调查显示，通过电视以及防灾行政无线电等媒体手段得知海啸预警的居民人数最多。特别是在电视广播无法发挥作用的情况下（如收视率低的深夜时间发生海啸或灾害引起停电的情况下），防灾行政无线电发挥了重要的作用。

北海道奥尻町吸取了北海道西南冲地震的教训，设置了地

震监测自动预报装置，一旦检测出一定规模以上的地震，该装置会自动发出海啸预警。同时，为了预防放置设备的场所遭受毁灭性破坏，还将备用设备的总站安装在了消防署（奥尻町）。为了能够通过防灾行政无线电迅速准确地传达海啸预警，必须充分预想到各种可能发生的情况，甚至包括地震发生几分钟之后海啸就席卷而来的极端情况。为此，要彻底落实多项应对措施，包括建立自动发报系统、杜绝无法接收信息地区的出现、加强发报总站及分站的抗震性、落实停电应急措施等。

四、居民的避难行动

即使及时做出决定发布海啸避难公告、避难指示，同时尽早通知民众，如果大家在接到信息后没有采取正确行动，同样无法防止灾害的发生。这也是各市町村必须克服的问题之一。平成16年（2004年）9月5日（周日）连续发生了震源位于纪伊半岛、东海道海底（现均改成为三重县东南海底）的地震。震后调查（东京经济大学2005）发现，发出海啸预警区域的避难比例仅为8.7%，而且避难花费的时间也颇多。

53

避难比例低的原因：

1. 居民没有充分认识到海啸的危险。

2. 尽管住在海啸危险区域，但许多居民不认为自己的住所会遭受海啸的袭击。

3. 居民错误地认为退潮现象之后大海啸才会来袭。

4. 海啸预警中指出海浪大约高 1 米，这让居民感到并不可怕，从而阻碍了居民实施避难行动。

5. 换言之，海啸预警反倒对避难行动产生了反作用，让大家吃了粒定心丸。

6. 某些预警地区并未向居民发布避难公告等通知。

避难行动缓慢的原因：

1. 居民在等待当地政府发布的避难公告等相关通知。

2. 居民犹豫是否应当进行避难。

3. 在避难时携带大量物品。

该调查还指出，居住在受东南海、南海地震引发的海啸威胁地区的居民“对海啸警惕性不够”，而居住在其他地区的人们也许存在着同样的问题。为了遏制海啸造成的人员伤亡，首先要以各种形式宣传有关海啸的正确知识，纠正“退潮现象过后海啸才会出现”、“1 米浪高的海啸并不可怕”等错误观念，同时还须让居民知道目前海啸预警的精确程度尚待提高。在此基础上，我们要制作危害地图，设定需要避难的区域（根据预警程度分色标出），完善避难路线及避难所设施，同时告知民众相关信息，完备海啸预警与避难公告、避难指示的发布系统，建立灾害发生后待援灾民的避难指导体制等。通过上述措施的实施，力促居住在危险地区的民众能够形成正确的观念，采取恰当的行动。为此我们要坚持不懈地努力下去。

【参考文献】

青森県，1969「青森県大震災の記録—昭和 43 年の十勝沖地震」。

朝日新聞社編，1996『阪神・淡路大震災誌　1995 年兵庫県南部地震』朝日新聞社。

芦屋市，1997「阪神・淡路大震災　芦屋市の記録 '95—'96」。

奥尻町，1996「北海道南西沖地震奥尻町記録書」。

黒田洋司・廣井脩，1996「阪神・淡路大震災と芦屋市職員の参集行動」1995 年阪神・淡路大震災調査報告 1，東京大字社会情報研究所「災害と情報」研究会。

黒田洋司・廣井脩，1997「阪神・淡路大震災と市町村の広報活動」東京大学社会情報研究所調査研究紀要　No. 9，東京大学社会情報研究所。

黒田洋司，1999「大規模災害時こおける市町村の広報活動に関する考察——発災後 24 時間以内での広報活動の可能性」日本災害情報学会第 1 回学会大会研究発表予稿集。

黒田洋司，2007「市町村災害対策本部に関する考察——平成 19 年（2007 年）能登半島地震での輪島市を事例に」日本災害情報学会第 9 回研究発表大会予稿集。

54

桜井誠一，2007「大震災神戸発！元広報課課長の体験的危機管理」防災リスクマネジメント Web 編集部，時事通信社。

下川裕治，1995『芦屋女性市長震災日記』朝日新聞社。

消防庁編，1996『阪神・淡路大震災の記録　2』ぎょうせい。

関広一，2007『中越大震災　自治体の叫び』ぎょうせい。

田村圭子・阿部尚子，2005「新潟県中越地震時小千谷市における要介護高齢者への対応」災害時要援護者の避難対策に関する検討会（第 3 回）参考資料 1，内閣府。

中山間地等の集落散在地域における地震防災対策に関する検討会，2005「中山間地等の集落散在地域における地震防災対策に関する検討会提言」．http://www. bousai. go. jp/oshirase/h17/chusankan_teigen. pdf

東京経済大学，2005「4県（三重県・和歌山県・徳島県・高知県）共同地震・津波県民意識調査報告書」。

内閣府，2007「防災白書（平成19年度版）」。

長岡市災害対策本部編，2005『中越大震災——自治体お危機管理は機能したか』ぎょうせい。

中川和之，2007「「防災」と「情報」災害の影響を少しでも軽減するためにはどうすればよいのか（4）」広報No. 662，日本広報協会。

長島忠美・石川拓治，2007『国会議員村長　私、山古志から来た長島です』小学館。

中村功他，2007「2006年及び2007年にオホーツク海沿岸地域に出された津波警報の伝達と住民の対応」日本災害情報学会第9回研究発表大会予稿集。

新潟県中越大震災記録誌編集委員会編，2006『中越大震災（前篇）——雪が降る前に』ぎょうせい。

新潟県中越大震災記録誌編集委員会編，2007『中越大震災（後編）——復旧・復興への道』ぎょうせい。

練馬区，2005「川口町支援報告書」http://www. city. nerima. tokyo. jp/bousai/kawaguti/

山本康正，1981「災害と組織」広瀬弘忠編『災害への社会科学的アプローチ』新曜社。

吉井博明，2000「初動体制の課題とあり方」阪神・淡路大震災震災対策国際総合検証事業　検証報告第1巻《防災体制》．兵庫県・震災対策国際総合検証会議。

吉井博明（研究代表者），2004「2003年十勝沖地震時における津波危険地区住民の避難行動実態」文部科学省地震調査課委託　平成15年（2003年）十勝沖地震に関する緊急調査　津波被害に対する避難行動調査グループ調査報告書。

G. A. Kreps, 1991, Organizing for emergency management, T. E. Drabek, G. J. Hoetmer ed., *Emergency Management: Principles and Practice for Local Government*, ICMA.

（黑田洋司）

专栏

平成19年（2007年）能登半岛地震时县、市、町联合会议的公开

黑田洋司

在平成19年（2007年）的能登半岛地震中，从地震发生后第3天的3月28日至4月24日在轮岛市市政厅召开了以县现场对策总部部长为议长的抗震会议。初期仅有石川县、轮岛市、政府联络对策室参加会议，之后穴水町、大学的援助团体、志愿者也加入了进来，大家一起讨论每天的抗灾救援活动该如何开展下去。此次会议是公开会议，通过卫星向首相官邸及相关的省厅、县厅直播会议进程。安置在内阁府的监视器同时向媒体公开会议进展情况。会议的内容由时事通讯社记录成文字，通过该社的防灾网站（http://bousai. jiji. com/info）免费向公众播报。

参与会议的人员事前没有沟通，相互间没有交换过意见，大家畅所欲言。同时，这一过程也在未经任何处理的情况下被直播了出来。通过这一举措，大家可以在第一时间了解到各种问题解决的过程，包括《受灾者生活重建援助法》的实施、国土交通省与农林水产省为实现灾区的早日重建而展开的合作、有关部门向县政府提出的抗灾直升机常驻能登机场的请求、与志愿者之间的相互合作，等等。这种信息公开在有形和无形中对抗灾工作产生了积极的影响。

不仅如此，公开会议还让我们获得了宝贵的参考资料，以备下一次

抗灾工作之用。文字记录让我们抓住了抗灾形势变化的动态轨迹，以及决定应对措施之前的讨论过程，这些是在以往的抗灾记录中无法体现出来的。相信这些资料能够帮助我们制作出更具实践意义的纸面演习、地区防灾计划及地区防灾指南。

【参考文献】

中川和之, 2007「会議の「見える化」で進めやすかった支援——県市合同会議」『消防科学と情報』No. 90,（財）消防科学総合センター。

第三章 暴雨灾害时的危机管理

第一节 有关风灾、水灾的制度

第二节 洪涝灾害时政府及居民的应对实况与教训

第三节 塌方灾害时政府及居民的应对实况与教训

第四节 从风灾、水灾中汲取的教训

第一节　有关风灾、水灾的制度

58

本节将重点关注暴雨引起的洪水、塌方灾害，以此为切入点探讨有关防灾、危机管理的法律制度。以往谈及河流法、防沙法等法律制度时，我们关注的焦点往往是与河流以及防沙设施有关的防灾工程及公共设施管理。不仅如此，制作危害地图、洪水预报、设定塌方灾害警戒区等有关灾害信息的通报、传达等问题近年来也受到了人们的关注。防灾政策的重心也已由重视防灾设施建设等硬件方面逐渐转向了重视信息等软件方面（减灾）。

一、《河流法》

有关治水活动最早的记载据说是4世纪时大雀命（仁德天皇）迁都至难波，在淀川下游开凿运河的同时，在淀川左岸修筑茨田堤，以防淀川泛滥。自那时起，历经中世、近代直至如今，全国各地在持续不断地开展着治水工程。而另一方面，由于受到地理环境的制约，无论是农业生产还是城市发展，都必须以河川泛滥后形成的冲积平原为基础展开，这是日本躲不开的宿命。正因为如此，多数城市与村落容易遭受水灾，历史上也曾多次发生过水灾。

明治时代建立了现代国家，明治 20 年代水灾频发，于是在明治 29 年（1896 年）制定了《河流法》。此前国家负责为保证船运而进行的河川工程，而治水工程则交由地方负责。《河流法》实施后，建立了由国家负责治理全国主要河流的新体制。

二战后，在国土一片荒芜之际，日本国内先后遭受了昭和 22 年（1947 年）的佳思林台风及昭和 34 年（1959 年）的伊势湾台风等重大灾害的袭击。之后，伴随着经济的快速成长，各地都加强了河流治理，因水灾而死亡的人数也大幅下降。然而即便如此，近年来重大水灾的出现还是不曾间断，如平成 12 年（2000 年）的东海暴雨灾害、平成 16 年（2004 年）的新潟、59 福岛、福井暴雨灾害以及第 23 号台风灾害、平成 17 年（2005 年）的第 14 号台风灾害等。城市化的发展使得储水 、蓄水的功能弱化，加之低地、谷地的开发，这些因素都增加了发生城市河流灾害的可能性。此外，气候变化导致的集中降雨以及热带低气压变大等因素也加剧了人们对洪涝灾害的担心。时至今日，如何应对水灾仍是一个非常重要的行政课题。

在这样的时代变迁中,《河流法》也根据社会对开发水资源、保护环境的要求不断地做着修正和调整。昭和39年(1964年)对旧法律做了大幅修订,增添了水利权等有关水资源利用的新内容,形成了所谓的《新河流法》。平成9年(1997年)再一次做了新的调整,加入了“整治与保护河流环境”的新目标,要求在制订河流整治计划时,必须有听取居民意见这一环节。

《河流法》对河流的管理采用的是以流域划分为单位的水系主义,因此河流法中的一级河流、二级河流的级别分类与河流管理中的国家、都道府县的行政级别分类并不完全一致,这一点对于普通人来说不是很好理解。目前,利根川水系、淀川水系等全国109个水系根据政令被指定为一级水系,属于这个水系的各条河流、包括小的支流全部都是一级河流。一级河流的主干区间基本由国家进行管理,上游区间以及支流由都道府县的知事负责管理。一级水系以外的二级水系原则上由都道府县的知事负责管理。《河流法》规定之外的河流中,还分为属于河流法适用范围的、由市町村负责管理的准适用河流,以及不属于河流法适用范围的由市町村负责管理的普通河流。

《河流法》将作为自然公物的河流区域称为“河流区域”,在该区域内法律有效。但对河流区域以外的、但存在水灾危险的地区,是否也要依据《河流法》对土地的利用加以限制,对这个问题历来有争议。在日本步入老龄化社会、人口开始减少、土地开发的压力逐渐减缓的背景下,是否应当限制泛滥平原的土地利用以减少水灾可能造成的损失，这一问题成为了当今的课题之一。

二、《防汛法》

除了疏浚、筑堤等河流治理措施之外，自古以来各村落为了保卫家乡采用了多种有组织的防汛措施。有一句名言叫“治水和防水缺一不可”，为了保护区域免受水灾袭击，除了执政者实施的河流治理工程之外，地区百姓自发采取的防汛措施也起到了重要的作用。例如防止河水越堤的“堆土袋”，防止渗水的“背水月堤①”、“土袋围井②”，防止岸堤损毁的“流竹法、流木法③”以及使用榻榻米防止越堤的“叠堤④”。这些传统的防汛方法在各地被传承下来，现今仍被广泛运用于防汛抢险活动中。

60

昭和24年（1949年）起实施的《防汛法》从法律的角度完善了防汛活动。《防汛法》规定，防汛的第一责任在于各市町村政府，实际承担防汛任务的防汛管理团队主要有以下三种：

① “背水月堤”指当堤坝渗水时在堤坝背水面用沙袋垒成半月状承接疏导漏水以降低水压的方法。——译者

② “土袋围井”指当堤坝渗水时在堤坝上部用沙袋垒成小池承接疏导漏水以降低水压的方法。——译者

③ “流竹法、流木法”指当堤坝受损时用绳子系住树或竹子的根部将树放入水中保护受损处防止进一步损坏的方法。——译者

④ “叠”在日语中指一张榻榻米的面积。——译者

市町村；由几个市町村组成的防汛合作组织；明治 41 年（1908 年）起实施的《水灾预防合作法》中规定的水灾预防合作组织。其中水灾预防合作组织是指当地的土地、房屋所有者等有水灾预防需求的居民组成的当地法人。《防汛法》制定之初的昭和 24 年（1949 年），全国共有 661 个这样的组织，到了平成 17 年（2005 年）4 月减少至 11 个。这是由于防汛工作从当地居民组织管理逐渐改为由市町村进行管理（消防队经常兼防汛任务）。

昭和 30 年《防汛法》进行了修订，增添了有关洪水预报的规定。洪水预报分为两类，一是由气象厅负责管理的洪水预报（“大雨洪水警示”、“大雨洪水警报”等），二是由气象厅与国土交通省共同负责管理对指定河流发布的洪水预报（如“** 河洪水预报第 * 号洪水警示”）。这两类洪水预报通过媒体向公众发布，而其他预警则只向防汛管理部门发出，称为防汛预警。当河流的水位达到指定或警戒水位时向市町村发送防汛预警，防汛部门根据防汛预警的级别下达防汛部队待命（到达指定或通报水位）或出动（到达警戒水位）的命令。

三、近年来有关《防汛法》的修订

在平成 11 年（1999 年）的福冈水灾以及平成 12 年（2000 年）的东海暴雨灾害等发生在城市的水灾中，城市地区出现积水，洪水灌入了地下设施，造成城市功能瘫痪，对社会生活造成了极大影响。遭遇这些灾害之后，平成 13 年（2001 年）对《防汛法》进行了修订。在平成 16 年（2004 年）7 月发生在新潟、福岛、福井的水灾中，由县管理的中小河流接连出现溃堤泛滥等危情，针对这些情况，平成 17 年（2005 年）再次对《防汛法》做了修订。

在平成 13 年（2001 年）的修订中，将“洪水预报指定河流”的范围从原先仅是国家管理的河流扩大至都道府县管理的河流。而且国家或都道府县还对“洪水预报指定河流”可能会 61 造成的积水区域进行预测，并发布该区域预测的积水深度。市町村对每一个预想积水的区域分别制订市町村防灾计划，确定发布洪水警报、建立避难所等内容。此外还规定要尽可能将市町村防灾计划中决定的内容告知居民，并建议制作洪水危害地图。

平成 17 年（2005 年）的修订中增补了有关中小河流的“须通报水位信息”这一规定。对须通报水位信息的河流重新设定特别警戒水位，如果超过这一水位，在通知防汛管理人员的同时，还将向普通民众通报水情。在平成 16 年（2004 年）因水灾死亡或失踪的人员中，新潟、福岛水灾中出现 16 人，台风 23 号灾害中出现 96 人。死者多为上了年纪的人，市町村被指责没有及时发布避难公告。及时发布洪水预报对居民的避难极为重要，但是中小河流与能够预测水位的大河流不同，要在短时间内对它们做出洪水预报是有困难的。因此考虑到发布信息及避难行动所需的时间，需要设定作为避难公告发布基准的特别警戒水位。此外“须通报水位信息的河流”与“洪水预报指定河流”相同，也需要设定预测积水区域，并将原先的“建议制作洪水危害地图”修改为“必须制作洪水危害地图”。

在此次修订中还创设了防汛协作团体制度。基于防汛队员不断减少及职业化现象的出现，该制度规定防汛部门可根据公益法人和NPO法人的申请指定其为防汛协作团体。防汛活动的主体原本是当地居民，但是随着时代的变化，市町村的行政部门开始承担起这一工作，NPO法人等组织也逐渐参与进来，协助政府一起完成这项工作。在这样的时代背景下，新《防汛法》更加重视其行政职责，如何向广大居民提供河流防灾信息成为了其工作的重心。

四、改善河流防灾术语

平成16年（2004年）发生的一系列水灾具有如下的共同特征：一是短时间内出现预料之外的大量降雨；二是避难公告、避难指示的发布与传达上存在问题；三是遇难的多为老年人。防灾部门虽然向居民发布了各类讯息，但是最终在水灾面前保护自己及家人、保护区域社会的还是居民自己。因此，居民自身对气象讯息、河流讯息的理解是非常重要的。为此，平成18年（2006年）2月设立了“有关改善洪水等防灾术语的研讨会”，对改善河流防灾术语提出了建议。建议的要

62

点如下：一是要将各河流管理主体之间规定的有关水位名称、信息的术语统一起来；二是要把此项工作与市町村及居民的避难行动相互联系起来；三是对于其他信息要简化用词，让居民做到仅听声音就能理解信息内容。

在统一有关水位的术语方面做了以下修改：如把过去在防汛警报中使用的“指定水位”或“通报水位”改为“防汛部队待命水位”，把“警戒水位”改为“须注意河流泛滥水位”等。此外还把平成17年（2005年）《防汛法》修订中增设的“特别警戒水位”改为“决定避难水位”，把“危险水位”改为“有泛滥危险水位”等，根据不同的阶段对应不同的级别，并用全国统一的颜色标示出来（白色：级别1；黄色：级别2；红色：级别3、4；黑色：级别5）。通过河流局局长发布的通告，这一新的河流防灾术语体系已在全国范围内实施、运用起来。为了让居民更容易理解，并让他们将这些术语与实际的避难行动结合起来，今后还将根据反馈意见不断对术语进行改进。

表3-1　改进河流防灾术语的实例

修改前	修改后	具体行动
指定水位（通报水位）	防汛部队待命水位	防汛部队待命
警戒水位	须注意河流泛滥水位	防汛部队出动、发布避难准备通告
特别警戒水位	决定避难水位	决定发布避难通告等告示
危险水位	泛滥危险水位	居民已完成避难

五、《塌方灾害预防法》（在塌方灾害警戒区域促进预防塌方灾害对策的法律）

塌方灾害是指因发生陡峭坡体坍崩（悬崖崩塌）、泥石流以及地表滑落等对人民的生命、身体等造成的危害。塌方灾害是由重量较大的泥石块和水在外力作用下造成的，会对居民的生命与身体造成极大的危害。从昭和42年（1967年）至平成16年（2004年），塌方灾害造成的死亡人数约占自然灾害总死亡人数的45%。平成11年（1999年）6月在广岛发生的灾害中，活跃的梅雨锋线带来的暴雨造成325处地方同时出现泥石流和悬崖塌陷，致使24人遇难。在广岛地区由花岗岩风化形成的土层分布甚广，而山脚又多为新兴住宅区，因此新建成的住宅区在这次灾害中也受到了泥石流等危害的袭击。63 针对这次灾害，政府研究了包括禁止在有塌方灾害的危险地区建造住宅、避难所及如何向居民提供讯息等问题，并于平成12年制定了《塌方灾害预防法》。

昭和44年（1969年）的《陡坡法》（关于预防陡坡崩塌灾害发生的法律）、明治30年（1907年）的《防沙法》和昭和33年（1958年）的《预防地表滑落法》这三部法律通称“塌方灾害三法”。在新法律实施以前，划定危险区域、预防塌方灾害的工作主要依据这三部法律来实施。但是这三部法律中存在一些问题，比如划定危险区域这一工作是在建设防灾工程的前提下实施的，《陡坡法》中虽然对危险区域内的削土、填土施工做了限制，但无法对工程选址做出限制。因此，在新的《塌方灾害预防法》中，首先明确指出了有塌方灾害危险的区域，在此区域中采取了诸如告知危险、完善警戒避难体制、限制住宅建设的土地开发、设定确保建筑安全的标准、促使已有住宅区转移等多项预防措施。

在如何划定有塌方灾害危险区域的问题上，都道府县的知事需要对溪流或斜坡等地形、地质、土地利用情况等进行基础调查，根据调查结果划分有塌方灾害危险的塌方灾害警戒区域（黄色区域）及塌方灾害可能会造成建筑受损、严重危害居民安全的塌方灾害特别警戒区域（红色区域）。在黄色区域内，市町村政府要完善预防体系，根据市町村的地区防灾计划对收集及发送塌方灾害信息、发布警报、组织避难、实行救援等警戒避难工作做出相关规定。在红色区域内，还须实施多项措施，诸如公寓房屋及灾害发生时使用的援救设施的建造进行审核后颁发特别许可，对建筑的样式加以限制，劝告某建筑物迁出原来的地址等。此外，在这两个区域内发生土地或房产买卖时，作为一种义务，必须郑重声明此地是塌方灾害警戒区域或塌方灾害特别警戒区域。

伴随着平成17年（2007年）对《防汛法》的修订，《塌方灾害预防法》也补充了新的内容，包括必须规定好灾害发生时向救援设施发送塌方灾害信息的方法，以及必须通过塌方灾害危害地图等方式向居民告知存在的危险。

六、塌方灾害警戒信息

塌方灾害往往突然爆发且破坏力强，要做到确保居民的生命和健康，灾害发生前落实避难行动就显得极为重要。为此必须向居民提供确切的信息，告诉居民“何时何地”有可能发[64]生塌方灾害。其中“何地”主要靠公布《塌方灾害预防法》规定的“警戒区域”和塌方灾害危害地图来传达，而“何时”则靠塌方灾害警戒信息来传达。塌方灾害警戒信息以实际降雨量以及3小时内的预测降雨量为基准，通过显示地下水量的土壤雨量指数和短时降雨强度的指标来预测塌方灾害的危险性，由县和气象台共同公布观测结果。这一制度于平成17年（2005年）9月由鹿儿岛县率先执行，并于平成19年（2007年）年末在所有的都道府县开始实行。

除了确定塌方灾害危险地区，完善塌方灾害警戒信息公布制度之外，如何提高作为信息接受方的居民的灾害应对能力也是一个重要的课题。除了通过开展防灾训练、讲座、宣传活动实施启发教育之外，对当地防灾文化中流传的有关塌方灾害的前兆现象进行科学分析，把相关经验运用到避难行动中去，这样的尝试也在进行当中。

【参考文献】

河川行政研究会編，1995「日本の河川」（財）建設広報協議会。

金沢良雄・三本木健治，1979『水法論』共立出版。

風水害情報研究会編, 2007「新版わかりやすい風水害情報ガイドブック」NPO 法人環境防災総合政策研究機構。

宮前憲三，1949「防法案について」『河川』。

高橋謙司，2005「「水防法および土砂災害警戒区域等における土砂災害防止対策の推進に関する法律の一部を改正する法律」について」『河川』vol. 707。

建設省河川局水政課他，2000「特集・ 総合的な土砂災害対策」『河川』vol. 648。

国土交通省砂防部，2007「土砂災害警戒避難ガイドライン」。

国土交通省砂防部，2006「土砂災害嘗戒避難に関わる前兆現象情報の活用のあり方について」。

（须见徹太郎）

第二节　洪涝灾害时政府及居民的应对实况与教训

65

对于市町村而言，洪水危机管理中最大的任务就是减少人员伤亡。在气象预警等信息技术发达的今天，如果能够将人员从遭受洪水袭击的灾区尽早转移出来的话，那么较之突发的地震而言，减少可避免的人员伤亡应该并不困难。但是，从昭和 34 年（1959 年）发生的伊势湾台风之后，虽然死亡人数超过 1000 人的风灾、水灾未出现过，但因这些灾害死亡的人数也并未降至 0。问题就出在从市町村政府发出避难公告、避难指示到村民接受避难的相关指令的过程当中。尤其是有些居民不接受避难指示，不采取避难行动，还有些居民在危险期间外出或到户外采取抗灾措施，有关这些问题的讨论将放在第八章中进行。本节将重点关注近年来地方自治体在受洪水灾害袭击时实施的灾后急救体制以及信息的接受和传达，从中寻找洪水危机管理中存在的问题。

一、水灾从发生到结束的过程

从平成10年到17年（1998—2005年）发生了数次造成了重大损失的水灾，将其发生到结束的过程进行实证分析，我们发现在市町村决定发布避难公告和避难指示以及居民采取的避难行动中，存在着共通的模式[1)]。从开始降雨到出现内涝，直至河水越堤、溃堤引起洪水泛滥，这个过程中的应急对策大致可以分为以下七个阶段：

66

（一）预警阶段：预警级别从大雨洪水预报调高至大雨洪水警报时，抗灾部门人员紧急集结，同时关注气象信息和河流水位信息。根据河流的汛情决定是否召集防汛队员。

（二）普通的大雨应对阶段：开始对经常积水的低处的道路、住宅、陡坡进行巡视。接收居民的报告和请求，对市町村的交通进行管制，做好备置沙袋等准备工作。

（三）避难准备阶段：大雨瓢泼时，为了防止淹水情况的出现，在各处堆积沙袋，同时开始设立避难所或为避难所的开设工作做好准备。根据具体情况发布避难准备信息（避难呼吁）。

（四）发布避难公告阶段：强降雨持续不断，气象站发布大雨洪水警报，情况稍显紧迫时，向居民发布避难公告。为防止河堤渗水、溢出，堆积沙袋开展防汛作业。

（五）发布避难指示阶段：居民避难行动缓慢，内涝加剧，河水越堤，堤坝有溃堤的危险，或气象部门发布洪水警报、防汛警报时市町村根据上述情况，发布比避难公告级别更高的避难指示。有时由于决策延误，避难指示在溃堤时或溃堤之后才发布。有时也可能没有发布避难指示，仅停留于避难公告级别。

（六）救援活动阶段：在地面积水及溃堤等原因造成部分市民被困于水淹的地区，根据居民提出的救援请求开展救助活动。

（七）管理避难所阶段：救援活动结束，工作重心转移至避难所的管理。

表 3-2　水灾发生、结束的过程

<table>
<tr><th>综合</th><th>水文学时期</th><th colspan="2">市町村的应急对策阶段</th><th colspan="2">居民的应急对策阶段</th></tr>
<tr><td>1</td><td>a) 降雨初期</td><td>a) 预警阶段</td><td rowspan="4">内涝模式</td><td>a) 初期信息收集阶段</td><td rowspan="4">内涝模式</td></tr>
<tr><td>2</td><td>b) 内涝初期</td><td>b) 普通的大雨应对阶段</td><td>b) 应对水淹、避难准备阶段</td></tr>
<tr><td rowspan="2">3</td><td rowspan="2">c) 内涝加剧</td><td>c) 避难准备阶段</td><td rowspan="2">c) 进行避难（如果错失时机可能会来不及避难）</td></tr>
<tr><td>d) 避难公告阶段</td></tr>
<tr><td>4</td><td>d) 河水越堤—溃堤期</td><td>e) 避难指示阶段</td><td rowspan="3">外洪泛滥模式</td><td>退到二楼等高低</td><td rowspan="3">外洪泛滥模式</td></tr>
<tr><td>5</td><td>e) 溃堤初期</td><td>f) 救援活动阶段</td><td>被隔绝、寻求救援</td></tr>
<tr><td>6</td><td>f) 应急恢复期</td><td>g) 运营避难所阶段</td><td>d) 避难所生活</td></tr>
</table>

资料来源：吉井博明『避難勧告・指示と住民の避難行動—水害の被災現場から学ぶこと』2005 年 7 月。

以上各阶段中，全国多数的市町村都经历过从根据气象预警加强戒备到内河泛滥的模式。然而，近年来的风灾、水灾中出现一些中小河流因局部集中降雨而发生河水越堤和决堤，最终造成人员伤亡的情况。这种情况在过去并不多见，市町村政府在设计危害情形图时并没有考虑到灾害会发展到溃堤引发外洪的情况，因此在实际应对过程中有时因无法完成模式的切换而陷入被动，暴露出许多薄弱之处。

吉井[1)]认为，为了保证存在水灾隐患地区的居民能够迅速、安全地转移，必须满足以下六个条件。缺少任何一个都会影响居民的避难行动，如果发生地面大规模积水或溃堤等最坏的情况，甚至有可能造成人员的伤亡。67

（一）市町村政府须留出充分的时间做出有关避难准备、避难公告、避难指示的决定（发布命令的时机）。

（二）避难准备、避难公告、避难指示的内容应恰当。

（三）完善传达的手段，做到将避难准备、避难公告、避难指示迅速、准确地传达下去。

（四）事先设定好安全便捷的避难所、避难路线。

（五）居民接受避难准备、避难公告、避难指示，并迅速实施避难行动。

（六）完善灾害发生时待援人员的避难引导体制。

以上条件中，（五）主要通过居民的自助与互助实现。要实现条件（四），除了利用政府指定的避难所和福利避难所之外，在距避难所较远的地区，还需要当地居民和企业携手合作，确保可以进行临时避难的中高层建筑的存在，同时还要共同管理避难所。而条件（六）中，如果不能实现政府、护理人员、保险人员与居民之间的相互协作，就无法很好地完成确认人身安全、救助等任务。如此看来，市町村的抗灾部门在灾害初期能够发挥较大作用的是（一）至（三），即发布避难公告、避难指示等与挽救生命相关的工作。下面将按顺序介绍与条件（一）至（三）相关的案例与问题。

二、洪涝灾害时市町村的应对案例

（一）避难准备、避难公告、避难指示的发布与时机

居民往往根据降雨情况、水位变化、积水情况等自己亲眼所见的状况判断是否有必要进行避难，而无法根据预计降雨量及预计河流水位等综合信息做出判断。因此，为了保证居民安全避难，市町村必须发布避难准备、避难公告、避难指示等信息。

问题在于，风灾、水灾中有“台风转瞬即逝”这种说法，意思是说当受灾信息传来时已经过了警戒期，灾情在某些区域已趋于平静，积水也已退去，因此有时会不设立抗灾总部，也不发布避难公告。例如，平成14年（2002年）第6号台风来袭时，尽管发生了暴雨灾害，但是岩手县、宫城县、福岛县

的部分市町村出现了未设立抗灾总部或是未发布避难劝告的情况[2)]。平成11年（1999年）6月福冈发生暴雨灾害时，曾由福冈市消防局负责抗灾。市消防局虽然根据当地个别居民的要求采取了堆积沙袋等措施，但是市土木工程局在接到有关御笠山河水越堤的消息后并没有把消息传达给消防局，导致消防局没有设立抗灾总部也没有发布避难公告[3)]。结果造成JR（日本铁路）博多站附近的商业街地下室中一名女性因积水灌入无法逃生而溺死。同年7月，东京市新宿区落合一带，一名男性在自家地下室溺水身亡。通过此类事件，地下设施的水灾问题凸显了出来，如何做好向地下商店街、地铁、一般家庭的地下室等地点的信息传递工作就成为了一个重要的课题。

此外，平成10年（1998年）9月高知县发生暴雨灾害时，由于高知市对气象状况的预测过于慎重，到了深夜时分情况变得危急起来时，市政府担心深夜发布避难公告或指示可能会造成市民恐慌，同时也担心居民在水位不断上升的情况下采取避难行动的话，会在途中出现伤亡，因此市政府最终没有发布避难公告和避难指示。此时，以高知市市内为中心出现了积水，造成包括镀金工厂的氰化物泄流等事故的发生。因水淹而死的受害者多为老年人，一位丈夫因无法把卧床不起的老伴移至二楼，妻子最终被水淹死。平成18年（2006年）发生在鹿儿岛的暴雨灾害中，一贯呼吁居民“自主避难”的政府部门并没有发布避难公告和指示，导致居民中有人在遭受塌方灾害后死亡。饱受社会批评之后，政府开始积极地发布避难公告、避难指示等信息。

这些案例告诉我们，为确保人民生命安全而发布的避难公告、避难指示等信息，其发布的时机是至关重要的。那么，发布避难信息应预留多长时间才能有效地发挥其作用呢？洪水与需要紧急避难的近距离海啸灾害不同，要考虑到对那些需要得到帮助的人提供帮助，不仅如此，还要考虑将家庭财产、私家车等移至高处所需的时间，作为避难的准备行动，这些因素都应该予以考虑。

片田等人指出，从平成10年8月郡山水灾时对需要照顾的老年人的调查结果来看，需照顾程度越高的人选择避难的比率越低。而采取避难行动的需要照顾的老年人中，多数是在他人帮助下完成避难的，且利用出租车或福利机构的车辆进行避难的案例较多。由此我们可以看出，在积水情况出现之前尽早利用车辆避难是十分必要的[4)]。此外在东海暴雨灾害中，尽管有些居民从清晨地面开始积水起就着手为保护家庭财产而行动，但其结果是，有56.9%的家庭基本没有采取什么措施。而采取措施的家庭大约平均花费了4.8小时[5)]。东海暴雨灾害造成旧西枇杷岛町出现了相当于通常5年垃圾总量的灾害垃圾，家庭财产损失几乎与房屋损失相同。居民只能用搭柱、堆高台等方式，在保护自己人身安全的同时减轻家庭财产的损失。吉井认为，考虑到在安全的情况下完成避难行动所需花费的时间，避难准备信息应在（距能够实现安全避难的最后时刻）3 小时前、避难公告应在（同前）2 小时前、避难指示应在（同前）1 小时前发布。

根据以上基准，我们把过去案例中发布避难公告、避难指示时间距决堤时间在表 3-2 中做了统计，可以发现丰冈市从避难信息发布到决堤为止避难时间较为宽裕，而福井市则几乎没有时间富余。此外西枇杷市和三条市虽然时间上较为宽裕，但是没有发布避难指示，在信息传递手段和方法上有所不足。

表 3-3　发布避难信息时间距决堤的时间

	爱知县旧枇杷岛町	新潟县三条市	福井县福井市	兵库县丰冈市
灾害名称	2000 年东海暴雨	2004 年新潟暴雨	2004 年福井暴雨	2004 年第 23 号台风
设立抗灾总部的时间	9 月 11 日 15：30	7 月 13 日 9：00	7 月 18 日 9：00	10 月 20 日 16：20
发布避难公告的时间	9 月 11 日 23：55	11：00—11：40	12：22	18：05
距决堤时间（小时：分）	3：35	2：15—1：35	0：12	5：07
发布避难指示的时间	无	无	13：34	19：13—19：45
距决堤时间（小时：分）	—	—	0：00	4：00—3：28

续表

决堤时间	9月12日 3:30	13:15	13:34	23:14
遇难人数	0	9人	0	1人

资料来源：吉井博明『避難勧告・指示と住民の避難行動——水害の被災現場から学ぶこと』2005年7月，有调整。

（二）避难公告、避难指示的内容是否恰当

平成16年（2004年）第23号台风袭击兵库县丰冈市时，虽然抗灾总部果断采取措施，较早发布了避难公告和避难指示，但是告示和指示的发布方法和内容存在问题。这里我们详细阐述这一问题。

平成16年第23号台风

丰冈市曾经遭受过昭和34年（1959年）的伊势湾台风、昭和36年（1961年）的第2室户台风、昭和51年（1976年）的第17号台风、平成2年（1990年）的秋雨锋线与台风19号等多次台风袭击，平成2年（1990年）受灾后采取了包括重建丸山大桥，安装六方排水机组等一系列措施，对防止水灾起到了良好的效果。

平成16年10月19日至20日，雨量总计达到历史记录最高值278毫米，单日雨量也达到了225毫米，是战后日降雨量最多的一天。国家管理的一级河流圆山川因灾溃堤，造成重大损失。流经丰冈市中心的圆山川水位从10月20日下午2 70

时左右起猛涨，下午5时前超警戒水位（4.5米），短短一个半小时后超过了危险水位（6.5米），两个小时后的晚上8点半过后超过了设计最高水位（8.16米），几处地方发生河水越堤，晚上11时15分左右在右岸的立野附近发生溃堤。几乎与此同时，圆山川支流出石川左岸也发生溃堤，从丰冈市到出石町（现已并入丰冈市）的广大地区都出现积水，最深处达到近3米。这次水灾造成丰冈市内1人死亡（曾采取避难行动，后返回家中，在自己家中被淹死），46人受伤（多为在房屋内摔倒造成的骨折）。房屋损失也很惨重，231栋全部倒塌，大部分损毁的有849栋，半毁的有2076栋，部分损毁的有200栋。

水灾发生时，丰冈市向15199户家庭、42794人发出了避难公告，向15119户家庭、43094人发出了避难指示［平成17年（2005年）3月共有16472户、47513人］，几乎向全市发出了避难公告。

灾害发生的10月20日下午1时，随着台风的迫近雨量增大，内涝加剧，于是丰冈市设立了灾害警戒总部并召开了总部会议，对工作人员的警戒工作做了指示，确认了作为避难所的学校、市民馆的工作人员制度，并委托民间避难所做好准备。下午4时防汛3号警报启动（发布出动命令），下午4时10分丰冈市灾害警戒总部升级为抗灾总部。抗灾总部总共有15名成员，并配置了一名干事。

下午4时15分，国土交通省丰冈河流国道办公室主任致电丰冈市市长，告知预测水位将超过设计最高水位 1 米左右。虽然电话内容让人难以置信，但是圆山川确实已经达到了发布避难公告的基准水位，于是进一步落实工作，确保有“安全的避难所”可供使用，为避难公告的发布做好准备工作。下午 5 时 40 分，办公室主任再次来电，告知了“超设计最高水位的时间将比下午预测时间早 2 小时”这一消息。

下午 6 时 5 分发布了第一次避难公告，此时圆山川的水位已突破了危险水位，并于 7 时达到了 7.59 米。为此于 7 时 13 分和 24 分向水淹危险极大的右岸危险地区发出了避难指示。晚上 7 时 45 分因排水泵停止工作，避难指示的对象区域进一步扩大。晚上 11 时 13 分圆山川溃堤。溃堤后，由于向事发现场派遣人员对现场情况进行确认，以及起草告市民书等工作花费了一些时间，所以通过防灾行政无线电系统向全市发布溃堤消息已是溃堤 30 分钟后的 11 时 45 分。此时，抗灾总部认为在户外避难相当危险，呼吁居民到 2 层以上的高处避难。

71

根据中村的调查[10)]，圆山川右岸地区的居民中约有九成收到了市政府发出的要求避难的信息，其中有八成是通过每户安装的防灾无线电接收器接收信息的。然而实际离家避难的人数仅有 32.9%，听到避难公告、避难指示后进行避难的仅为 19%。居住在圆山川沿岸的居民因经常遭受水灾，所以居民往往会根据内涝的情况自己做出判断（经验的反作用），因此需要向他们提供明确的信息，让居民意识到会发生决堤。

此外，防灾无线电的联络方式无法提供有关某个地区的详细信息，即使通过电视和广播发布避难公告、避难指示，避难信息也不可能非常详细。因此在避难指示发布前就出现积水的地区需要根据事先制定好的规程召集工作人员，通过自助和互助的方式弥补政府提供信息的不足，包括呼吁居民进行避难转移，指挥来不及避难的居民向二楼转移（包括帮助行动不便的居民上楼），附近没有指定避难所的地区，工作人员需要自行判断引导居民就近移至民间建筑物进行避难。

（三）因传达避难公告、避难指示手段有限导致信息传达不彻底

要把避难公告、避难指示等信息迅速准确地传达给居民，需要考虑媒体的特点，事先讨论利用哪一种媒体或频道发布信息。市町村防灾无线电系统可以同时向所有居民发布信息，至平成 19 年（2007 年）3 月末为止，全国共有 1374 个组织配备了该设备，配备率为 75.2%，但某些市町村的配备率不足一半。当然仅靠无线电广播是不够的。危急时发布信息的手段需要拥有 5 种功能：触发性（告知预计受灾区域内的人们这是紧急情况）；能够呼吁应急行动；能够详细说明；即时传达；双向性（能够询问、回答）。一种媒体可能不具备 5 种功能，需要利用多种媒体的组合。下面介绍一些暴雨灾害时因传达避难公告、避难指示手段有限而导致信息传达不彻底的案例。

平成 12 年（2000 年）东海暴雨灾害 72

东海地区从 9 月 10 日夜里开始第 14 号台风东侧形成降雨云团，停滞的秋雨前锋开始活跃。11 日下午至深夜爱知县各地降雨量创历史纪录，暴雨一直持续至 12 日清晨。12 日 2 时 20 分庄内河枇杷岛地区超警戒水位，4 时 30 分水位达 9.46 米，超历史最高纪录近 2 米。同时新河水位也持续上升，11 日 19 时 40 分达到设计最高水位 6.9 米后曾一度回落，然而 21—22 时从庄内河溢出的水灌入新河，水位再次上升，12 日 2 时 50 分达到 7.32 米的最高水位后，3 时 30 分左右新河左岸（名古屋西区芦原町）某处发生溃堤。

爱知县旧西枇杷岛町根据 11 日 5 时 29 分发布的大雨洪水警报启动二号紧急方案，于 15 时 30 分设立了抗灾总部。派工作人员前往水泵站，20 时 30 分设立了 6 处避难所，21 时 36 分命令消防队开始堆积沙袋实施抗灾措施。

20 时 40 分，西枇杷岛町町长与临町的新河町町长、清洲町町长商议后决定三町将一同发布避难公告。但是在新河水位超过设计值、庄内河发布洪水警报、町内各处发生内涝后，町长们仍在犹豫是否要发布避难公告。直到接到庄内河工程所所长来电，告知庄内河有决堤危险，建议实行避难之后才发布避难公告。避难公告于 9 月 11 日 23 时 55 分至 14 日 7 时向全町 6600 户家庭、17500 名居民发布。

平成 16 年（2004 年）新潟暴雨灾害

7 月 13 日上午 6 时 29 分发布大雨洪水警报，8 时 20 分至9时50分预报将有创纪录的短时强降雨。午后新潟县中越地区等地方雨量创纪录，刈谷田河、五十岚河、熊代河等11处相继发生溃堤，新潟县遭受严重损失，15人死亡、70栋房屋全毁、5324栋半毁、8259栋房屋地板上下积水。

新潟县三条市于7月13日上午6时左右开始召集工作人员，上午9时设立抗灾总部，最先于上午10时10分发布第一次避难公告，接着于上午11时、11时40分发布第二、第三次避难公告。发布第一次避难公告的理由是9时32分上游大坝开始泄洪，五十岚河水位持续上升，塌方和管涌的消息接连不断。第二次及之后的避难公告发布时，市长外出巡视不在现场，副市长根据河水越堤的信息逐渐扩大了发布避难公告的区域。在这极为关键的时刻，市长由于外出巡视灾情而无法回到市政厅处理突发状况，抗灾总部曾一度陷入混乱。

避难公告通过宣传车、现场呼吁及电话通知各自治会会长等三种途径发布。5辆宣传车和消防车巡回发布信息，但途中1辆遭遇水淹剩余4辆。因此避难公告涉及的44个街区中，被通知到的是34个。而电话通知各自治会会长的工作由地区振兴科、行政科与政策推进科分担实施，由于联络方和各自治会长都没有相关经验，联络工作遇阻，44个街区仅通知到了7个地区。因此溃堤前获知避难公告的人大约只有2成。

13时15分五十岚河左岸出现117米的溃口，造成9人死亡、1人重伤、79人轻伤、1栋房屋全毁、5498栋房屋半毁、

7467 人受灾。死者多为老年人，有些在避难途中溺水死亡，有些卧床不起需要照顾的老人虽然发出求助但是因救援不及而遇难。如何帮助需要照顾的老年人避难成为了一个课题。

平成 16 年（2004 年）福井暴雨灾害

在福井县岭北地区，从 7 月 18 日清晨至午间观测到了 1 小时 80 毫米以上的暴雨。岭北地区于下午 2 时 34 分发布大雨洪水警报之后，又观测到了 6 次创纪录的短时间暴雨。大雨洪水警报发布之后，福井市紧急召集了综合抗灾室的负责人于下午 3 时进入防涝状态。6 时左右起开始出现塌方，7 时 10 分设置抗灾对策信息联络室，9 时升级为抗灾对策总部。全体工作人员被召集起来，出差途中的市长也于 10 时到达市政府。10 时左右起，电话增加至 15 部用于回答市民的提问，但是由于许多总部工作人员外出堆沙包或呼吁民众避难，抗灾总部的工作人数很难得到保证。

7 点半接到电话称一乘地区 67 名居民被困于上游山间野营地（消防部门引导他们至地势高处后于 16 时 18 分用直升机全部救出），8 时左右接到一乘地区联合自治会会长的电话，被告知“可用作避难所的公民馆进水”，于是在 8 时 10 分向一乘地区发布了第一次避难公告，并设立了避难所。此外，在福井市街区，由于从消防本部及河川课不断传来“足羽河右岸的特殊防汛堤渗水，情况危急”、“足羽河支流荒川出现河水越堤情况”等信息，发布避难公告的地区也在不断地扩大。12

74 时 20 分，根据县河流科向市河流科发来的“JR（日本铁路）铁桥附近河面离堤坝只有 20—30 厘米，十分危急”的信息，再次发布了避难公告。13 时 5 分，向溃堤风险较高的 1 个地区发布了避难指示。13 时 34 分，足羽河左岸溃堤，于是几乎同时向 7 个地区发布了避难指示。总计向 34705 户、96000 名居民发出避难公告，向 8 个地区（超过 13000 户）居民发出避难指示。

发布避难公告、指示的手段包括市防灾无线电系统（设置在户外以及联合自治会会长家中）、消防宣传车、在受灾现场通过手提扩音器呼喊、有线电视台、当地电视广播台以及向自治会电话通知等方法。水灾发生前仅 36.3% 的居民听到了避难公告、指示，由于是白天，其中通过电视得知信息的人较多。通过防灾无线电系统得知信息的居民为 14.5%，也非常少。虽然雨势转小，但是由于许多救援直升机的响声，有居民反映无法听清广播的所有内容。选择避难的居民人数也不多（避难率为 37.9%），在决堤口附近，有许多居民在积水出现后才进行避难，有不少人是被小船救出来的。

三、洪涝灾害的应对及课题

本节根据第二节第二部分“洪涝灾害时市町村的应对案例”所述过去的案例讨论应对洪涝时的问题。

（一）抗灾对策总部的设立及活动受阻的原因

发生洪水灾害时，气象警报发出后防灾准备时间还是比较充裕的，多数情况可以迅速召集抗灾对策总部及其他部门的人员，保证人员充沛。然而，河流灾害多为土木部门管理，所以如果负责发布避难公告、指示的抗灾部门（有的市町村由消防总部承担抗灾对策总部的功能）与土木部门的协调不够，或者抗灾对策总部内部无法实现信息的共享，便会导致召集来的众多人员无法支援抗灾行动。此外，也有案例显示气象警报、防汛警报等没有传达给负责防汛的消防总部也是造成灾后紧急行动延误，未能及时设立抗灾对策总部的原因之一。

此外，由于没有迅速做出明确指示，或者相关部门发布的信息前后矛盾，导致市民及媒体不断来电询问，使得抗灾对策总部疲于应对市民与媒体，这也成为了市町村实施抗灾对策的障碍。这种情况的出现告诉我们，由于总部工作过于繁忙，灾害发生时对信息处理、信息分析等工作进行妥善分配是很重要的。

75

曾经还发生过如下的案例，即工作人员此前没有经历过需要在深夜紧急呼叫知事、市长等负责人的灾害，因此，当灾害发生时犹豫是否应当紧急联络负责人，而致使上级干部未能及时到岗。由此可以看出，决策人承担着非常重要的职责，因此有必要事先制定好召集干部的计划。此外，市町村长等干部为制定措施而前往水灾现场确认灾情是有必要的，但是同时也伴随着危险性，所以需要探讨赶赴现场展开调查的时机等问题。在福井市，有线电视的直播画面曾为发布避难指示提供了判断依据，因此我们也可以考虑对监视摄像头画面加以利用。平成 16 年（2004 年）台风 23 号来袭时，县知事等干部因在海外考察不能亲临现场指挥，考虑到这种情况出现的可能性，就要事先决定好代行其责的预备人选。

在与其他部门的协作方面，曾出现过市町掌握的关于河水越堤的现场信息未能传达给河流管理部门、县政府，或市町道路的受损情况等没有被上报至抗灾对策总部的案例。在兵库县，实现县与市町间信息共享的“凤凰防灾信息系统”上，市町方面几乎没有在系统上输入受灾信息，没能有效地利用该系统。如何从市町村收集信息将是今后的课题。

此外，还出现过发生洪水灾害时，抗灾对策总部自身出现浸水以及大风给援救活动带来阻碍的事例。在东海暴雨灾害中，旧西枇杷岛町抗灾对策总部曾一度忙于应对居民的电话问询，但是之后由于新川决堤导致政府办公楼浸水，电话转接系统及自备发电机被水淹没，防灾无线电系统也因电池耗竭不能使用。在一片黑暗中，抗灾对策总部的指挥功能完全瘫痪。总部无法向避难所及居民发布信息，无法与外界部门取得联系，不仅如此，办公楼的会议室成为了避难所，办公楼大堂里甚至只能通过小船来运送物资和交换信息。

除上述案例之外，还曾发生过以下案例。平成 11 年（1999

年）不知火海发生高浪灾害时，政府办公楼的玻璃窗因强风暴雨破裂，却迟迟得不到修复。平成16年（2004年）新潟暴雨灾害中的中之岛町政府、平成16年第23号台风灾害中的北但消防总部以及京都府大江町政府等部门都曾因抗灾对策总部或消防本部等重要设施遭到水淹，阻碍了对灾害的应对工作。这些案例告诉我们，抗灾对策总部的建筑与设施的抗灾性有待进一步加强，如果发生意外需要准备替代的场所。

（二）关于发布避难公告、指示的决策以及传达上的困难所在

为了做到适时向居民发布避难公告、指示，应尽早切换至抗灾外洪模式，收集水位预测报告及现场信息，预测灾情的严重程度。然而，对于那些此前从未发布过避难公告、指示的市町村（领导）而言，做出决策是极其困难的。以往曾出现过为形势所迫不得已才发布避难公告、指示的案例，甚至还有根本不曾发布的案例。

76

在旧西枇杷岛町的灾情中，町政府虽然获得了各类信息，包括气象信息及12日2时20分庄内河超警戒水位、3时30分新川决堤等，却没有意识到决堤意味着水漫全町这一后果。在接到国土交通省庄内河工程事务所所长建议对居民进行避难的电话之后才终于做出了发布避难公告的决定。丰冈市也是在接到了丰冈河流国道事务所所长的来电之后才意识到“这次洪水与以往的情况不同”，最终发布了避难公告、指示。

丰冈市最初依据当时观测到的水位值及过去最大的台风——伊势湾台风袭击时的河流水位情况等采取了相应的措施，但是降雨量及水位预测值的骤增，再加上不断变化的实际情况，导致了应对不及的局面。圆山河是国家管理的 1 级河流，其 5 小时后的预测水位或专家提出的建议可被视为应对灾害时的指针。

此外，许多市町村倾向于先预测灾害造成的损失，然后以此作为是否发布避难公告、指示的标准，虽然他们预测到河水会越堤，却不曾想会出现溃堤。福井暴雨灾害时，抗灾对策总部在听取现场情况及主管防洪的消防总部的信息之后才发布了避难公告，这些多是在紧急慌乱之中发布的。

在发生洪涝灾害时，天气恶劣导致无法对灾情进行预测，再加之夜间一片漆黑，无法判别堤坝是否已出现龟裂，也无法判别从堤坝流出的浊流是溃堤渗出的还是越堤溢出的。这时灾害现场和抗灾对策本部都可能被各种信息牵着鼻子走。例如丰冈市抗灾对策总部深夜收到消防队员的报告说确认到圆山河出现溃堤（立野附近）险情，然而之前由于收到了一则错误信息，称另一地点出现了溃堤的情况，于是这次总部派工作人员赴现场进行了确认工作，这也是未能向居民及时发布信息的原因之一。

相反，也曾发生过因担心如下问题的出现而未发布避难公告、指示的情况。如考虑到发布避难公告、指示可能会招致恐慌，避难公告、指示的发布如果最终只是虚惊一场，不仅会带来较大的经济损失，造成较高的搬迁费用，而且还会导致“狼来了”的现象。但是，较之“避难引起的恐慌”，水灾发生时更重要的问题是如何避难和如何引导不愿避难的民众往高处避难。为了避免避难途中的死伤，积极提供具有说服力的信息，让民众尽早采取避难措施，才是至关重要的。

（三）传达接收避难公告、指示等信息

传达避难公告、指示时，如果没有同时无线通信设备的话，即使使用宣传车、直接呼吁、电话通知自治会会长等多种手段，也不能保证告示与指示得到彻底的传达。丰冈市虽然使用了同步无线电广播，但是由于事先没有准备好播报文稿，为了避免播报给民众带来的恐慌情绪，在文稿的措辞上花费了许多时间。此外，也有民众反映，有些同步无线电广播为了能让户外的居民也听清楚，语速较慢，没有紧张的气氛，让人不明白这则广播的用意所在。因此有必要事先准备好播报文稿及对紧急播报进行训练。

77

此外，有些市町村的通信部门没有积极传达避难公告的相关信息，其中地区媒体的作用受到了关注。有些地区曾通过社区 FM 发布了避难公告，但是听众数量很少，还有些由于机械故障停止了广播。基于此，充分考虑广播媒体的特性是必要的。

近年来出现了通过手机短信或者电脑网络一次性统一发布灾害信息的市町村。平成 18 年（2006 年）年台风 14 号来袭时，宫崎市于9月5日13时设立了防灾警戒总部，后于13时51分开设了“关于台风14号逼近（登陆）的灾害信息公示”栏，每次发布的信息约200字左右，该信息栏的点击数达到90万次，回帖达到了8000件。针对市民提出的问题，市政府负责信息管理的工作人员在网上进行了回复。尽管来自灾区以外其他地区的回帖也不少，但是在信息的传递方面——如在确认避难公告所指区域及避难场所、传递应急用水供应的信息（因净水设施受损，较高的地方将持续断水）时等——还是发挥了很好的作用。

在河流易泛滥地区，随着房地产的不断开发，搬来了许多没有经历过河流灾害的居民。他们不太关注大雨洪水警报及短时间内创纪录降雨等气象信息，在接收避难公告、指示后，采取避难行动的比例大约只有3成。问及为什么不进行避难，许多人回答说“逃到二楼的话不要紧”、“我觉得没必要进行避难”等，固有的偏见以及以往内涝的经验反而起到了相反的作用。此外，也有人为了确保家庭财产的安全而选择留在家中，还有人因为要照顾家人无法赶往避难所，也有人去了避难所但因那里设施简陋又回到自己家中。为了让上述居民也能够顺利避难，我们需要尽早发布避难公告、指示，给他们以充分的时间。

78

（四）救助、救援活动中的混乱

为了救助那些受困于被水淹没地区的人们，尤其是在夜间由于危险几乎无法开展救援活动的情况下，需要出动拥有专业装备，接受过训练的专业人士，他们能够在激流中避开浮木及其他漂浮物。虽然装有引擎的船有很强的动力，但还是有动力船在援救过程中倾覆或受损。此外能够驾驶日本式木船的人也很有限，而且有时有船却没有船桨，需要使用不顺手的木杆等物代替，这些都延缓了救援工作。同时，由于载人数量受限，有时为了搭载被困人员，救援人员不得不下船。

三条市消防总部在救援过程中，夜间救援所需的探照灯、车辆、对遭水淹地区进行救援时所需的小船、防止管涌和漏水的沙袋车（机械力）、救援队联络用的无线频道、消防队所需的无线电池等诸多设备都不齐全。虽然救援消防队运来了一些物品和器材，但数量仍不足。基于此，日常注意储备防洪物品和器材、水灾救援装备以及与相关部门签订协议确保器材的完备就成为了任务之一。

东海暴雨灾害中西枇杷岛小学曾被用作避难所，但由于校舍一楼被水淹没，断水、断电、孤立无援的状态曾一度持续，并且出现了严重的粮食短缺。西枇杷岛町储备仓库的粮食和水也被泥水淹没，各避难所都出现了粮食和水短缺的现象。而町政府送来的饭团数量不够，只能分配给老年人和儿童。在水淹严重的地区，由于小船被优先用于救助被困居民，从而延误了救援物资的运送。食品、救援物资最终发放到各个被困的避难所时，已是避难之后第三天的13日清晨了。虽然有储备物资，但由于仓库被淹、道路积水而导致物资无法运送的案例在平成16年（2004年）第23号台风来袭时也同样发生过。家庭储备及提高储备仓库的抗灾性和确保道路通畅就成为了防灾的重要课题。

【资料来源及参考文献】

1）吉井博明，2005「大災害時の市町村の初動と住民の避難行動」。

2）片田・児玉・牛山，2003「台風接近時の自治体対応における情報利用に関する実証的研究」。

3）廣井脩，中村功他，2000「1999年福岡水害と災害情報の伝達」『災害の研究』Vol. 31，『都市水害における住民心理と情報伝達』東京大学社会情報研究所調査研究紀要16号。

4）片田・及川・寒澤，1999「河川洪水時における要介護高島者の避難実態とその問題点」。

5）片田・児玉，2002「2000年東海豪雨災害における家財被害の実態と被害軽減行動に関する研究」『水工学論文集』第46巻。

6）国土交通省豊岡河川国道事務所，2005「円山川堤防調査委員会資料」平成17年3月および委員会資料。

7）豊岡市，2007「水害時こおける情報収集・伝達検討会報告書」。

8）豊岡市，2006「台風23号に対する区長アンケート調査結果」。

9）兵庫県，2008「平成16年台風第23号検証委員会報告書」。

10）中村功・廣井脩他，2005「災害時における携帯メディアの問題点」NTTドコモ・モバイル社会研究所。

11）愛知県西枇杷島町，2002「平成12年9月東海豪雨災害記録誌」。

79 12）国土交通省河川局，2001「災害列島2000——都市型水害を考える006東海豪雨」。

13）廣井脩他，2003「2000年東海豪雨水害における災害情報の伝達と

住民の対応」東京大学社会情報研究所調査研究紀要 19 号。
14）吉井博明，2001「豪雨災害と情報——平成 12 年 9 月東海豪雨災害時の情報収集・伝達・処理」総合都市研究第 75 号。
15）内閣府，2002「水害の地域防災力調査報告書」。
16）新潟県，2004「7.13 新潟豪雨災害の記録」。
17）三条市，2004「平成 16 年 7.13 衰雨水害の概要」。
18）新潟県三条市 7.13 水害関連情報 . 2004。
http://www. city. sanjo. niigata. jp/gyousei/bousai/saigai/suigai/suigai. html
19）2005「広報さんじょう」No. 1030。
20）三条地域消防本部，2004「平成 16 年 7 月新潟・福島豪雨　消防の活動記録」。
21）中村功，2005「新潟・福島水害におけるコミュニティーエフ工ムの役割」災害情報 No. 3, p. 5, 東京大学大学院情報学環・廣井研究室「平成 16 年 7 月新潟・福島豪雨災害に関する住民の災害対応行動調査報告」HP 上での公開。
22）群馬大学工学防災研究グループ，2004「平成 16 年 7 月新潟素雨災害こ関する実態調査（概要版）三条市調査結果」12 月 26 日。
23）内閣府防災担当，2005「集中豪雨時等における情報伝達及び高齢者等の避難支援に関する検討会」資料。
24）牛山・吉田，2006「2005 年 9 月の台風 14 号および前線による豪雨災害の特徴」『自然災害科学』。

（高梨成子）

[80] 第三节　塌方灾害时政府及居民的应对实况与教训

在日本，由于许多人居住在山地及倾斜地带，因此在自然灾害中塌方造成的损失较大，而塌方灾害中又以泥石流造成的伤亡最多。洪水与塌方经常同时发生，例如昭和 57 年（1982 年）长崎暴雨灾害、平成 5 年（1993 年）鹿儿岛暴雨灾害等都是因洪水与塌方同时发生而造成了严重损失。在此我们将关注泥石流引起的塌方灾害的案例，它比洪涝灾害带来的损失更为严重。与产生区域性打击的洪涝灾害有所不同，产生局部性打击的塌方灾害可以通过观测灾害前兆、及时避难来减轻灾害带来的损失。然而在实际的防灾行动中，却经常出现只关注外洪却放松了对塌方灾害的警戒，从而导致在瞬息万变的灾情前发生处处被动的局面。为何会疏于应对？本节中将对鹿儿岛县出水市针原地区（1997 年 7 月、21 人死亡）、熊本县水俣市宝川内集地区（2003 年 7 月、15 人死亡）及长野县冈谷市凑地区（2006 年 7 月、7 人死亡）等造成较大伤亡的泥石流进行对比，由此我们可以发现，各市在应对过程中存在的诸多共通之处令人惊讶。表 3-4 将对这三起案例进行比较，针对各种状况分别对应对方法予以说明。

一、放松警戒以及灾情变化后工作人员未能及时到岗

三起案例均发生在梅雨期就要结束的深夜至黎明时分。出水市已于前日下午设立了抗灾对策总部并发布了“自行避难公告”。由于雨势转弱又到了夜间，大家放松了警戒，但突然发生了泥石流灾害，已回家的工作人员再次被召集回来。在冈谷市，长野地方气象台已于灾害发生前一天下午的 17 时 24 分发布了大雨警报，从警戒级别上对塌方灾害发生的危险性调至“重点关注”。总部危机管理室也加强了警戒，但由于是夜间，只有 3 名工作人员在岗。

表 3-4　泥石流发生时的状况及应对比较

	鹿儿岛县出水市	熊本县水俣市	长野县冈谷市
发生泥石流灾害的时间	· 1997 年 7 月 10 日 0：44	· 2003 年 7 月 20 日 4：00	· 2006 年 7 月 19 日 4：28

续表

	鹿儿岛县出水市	熊本县水俣市	长野县冈谷市
泥石流灾害发生前的应对措施	7月9日 ·17：00设立抗灾对策总部 ·17：30向161公民馆发出警示 ·20：40警报解除	7月20日 ·1：53发布大雨、洪水、雷电警报 ·1：55县政府发来传真 ·2：50市政府工作人员到岗	7月17日 ·8：23发布大雨警报 7月18日 ·16：10诹访湖超警戒水位 ·17：24长野气象台发布了大雨警报，对塌方灾害的危险将警戒级别上调至“严重关注” 7月19日 ·4：00召集工作员
前兆现象	·22：50、23：50左右　河水减少 ·23：00至24：00左右　听到轰轰的响声	·发生泥石流灾害之前河水减少 ·由于雷雨前兆被忽视	·7月18日前后开始水变浑浊，7月19日凌晨2时左右，河堤的岩石发出轰轰的响声
发生及觉察到泥石流灾害的时间	7月10日 ·0：44发生泥石流 ·0：55市政府觉察到泥石流	7月20日 ·4：20集地区发生泥石流 ·4：30市政府觉察到泥石流 ·4：30深川地区后山崩塌	7月19日 ·3：50左右志平泽河发生泥石流 ·4：00左右开始小田井泽河凑地区发生小规模泥石流 ·4：28发生大规模泥石流 ·4：30市消防总部察觉到泥石流

续表

	鹿儿岛县出水市	熊本县水俣市	长野县冈谷市
设立抗灾对策总部的时间	7月9日17：00（灾害前日）	7月20日5：00	7月19日5：40
设立现场抗灾总部的时间地点	7月10日 ·3：00针原自治公民馆	·9：15宝川内设立消防现场总指挥部	
发布避难公告的时间	7月10日 ·6：00针原地区45户130人 7月15日解除	5：20向水俣市全境发布避难公告 ·16：40解除	·6：15志平泽河发布避难公告 ·6：20凑地区发布避难公告 7月21日 ·9：00将临时避难公告调至临时避难指示 ·8月1日解除
泥石流灾害持续时间	约5小时15分	约1小时10分	约1小时30分
请求派遣自卫队、消防队	1：14消防署（作业车）到达现场→发出请求	5：57向县自卫队发出派遣请求 10：15　请求消防支援	6：05请求自卫队派出直升机侦查了解灾情
泥石流灾害持续时间	30分钟	约2小时	约1小时40分

水俣市气象部门把雷电警示突然上调至大雨洪水警报、[81]雷电警报级别，深夜虽多次呼叫工作人员却联系不上，最终工

作人员未能及时到岗。当时雷雨交加，加之山体滑坡造成滚木阻塞了道路及桥梁，也阻碍了工作人员及时到岗。虽然事先制定好了到岗标准，但由于雨势超过了普通的大雨警戒标准，导致无法做出有效的应对，连市长也没有及时到岗。而决策人员的缺席使得政府无法及时做出重要决定。

82

二、忽视塌方灾害的前兆现象

在水俣市因雷电与暴雨的影响很难捕捉到前兆现象，而且既没有方法也没有时间将河流水位突然下降这一重要情况传递给总部。在出水市，发生泥石流前 40 分钟集中出现了震耳的轰鸣声，这是非常明显的泥石流前兆，但是当地居民没有预防泥石流的经验，一部分居民听到巨响后认为可能是煤气爆炸或是交通事故所致，出门确认后他们仅看到了河流没有异常却没有注意到后山的异常现象。冈谷市也如出一辙，尽管灾害前日在堆积沙袋的消防队员已经注意到河流水质浑浊以及滚石声响等异常现象，但是这些情况均未传递给居民及防灾部门。

出水市虽然在泥石流易发地区竖起了“有泥石流危险的溪流”的指示牌，但居民们却误认为这只是一则治理时常引发小规模泛滥的河流治理通知。水俣市、冈谷市向居民发放了危害地图，但居民们总认为还有更危险的区域，自己所在的区域是安全的。这些都是没有防灾经验居民的固有偏见，而正是这种偏见引发了误解，使得居民放松了警惕。

三、未能利用关于塌方灾害的信息

在水俣市，因负责信息中转的芦北振兴局的工作人员忙于各类受灾信息的收集工作，导致熊本县发出的防汛信息传真未能传达下去。此外，熊本县发出的塌方灾害警报也因电脑故障无法阅读，最终未能加以利用。一些部门在平时虽然使用过防灾行政无线电来接收县发来的传真，然而到了紧急时刻，根本就没有想到还能够利用防灾行政无线电来传递包括语音的各类信息。

此外，在近年来未发生过塌方灾害的水俣市，仅对曾发生过泛滥的河流采取了警戒措施。在冈谷市，尽管已将塌方警戒级别上调至“重点关注”，但实际上仅对诹访湖的湖水水位上升情况及天龙河采取了警戒措施。怠慢的态度导致工作人员在同时收到大量关于河水越堤、塌方等灾害信息后，对局面的把握失控，不知该从何处着手。不仅如此，消防部门也没有把任何灾害信息传递过来。这种“灾害经验的反作用（用过去较轻程度的防灾经验来应对以后的灾害）”以及“固有的偏见”均使得防灾负责人未能紧急进入塌方抗灾程序中。

灾害发生前，我们没有看到县、气象台发布的暴雨和塌方信息，周围的市町也未发布相关的消息，也没有看到专家对 83 防灾提出任何建议。当然也有报告称泥石流灾害发生后，消防厅、消防大学、国土交通省、（独立法人）土木研究所等机构的专家曾赶到灾害现场，从安全管理的角度提出了建议。这些建议在之后的预警体制以及是继续还是暂停搜救工作的决策上发挥了一定的作用。

四、塌方灾害发生后发布的避难公告

三座城市都是在泥石流灾害发生之后发布的避难公告，且都是在灾害发生一小时之后才发布的。泥石流灾害发生的同时还伴随着洪水的出现，由于一片混乱，有些城市向全城发布了避难公告，并没有限定具体的区域，但发布这样的信息效果并不理想。甚至还有些市认为市町村没有发布避难指示的权利，因此仅发布了避难公告。

另一方面，水俣市地方消防队员在自发组织的呼吁避难的巡查过程中，有 3 名队员因遭遇二次泥石流灾害而身亡。同样的事故也出现在冈谷市，在发生小规模泥石流之后，两名在垒沙袋的消防队员以及到户外观察情况的居民也因遭遇二次大规模泥石流而身亡。由此看来，地方防灾人员的安全管理也不容忽视。

五、未能及时向其他市消防队及自卫队发出求救请求

在出水市，消防队员在小雨中用探照灯确认了遭灾现场后，立即请求自卫队出动（灾害发生后约30分钟）。但在水俣市由于一直未能确认遭灾现场，直到5时57分市长才向县知事征询了出动自卫队的可能（灾害发生后约2小时）。

阪神・淡路大震灾之后，多数地方政府已形成了一种观念，即“一旦发生了超出市町村自身可应对的大灾害，立即向自卫队、消防部门请求援救”。水俣市之所以没有及时向自卫队发出求救信息，其主要原因之一是没有摸清受灾情况。居民向市政府的工作人员汇报了泥石流灾情之后，该工作人员却搞混了受灾地区的名称，而调查组虽然有工作人员值班，却因天黑路滑无法赶赴现场进行调查确认。消防署这边在接到居民报告后派遣了先遣队去摸清情况，却因道路泥泞、滚木阻隔无法接近受灾现场，而且受灾现场持续未散的雾气也增加了调查的难度。不仅如此，防涝警报没有发送到消防总部，而消防部门获得的信息又没有传达给市政府，正是这些情况的出现，导致灾后紧急救援行动中各部门的行动无法协调一致。

【参考文献】

高橋和雄他，1999「平成9年7月出水市土石流災害における防災期間の

対応に関する調査」「平成 9 年 7 月出水市針原地区の土石流災害時の地域住民の行動に関する調査」自然災害学会論文集 Vol. 18, No. 1。

84 池谷・中村他, 1998「平成 9 年度鹿児島県出水市針原川土石流災害における住民の対応と災害情報の伝達」『東京大学社会情報研究調査研究紀要』11 号, 東京大学社会情報研究所。

人と防災未来センター , 2003「平成 15 年 7 月梅雨前線豪雨による九州水害調査報告」調査レポート No. 1。

内閣府「土砂 H 害の地域防災力調査報告書」平成 13 年等。

高橋和雄 , 2005「2003 年 7 月出水市の土石流災害における初動体制と地域防災上の課題こ関する調査」自然災害学会論文集 Vol. 24, No. 2。

総務省消防庁 , 2003「消防の動き」。

長野地方気象台 , 2006「平成 18 年 7 月 15 日から 19 日にかけての長野県内の大雨に関する気象速報」9 月 6 日。

千葉幹 , 2007「平成 18 年 7 月豪雨による土砂災害発生時の岡谷市における警戒避難について」, 平成 19 年度（社）砂防学会研究発表会。

（高梨成子）

第四节　从风灾、水灾中汲取的教训

以上介绍了部分风灾、水灾的具体案例，对于那些缺乏抗灾经验的市町村而言，从中可以总结出一些发生洪水泛滥、塌方等自然灾害时危机管理方面的经验教训。

具体来说，首先就洪水而言：一、需要加强与土木、防灾等其他部门的协作；二、广泛收集气象警报、水位、水防等各类信息，事先制订好在何种雨量、水位时采取何种措施的应对计划；三、为了使工作人员做到不遗漏重要信息、根据信息预测受灾情况、迅速做出适当的决策，需要通过图纸演习等手段提高工作人员的应对能力（纠正以往灾害经验形成的反效果）；四、考虑到老龄化这一社会背景，居民的避难行动往往会因此而进展缓慢（老年人往往会持有“固有的偏见”)，为了保障避难公告、指示能够有针对性地、适时地实行，需要事先准备好广播稿的范文。此外，还需事先制作好预测可能会成为浸水区域的危害地图、水灾对策指导手册。为了方便那些行动不便的居民尽早实施避难，要预先发布避难准备信息，同时确保信息传达的渠道畅通无阻。此外还需确保人力资源、防洪器材、食品等资源的充足，同时还需对物资储藏的地点进行考察。

其次，有关塌方灾害的经验教训有：一、加强梅雨及秋雨等霖雨时期的警戒体制，确立工作人员的到岗制度；二、尽早掌握塌方灾害的前兆现象并迅速传递相关信息（向存在塌方危险的居民逐户传达信息）；三、加强对以往全国范围内公布的塌方灾害警戒信息的利用；四、积极征询塌方灾害专家、机构的意见；五、制定发布避难公告、指令的标准；六、尽快从内涝抗灾模式切换至塌方抗灾模式（要注意以往灾害经验的反效果以及“固有的偏见”）；七、依据《塌方灾害预防法》划定“塌方灾害警戒区域与特别警戒区域”并将危害地图告知全体居民，与自愿防灾组织协同构建警戒避难体制。

一般而言，水灾发生后的两周至数周是抗灾的关键时期。例如丰冈市九成市区被淹时，刹那间就产生了一般一年半至 86 两年的垃圾量（月 4.2 万吨）。水灾发生后有大量的问题亟待解决，诸如大量废弃物的处理、卫生管理、如何安置前来救援的志愿者，以及灾民的生活及地区重建等。对于市町村而言，如果事先能掌握好本章中所述的内容，就可以在灾后紧急行动时期从容应对，克服危机，早日确立灾区重建的体制。

【参考文献】

水害サミット実行委員会事務局編集，2007「水害現場でできたこと、できなかったこと——被災地からおくる防災・減災・復旧ノウハウ」。

（高梨成子）

第四章　发生火山灾害时的危机管理

第一节　火山灾害的特点与要点

第二节　从云仙普贤火山看危机管理的任务

第三节　2000 年有珠山火山喷发及其危机管理的经验

第一节　火山灾害的特点与要点

88

一、火山灾害的特点

2000 年 3 月 31 日午后，有珠山时隔 20 年再次从西侧山脚喷发。由于 29 日已经提前发布了避难公告和避难指示，所有居民完成了避难行动，因此没有造成人员伤害。同日气象厅发布的“紧急火山信息”中称“未来数日内喷发的可能性在增大”，火山喷发预测联络会也表述了同样的看法。

可以说，本次对有珠山火山喷发的准确预报及其危机管理即使在世界范围内来看也是为数不多的成功案例之一，让广大国民认识到了火山学及其观测技术的进步。但是令人感到遗憾的是，并非所有火山喷发的研究都拥有如此成熟的技术水平。同年发生的三宅岛火山喷发灾害便揭示了火山喷发预测的困难性。虽然由于提前采取了避难措施并未造成人员伤亡，但避难的原因却是低温碎屑流的出现，而并非源于人们对喷发后火山气体的持续出现的担忧。由此可见，火山灾害依旧是危机管理中难度较大的灾害。

从危机管理的角度来看，与其他灾害相比，火山灾害具有如下几个特点，当然这是由火山喷发自身的特点所决定的。其一，至少从日本的情况来看，活火山的位置几乎都已被测定出来，与其他灾害相比，需要制订紧急防灾计划的市町村是有一定范围的。当然，如果是大规模的火山喷发，考虑到火山灰沉降的因素，其影响范围可能会波及全世界。设想如果发生了最大规模的火山喷发，直接受其影响的地区也是非常广的。但如果我们仅考虑那些喷发可能性较大的火山，那么有必要事前做好完善设备、制订避难等紧急对策的市町村大概约为 250 个左右。为了预防地震灾害的发生，所有的市町村都被要求制订地震应急计划，同时，不受河流灾害影响的市町村也几乎不存在。然而，需要制订火山喷发防灾对策的市町村却是有明确的范围的。

89

其二是造成灾害出现的原因——火山喷发其自身的形态是多种多样的，每一次喷发都具有非常广的动态范围。火山灾害与其他自然灾害相比最终的灾害形式多变，仅主要现象而言就有火山碎屑流、流涌、融雪泥流、火山弹、火山砾、水蒸气爆发、熔岩流、火山灰降落、地盘变形等多种形态。哪一种现象会如何发展演变下去，对于许多火山是很难进行预测的。而且与其他灾害相比，火山灾害的动态范围很广。例如，在过去的 2000 年间，富士山出现最多的喷发规模是喷发量不超过 200 万立方米的小规模喷发（藤井 2002）。然而，1707 年宝永年间其喷发量曾高达 7 亿立方米，为小规模喷发的 35 倍。而 2 万 5 千年前鹿儿岛县始良巨火山口曾发生了更为惊人的喷发现象，其喷发量达到了 450 立方千米，也即 4500 亿立方米。其次从喷发期间来看，富士山宝永年间的喷发仅持续了 2 周左右，而云仙普贤火山的喷发却持续了 6 年。1942 年北海道驹岳的主要喷发活动仅 1 天即告结束。不仅如此，仅依靠当代的科学手段还无法事先预测喷发的规模及持续期间。总之，火山喷发不仅规模及持续时间跨度极大，且喷发造成的灾害形式也多种多样，这些因素都塑造了火山灾害与火山灾害危机管理的特点。

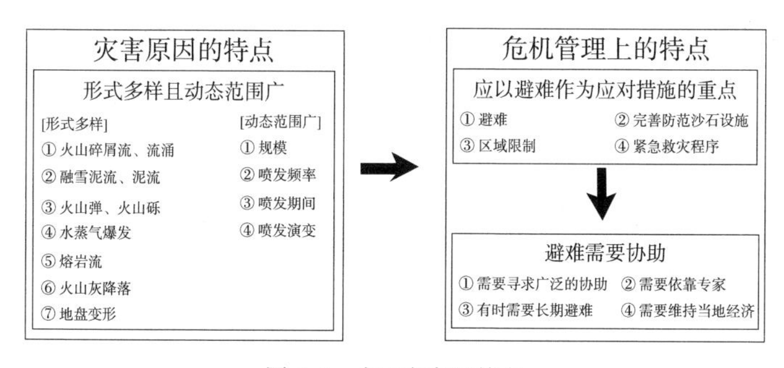

图 4-1　火山灾害的特点

二、危机管理上的特点

90

由于导致火山灾害出现的原因存在上述特点，因此我们应将应对措施的重心放在避难行动上。诚然，火山灾害与其他灾害一样，完善各类设施以达到事先预防减灾的目的这一方法是有效的，而且这项工作也正在实施当中。但是此举只能减轻中小规模喷发所导致的泥流灾害，或是为避难争取一些时间。至少人工设施是无法封堵碎屑流的。此外，尽管以减灾为目的的紧急救灾计划已制订完成，但其同样无法阻挡碎屑流灾害。就大规模火山喷发而言，只要一旦发生，除了选择避难没有其他保全性命的手段。

此外，许多火山喷发间隔很长，因此难以实施区域禁入限制。现在，将一万年内发生过喷发的火山视作为活火山，然而从人类的社会活动来看这一时间显得过长，因火山有喷发的可能而限制人们当下的生活，现在还无法达成这样的社会共识。事实上，仅从许多活火山地区人口与财富大量聚集这一点我们就可以看到其中的困难。而且火山周围又多观光胜地，这也增加了实施选址规划及设定禁入限制的难度。

三、有关避难措施的社会体制层面的要点

灾害规模越大，其影响范围也就越广，有时还会造成长时间的影响。除了自然现象本身的特点，还需要考虑社会体制方面的因素。因此在避难措施的实施上要注意以下几个要点：

第一，需要寻求广域合作。火山多位于市町村或都道府县的

边境处，火山喷发时的避难行动经常需要跨区域实施。这势必需要相关市町村事先调整好避难的时机，同时与接纳收容避难人员的市町村做好协调工作。然而，由于《灾害对策基本法》中规定，实施对策的一级主体是各市町村，因此迄今为止实现大范围协同避难的案例并不多。其中北海道驹岳周围的市町村在这方面起步较早，他们根据《灾害对策基本法》设立了由几个市町村联合组成的防灾协议会或联络会，共同调整防灾计划，开展防灾教育，以及制作危害地图。而且对于人事调动较多、缺少防灾工作人员的市町村而言，设立协议会能够起到缓解人员紧张的效果，可以让有限的人力资源和预算凝聚在一起发挥出更大的作用。同时，只要能够与人事调动的时期错开，就能顺利地将一些措施与经验延续下去。因此，今后发展协议会是极其必要的。但是，协议会 91 目前工作的重心仍在事先制订防灾计划的层面，今后应扩大工作内容，建立起在危机时刻也能够迅速调整决策内容的机制。

第二，能否在关键时刻做出避难等判断，在很大程度上要依靠气象厅、大学、研究机关等专家提出的意见。的确，2000年有珠山火山喷发时有震感，政府与居民能够自己觉察到危险并做出避难的选择，但这种情况仅属个案。岩浆温度上升、山体膨胀等与喷发密切相关的现象只能由专家来观测。预测和判断火山喷发的时间及规模等就更需要专业的知识和见解。这些工作都需要与专家合作来完成。（参见“2000年有珠山火山喷发灾害与避难警告解除”专栏）

不仅如此，平时也要与专家就可能会出现的喷发形式与避难的时机进行充分讨论。云仙普贤火山灾害与有珠山火山灾害发生时，九州大学、北海道大学承担起的正是这样的作用。但是大学等机构的研究人员无法承担起对所有火山的检测工作，也就是说他们不可能建立起所谓家庭医生那样的模式。目前根据每座火山及地区的特点，与气象厅及其他研究机构建立合作体系是一套可行的方法。

第三，需要对长期持续的避难生活予以支援。火山灾害往往会持续很长一段时间。近年发生的云仙普贤火山和三宅岛火山灾害中，避难行动都持续了数年之久。许多居民不仅需要离开自己的家，还需要离开自己的农场或公司，而这期间需要维持生活。因此，不仅需要对长期的避难生活给予支援，还需要让当地经济得以维持下去，以保证能够提供这种长期支援。火山喷发造成的危机所带来的影响会因产业的不同而各不相同，因此在应对措施上要考虑到不同产业的特点。例如，火山喷发对旅游业与农林水产业造成的影响随季节而变化，因此支援政策也需因季节而改变。有珠山的避难人员曾指出："希望政府部门能够事先绘制好产业日历"，可谓是一针见血。

四、近年发生的火山喷发灾害及危机管理

这一节中我们曾反复强调，避难是火山灾害应对措施中

的重中之重，因此在危机管理方面，做出实施及解除避难的决定是极为重要的。但是，是否做出避难的决定在很大程度上取决于专业的信息。因此，避难决定一要受到预测火山喷发变化的不确定性的制约，二是受到完成避难所需时间的限制。在最近发生的火山喷发的案例中，这两点都对市町村以及居民的决定起到了重要的影响。 92

其中，预测喷发变化的不确定性这一制约虽然在所有灾害中都是共通的，但是较之其他灾害而言，火山灾害会以哪种形式发生又将如何演变，其中存在着更大的不确定性。例如，2000 年发生的三宅岛喷发灾害中，实际的火山喷发情况与当地地方政府与居民预测的喷发情况相距甚远。从 2000 年 6 月 26 日下午开始他们观测到了频繁的地震活动，随后气象厅发布了紧急火山喷发信息。之后的 27 日，在三宅岛西面的海域中发现了海水的变色区域，之后震源逐渐向西移动，由此预测岩浆也会向西移动。然而，从 7 月 8 日开始三宅岛雄山山顶突然开始喷发，29 日出现低温碎屑流。为此，东京都及三宅村于 9 月 1 日发布了避难指示，于 4 日完成了全岛居民的避难行动。之后不仅发生了大量的泥流，住宅和农田受到了极大的破坏，还发生了预料之外的火山气体喷出。虽然全岛居民是因为发生碎屑流才实施避难的，但正是这一举措使得居民得以免受火山气体袭击从而保住了性命。而且，如本节之后的专栏“从‘东京都三宅村’获得的经验教训”一文中所述，当地居民难以理解信息的含义也是问题之一。

1989 年伊东海底火山喷发的案例中，可以说连专家也没有相关的数据，根本无法预测喷发的情况（东京大学报刊研究所 1991）。如上所述，从科学的角度来看，火山喷发的演变具有极大的不确定性。不仅无法预测的火山众多，而且即使一定程度上对喷发的演变做出了预测也仅仅是可能性较大，并不能完全排除其他情况出现的可能性。要想降低不确定性，必须事先对各种情况下可能会出现的灾害进行预测，同时要争取做到一旦发生了预料之外的变化也能够顺利地实施避难。

93

表 4-1　火山喷发灾害的类型

<table>
<tr><td colspan="2" rowspan="2"></td><td colspan="2">前置期</td></tr>
<tr><td>短</td><td>长</td></tr>
<tr><td rowspan="2">不确定性</td><td>高</td><td>1989 年伊东海底火山喷发</td><td>2000 年三宅岛火山喷发</td></tr>
<tr><td>低</td><td>1983 年三宅岛火山喷发</td><td>2000 年有珠山火山喷发
1999 年云仙普贤火山喷发</td></tr>
</table>

其次，火山灾害中完成避难所需的时间这一限制也不容忽视。如果遇到大范围居民需要实施避难，或是要把岛上的居民移送至岛外的情况，确保船只等工作都需要花费时间。2000 年有珠山火山喷发的案例中，从察觉异常情况的出现到喷发仅有 4 天多，如果从发布紧急火山信息及避难公告的时间算起，前置期仅为 2 天左右。而在云仙普贤火山喷发的案例中，1990 年 11 月起火山开始喷发，1991 年 5 月 25 日下午发布临时火山信息称发生了碎屑流。这时距离造成 43 人死亡的 6 月

3 日还有一周之久。但是令人感到极其遗憾的是关于碎屑流的信息没有受到重视，最终导致了这场以媒体人员死伤为主的惨剧的发生。但是，就发布信息的时间来说，前置期还是相当充裕的。如表 4-1 所示，与之形成鲜明对比的是 1983 年发生的三宅岛火山喷发，此次喷发在短时间内就造成了灾情。三宅岛观测站于喷发当天的 10 月 3 日下午 2 时观测到了无感火山型地震，并于 2 时 46 分通知三宅村村长等人，希望引起大家的警觉。下午 3 时 30 分左右在村营牧场工作的一名兽医向村政府汇报看到了火山喷发，村政府立刻通知居民并向阿古地区发布了避难指示。大约下午 5 时 15 分，熔岩流到达阿古地区（东京大学报刊研究所 1995）。此时距观测到地震的发生仅有 3 个多小时，距发布避难指示仅过了一个半小时。这一案例既反映了在时间紧迫的情况下制订对策的情况，也启发我们需要日常进行防灾训练才能顺利实施避难措施。

水灾避难时，居民从犹豫是否要避难直到下决心避难往往需要两小时。再加上通知民众、确保避难手段以及转移所需的时间，至少也需要数小时到半天的时间。但是火山灾害时前置期有时很短，这就不得不缩短避难所需的时间。1983 年三宅岛火山喷发灾害中之所以能够在短时间内迅速完成避难工作是因为事先进行了防灾训练。派发危害地图，根据喷发的不同情形制订具体的避难计划并进行训练，这些措施都是出于火山喷发灾害的前置期较短这一原因。

令人遗憾的是，表 4-1 中的分类均为火山喷发之后做出的评价。目前有许多火山我们还难以预测其前置期的长短以及灾害的演变形式，在防灾计划阶段就认定灾害会属于表 4-1 中的何种类型，这在危机管理上是有问题的。考虑到这一点，我们要从发生的可能性较高的情景设定出发，制订具体的避难计划并实现区域间共享。

94【参考文献】

藤井敏嗣，2002「活火山、富士の活動」『予防時報』No. 211, pp. 36-42. 日本損害保険協会。

東京大学新聞研究所，1991『1989 年伊東沖海底噴火と災害情報の伝達』。東京大学新聞研究所，1985『1983 年三宅島噴火と住民行動』。

【相关文献】

日本火山学会編，2001『Q & A　火山噴火』講談社ブルーバックス。(通俗易懂地介绍了火山喷发现象。)

高橋正樹・小林哲夫編，1998 ～ 2000『フィールドガイド日本の火山』。(按地区分为 6 卷，总结了每一座火山的特点及喷发历史。)

（田中淳）

专栏

从“东京都三宅村”获得的经验教训

谷原和宪

2000年三宅岛火山喷发7年后的2007年，回顾这次火山喷发的研讨会在三宅岛召开。会议上岛民曾多次反映：“在火山喷发过程中，除了电视、电台广播之外无法得到任何信息；对山上情况一无所知是最令人担心的事情。”

这一年，我分别赴三宅岛和有珠进行了采访。去有珠出差时中途没有回过东京，然而去三宅岛时却多次在两地间往返。这是因为既要参加当地火山喷发预测联合会举行的记者招待会，同时也要在东京对国家、东京都防灾对策的部署情况进行取材。

在有珠，只要采访当地的灾害对策总部，不仅可以了解到当地火山喷发预测联合会的意见、想法，还能掌握国家、道[①]、市以及町的想法。而在三宅岛就只能对都政府分厅和村政府分别进行采访。火山专家在安放好观测仪器后，就会离开三宅岛返回到大学，之后对传送来的数据进行分析。与有珠相比，在三宅岛很少能看到火山专家与防灾机构共同商议的场面。

三宅岛与有珠都是远离防灾本部的地方灾区，但是当时三宅村在行政上仍属于东京都。火山专家以及国家、东京都的负责人可以不赶赴当

① “道”指北海道，与东京都、京都大阪二府以及各县为同一行政级别。——译者

地而留在东京商讨问题。但是，毕竟东京不是“三宅村”，在那里无法感知岛上的空气与温度。

火山喷发开始后的一个半月，8 月 18 日出现了最大规模的喷发，烟雾高达 1 万米。岛内所有地方均笼罩在火山灰之下，部分建筑玻璃被喷出的碎石打碎。由于喷发从下午持续到了夜间，因此向全岛居民发布了避难指示。

居民们看着不断落下的白色火山灰，忐忑不安地在体育馆度过了一夜。对于此次火山喷发，预测联合会仅表示说“今后仍有可能发生相同规模的喷发”。当天人们无法获得有关喷石的情况，气象厅当时也没有发布任何紧急火山信息等警报。从科学的角度来讲，这样做也许无可厚非，然而作为向灾区发布的信息，却让人觉得不合适。

“信息”产生于“人”聚集的地点，作为生产“信息”的人，应将信息向周围的人解释清楚。地震灾害发生时万物会在瞬间毁于一旦，火山灾害则不同，火山活动反复多变，持续时间长。正因为如此，必须向灾区居民发布有关火山活动的信息。要在“人”聚集的灾区生产“信息”的话，可以定期发放“火山解说”的宣传册，也可以召开向居民说明情况的说明会。

在某部热映的电影中有这样一幕——男主角刑警喊道：“案件是在现场发生的！”[①]有关火山灾害的信息也应在现场传达。

① 这句话出自《跳跃大搜查线 1》，原句为“案件不是在会议室发生的，是在现场发生的！”。—— 译者

专栏

伊东海底火山喷发（1989 年）

吉井博明

始于 1989 年 6 月 30 日的伊豆半岛东方海底群发性地震于 7 月 11 日转为火山颤动，两天后的 7 月 13 日午后 6 时 30 分左右，伊东冲 3 公里处的海底发生了火山喷发。之后虽有反复但未再次喷发，8 月 7 日地震预测联合会宣布群发性地震结束，再次喷发的危险也逐渐降低。这一案例向我们揭示了有关火山喷发信息发布中的众多问题。首先是火山喷发预测的困难。虽然观测到了群发性地震、火山颤动、地面隆起等现象，但是没能做出确切的预测并发布避难公告、避难指示。当然我们知道火山颤动意味着喷发的可能性很高，但是何时、何处、会怎样喷发等情况还是无法预测。最重要的问题在于，火山将在何处喷发，这其中也不能排除在伊东市中心喷发的可能性。如果发布信息说：包括伊东市中心的地区存在火山喷发的危险，数万名居民可能会争先恐后地寻求避难，收容避难人员的避难所会陷入紧缺，有可能会造成严重的社会混乱。大家甚至想到了“最糟糕的情形”——实际上火山未曾喷发，却招致了社会局面的混乱。这种忧虑对气象厅及火山喷发预测联合会的决策都产生了巨大的影响。从技术层面而言，虽然我们能够做出一些预测，这些预测也许会带有一些偏差，但如果考虑到社会影响的话，对于是否有必要发布这种内容模糊但会造成重大社会影响的消息这一问题，尚未达成共识。

其二是火山喷发预测信息的内容难以理解。气象厅 、火山喷发预测联合会发布的信息中不仅使用了“颤动”、“岩浆”等专业术语，而且由于措辞极其谨慎，因此其内容很难被一般人所理解。特别是市町村需要向居民提供详细的信息，紧急时刻还必须考虑发布避难公告或避难指示，而做出判断是极其困难的。伊东市需要的是具有火山学知识、能够通俗易懂地解释这些信息的工作人员，而这些恰恰是该市所欠缺的。

第三，信息传播上也存在着各种各样的问题。其一就是气象厅→地方气象台→县→市町村这一公式般的信息传播渠道不能适应时刻出现的变化。例如，气象厅举行了一次电视转播的记者招待会，其内容伊东市政府部门也是首次知晓。看了电视的伊东市居民纷纷来电询问情况，但政府部门无法很好地回答这些问题。此外，火山喷发两天后发生了海啸避难风波。伊东市通过同步无线电广播呼吁“海底火山喷发有可能会造成海啸，希望大家做好准备以防万一”，岂料一部分居民误解了这一信息，纷纷进行了避难（避难人数约在10%左右）。这是因为在紧急情况下，居民只记住了“海啸+避难”，最终导致居民采取了避难行动。

97

【参考文献】

未来工学研究所，1990「伊豆半島東方沖の群発地震及び海底火山噴火に関する調査報告書」国土庁委託調査，3月。
東京大学新聞研究所，1991「1989年伊東沖海底噴火と災害情報の伝達」。
静岡新聞社地球のシグナル取材班，1991「地球のシグナル」。

第二节 从云仙普贤火山看危机管理的任务[98]

一、有关避难的危机管理

（一）对火山碎屑流的危机意识

如表 4-2 所示，本次火山喷发灾害始于 1990 年 11 月 17 日。居民首次进行避难的时间是第二年也即 1991 年的 5 月 15 日。这一期间，因火山活动而喷出的火山灰大量沉积在山间，5 月 15 日这些沉积物因降雨沿着水无河下泄。这次泥石流成为了首次避难的直接原因，之后又因降雨发布了避难公告。[99]

表 4-2　云仙普贤火山喷发灾害的经过

年月日	火山状况	居民的行动等
1990 年 11 月 17 日	第一次喷发	
1991 年 5 月 15 日	第一次发生泥石流（之后断断续续发生泥石流）	开始避难（至 5 月 25 日每天都有避难）
5 月 20 日	出现熔岩穹丘	
5 月 24 日	首次发生火山碎屑流	
5 月 25 日	“临时火山信息”中出现“小规模火山碎屑流”词语	
5 月 26 日	一人因火山碎屑流受伤发布《火山活动信息第 1 号》	因频繁出现火山碎屑流发布避难公告。上木场地区居民的避难场所变更至下游的学校（之后居民再也没有回过自己家）。因泥石流感应器失灵，消防队在桥上担任警戒（危险的活动）
5 月 29 日	火山碎屑流引起山中的火灾发布《火山活动信息第 2 号》	专家指出安全隐患，消防队从山脚向下游地区转移。一部分消防队员收到气象厅工作人员关于火山碎屑流的警告
5 月 30 日		媒体偷电事件曝光，避难居民相当不满
6 月 1 日		下游地区避难公告解除（居民回到自己家中）
6 月 2 日		向警察及媒体发出严重警示。接受居民意见，消防队把警戒总部迁至山脚（避难公告地区）
6 月 3 日	★发生大规模火山碎屑流	★ 43 人死亡（其中消防队员 12 人死亡）

开始避难 5 日后即 20 日，在“地狱迹”火山口内首次确认形成了熔岩穹丘，之后随着熔岩穹丘的成长，于 24 日首次观测到火山碎屑流。

25 日，气象厅在临时火山信息第 34 号中正式发布消息称“根据九州大学、地质调查所等机构的调查结果，24 日 8 时 8 分左右的崩落现象是小规模的火山碎屑流”。由于火山碎屑流是火山活动中最可怕的现象，为了不给居民带来过度的恐慌，因此在发表的信息中加入了“小规模”这一形容词。负责灾害应对工作的地方政府也是第一次听说火山碎屑流一词，并没有实际的感受，而且信息中称是“小规模”，所以此时并没有引起行政部门的重视。尽管除泥石流外又出现了火山碎屑流这一新情况，但此时无论是政府部门还是居民所关注的均为泥石流的危险。尽管发生了火山碎屑流，但是政府部门依然要求消防队在危险地区警戒泥石流的危险，从这一点也可以看出政府部门并没有重视火山碎屑流。

26 日，由于火山碎屑流流经的区域扩大威胁到了居民，岛原市以此为依据发布了避难公告。这一天，正在清理水无河中堆积的泥石的一名消防队员被火山碎屑流灼伤。由于灼伤程度很轻，大家误以为只要皮肤不外露，就不用过于担心火山碎屑流引起的烧伤。

29 日火山碎屑流的规模进一步扩大，发生了山林火灾。另一方面，从地形上看除山脚下的上木场地区之外，其他村落都还安全，基于此判断当地政府做出了解除避难公告的决定。

2 日，一些媒体人员私自进入正在他处避难的居民家中，使用家中电源给摄像机充电。此事件发生后，原本在下游地区承担防灾警戒任务的消防队为了防止偷盗将本部迁至有火山碎屑流危险的靠山的北上木场农业研修所。

3 日 16 时稍过，云仙火山观测站的地震仪记录了一次较大振幅的波形，工作人员向长崎县外派机构岛原振兴局发出"希望采取避难"的信息。岛原振兴局将此信息报告给市灾害对策总部，之后这条信息通过消防部门传达给了现场的消防队。然而，信息内容在传递过程中变成了"山体有些异样，希望引起注意"，最终"避难"一词莫名其妙地消失，信息内容传达的语气也缓和了许多。

紧接着于 16 时 8 分发生了大规模的火山碎屑流，酿成了 43 人死亡的大惨剧。其中消防队员 12 人、警察 2 人、媒体人员 16 人、媒体人员乘坐的出租车司机 4 人、外国人 3 人、一般市民 6 人。

惨剧的酿成是之前所述的多种因素累加的结果，整理如下：

第一，一般市民缺乏有关"火山碎屑流"的知识，加之最初发布的信息中又使用了"小规模"一词，因此未能引起防灾部门以及广大群众的重视。

第二，本次灾害中，许多人是第一次看到泥石流的可怕威力，因此政府部门主要忙于应对泥石流以防止灾害的扩大。多

数人都对火山碎屑流的危害没有具体的认识，而就在大家对 101
火山碎屑流缺乏警惕的时候灾难突然发生了。

第三，观测站向现场发送的信息经过多次中转，信息内容没有被准确传达。

此外诸如“火山专家也在现场应该没有问题”，“消防队员要保卫区域安全，冒些风险是理所当然的”这样的想法也是造成事故发生的原因之一。

（二）划定警戒区域

为了防止再次出现人员伤亡，岛原市在惨剧发生 4 天后的 6 月 7 日划定了“警戒区域”，禁止进入区域内。

所谓“警戒区域”是依据《灾害对策基本法》第 63 条第 1 款规定所设定的区域，其设定权委托给了负责地区防灾的市町村长。一经设定警戒区域，除获得灾害对策总部长许可的灾害对应工作人员以外，任何人不得进入该区域。对擅自进入该区域者处以罚款。《灾害对策基本法》第 60 条有关避难公告、避难指示的制度中没有惩罚措施，与之相比关于警戒区域的制度可谓严厉了许多。

本次灾害中划定的警戒区域经过了数次调整，在住宅密集的区域长期设置警戒区域在我国尚属首次。警戒区域内进行避难的人数最高达到 1 万 1 千人左右。

通过设定警戒区域，虽然基本上防止了人员受到伤害的现象再次发生，但却出现了新的问题。那就是设定区域内的农户所拥有的家畜、农作物损失严重。本次灾害中部分地区存在受灾的可能性却没有受灾，但它们也被划入了警戒区域，其结果就是区域内大量家畜及临近收割的农作物被遗弃，最终家畜饿死，农作物颗粒无收。虽然政府部门与农户曾就家畜避难的方法进行过商议，但在紧急慌乱之中无法迅速找到可收容大量家禽的避难场所，最终不得不舍弃。蒙受损失的农户虽然多次向政府部门申诉要求赔偿，但最终结果是国家不予以赔偿。

此外，每当泥石流发生时，泥石流防范组织的相关人员为了进入警戒区域进行调查，都要向地方政府提出申请。然而，拥有许可权的地方政府为了防止火山碎屑流再次造成伤害，都不得不予以拒绝。

102

在云仙普贤火山喷发灾害中，由于在设置警戒区域的问题上出现了上述问题，因此在2000年发生的北海道有珠山火山灾害及三宅岛火山灾害时，虽然与云仙火山喷发灾害情况类似，但却均未设置警戒区域。

二、对灾民住房的援助

（一）避难所

本次灾害中，依据《灾害救助法》于5月29日开设了避难所，约6个月后的11月27日避难所关闭。顶峰时期开设了

16 处避难所，1991 年接受的避难人员达到 166718 人次。

随着避难所生活的长期化还开设了特别避难所。

手段之一是借用旅馆。随着学校体育馆的避难生活长期化，避难人员的疲劳程度也达到了极限。为此政府部门租借了灾区附近的旅馆，让避难人员以家庭为单位在旅馆内短期住宿。这一措施不仅调节了避难人员的精神状态，同时也拯救了当地惨淡经营的宾馆酒店，受到了双方的好评，获得了较好的效果。

手段之二是活用客轮。由于希望到旅馆住宿的避难人员过多，房间数量不够，因此政府部门又租用了"乌托邦号"客轮，住宿人数达到了 8877 人次。

（二）应急临时住宅

由避难人员提议建设的应急临时住宅共在 36 个地区建造了 1455 户，顶峰时共有 5669 人使用。其设置期间历经四年半之久。

建设用地优先使用公有土地，但是由于建造户数较大，最终民有土地占了绝大多数。住房的标准房型是一栋两户的两房 + 厨房（约 29 平米），入住的基准是每户住 3—6 人。因此，灾害初期一个家庭不得不在一个狭小的空间生活。之后随着灾害的长期化，政府建造了灾害公营住房缓解压力。而且随着部分区域避难指示的解除，一部分居民返回家中居住，这使得临时住房出现了部分空房。基于这一变化，政府部门实施了居住空间“宽敞化”措施，允许一个家庭可以使用两户住房。

103

此外，各居住点的避难人员希望能够拥有集会的场所，所以政府部门提供空的房间并在居住点设立了临时的集会所。此外还有避难人员提出，希望能够保护放在家中的财产家具不受泥石流的袭击，所以临时住宅也被用于行李存放室。政府部门还帮助部分避难人员自行借用仓库来存放行李。

还有避难人员反应降尘多无法开窗以及无法在户外晾晒衣物。对此，政府部门在室内安装了空调并在每个居住点放置了烘干机。

（三）灾害公营住房

凭借现今的科学技术无法预测火山活动何时停止，本次灾害中也同样如此。临时住房由于有使用年数的限制，所以为了能够长期抗灾需要实行新的住房对策。为此政府部门实施了各种各样的住房政策。建造的公营住房中当然也有永久性的公营住房，但其中颇具特色的是使用年限为 10 年的“灾害公营住房”。由于当地许多居民仍然希望能拥有私人住房，作为减少建造永久性的公营住房的试行措施，共建造了 172 户灾害公营住房。此外还创立了补贴制度，鼓励民间土地所有者建造住房以减轻建造公营住房的压力。建成的住房仅在一定时期内作为公共征借住宅使用。

（四）租房补贴

在避难人员中还存在一部分人，他们出于家庭需要在应急临时住房建成前无法在体育馆内过集体生活，或者在划定警戒区域前已经在安全区域租借了民用住房。政府部门在接受应急临时住房申请的同时，也在进行租用民用住房的交涉工作。应急临时住房完成后其房租完全免费，而借用民用住房需要支付房租，这里就存在着公平的问题。为此政府部门制定了实施纲要，对租借民用住房的家庭也给予了一定的补贴。

三、对灾民生活的援助

云仙普贤火山喷发的灾害应对工作中特别值得一提是“伙食供应项目”。避难所中无偿供应伙食，而居民一旦入住临时住房后就没有了伙食供应。为了这些没有收入的人，政府特别开展了伙食供应工作。原先的方案是直接提供伙食或者提供人均 1000 日元 / 天的伙食补贴，但在实际操作中均以现金形式支付。云仙普贤火山喷发灾害发生前的所有救灾政策都以实物支付作为硬性要求，就直接支付灾民现金这一点来说，这一制度具有划时代的意义。约有 4000 人接受了这一计划的扶助，援助总额达到 6 亿日元左右。

与此计划同时进行的还有“生活杂费支付项目”，该项目向每户家庭提供每月 3 万日元的生活杂费补助，总补助金额达到1亿日元。此外还设立了“生活支援项目”，对象为伙食供应计划对象外但收入低的家庭，向这类家庭每月提供3万日元的生活补贴，支付总额约为3亿日元左右。最终包含伙食费在内，直接支付给灾民的援助金总额达到了10亿日元左右。

此外，还通过“云仙火山灾害对策基金”实施了某些依据现行法规制度无法实施的援助计划。这一基金为帮助灾民实现自立以及援助灾区的综合重建工作而设立。虽然国家并不对因设定警戒区域而造成的损失进行赔偿，但此基金可以看作是赔偿的手段之一。这在我国灾害应对政策史上尚属首次，同时，这一制度在95年发生的阪神·淡路大震灾时也得到了实施。基金由长崎县政府出资，基金盈利被用于各项事业中。91年9月成立时基金规模为300亿日元，到96年时规模扩大至1000亿日元，基金共援助了73个项目，投入金额达275亿日元左右。

由于此基金的成立，灾区的政府部门可以在现有的制度之外灵活地对灾民进行援助。

（木村拓郎）

第三节　2000 年有珠山火山喷发及其危机管理的经验[105]

一、有珠山火山喷发的历史

有珠山位于内浦湾北侧，是两万年至一万五千年前形成于洞爷破火山口南壁的成层火山。7000—8000 年前发生山体坍塌，形成了外轮山以及南麓连绵的山地。之后经过了长期的休眠期，于 1663 年猛烈喷发，火山碎屑物落下造成 5 人死亡。1769 年火山再次喷发，火山碎屑流烧毁了民宅。1822 年喷发引起的火山碎屑流造成西南麓村落 103 人遇难。

1910 年，有珠山的喷发在西北麓形成了 45 个大大小小的火山口。尽管这次火山喷发发生在山麓，但仅一人因泥石流遇难。这是因为室兰警察署饭田诚一署长根据地震前兆在火山喷发两天前发布了避难公告，又在前一天发布避难指示催促有珠山周围12公里内的1万5千人居民进行避难。火山喷发后在洞爷湖畔发现了温泉，之后此处成为了知名的温泉街。1943年的喷发正处战争时期，年末开始发生地震，到翌年6月出现水蒸气爆炸，火山流涌逼近至洞爷湖畔。之后持续出现地面隆起，最终形成了海拔400米左右的昭和新山。壮瞥邮政局局长三松正夫对昭和新山的形成做了细致的观察，并绘制了著名的“三松示意图”（ミマツダイヤグラム）。1977年有珠山时隔120年再次发生山顶喷发，在发生前兆地震约32小时后，喷烟上升至1万米高空，到处都是喷石与降灰。因降灰与地壳变动，山麓地区的居民受灾情况严重。第二年的1978年，降雨导致大规模泥石流的发生，造成洞爷湖温泉街2人遇难1人失踪。这几十年间每次喷发都会造成人员、财产损失，“人与火山喷发抗争”的历史使得这一地区已形成了与火山共存的灾害应对文化。2000年3月31日下午1时7分，有珠山时隔22年再次喷发，喷发地点位于西侧的西山山麓230国道。

106

二、2000年有珠山火山喷发时的主要应对措施

第1阶段为居民避难时期，时间从3月27日开始至火山喷发当日。**3月27日上午8时24分起**，火山性地震开始增加，为此气象厅札幌管区气象台与北海道大学有珠观测站取得联系，决定加强监测。由于20时至24时的地震次数已达到了

85 次，气象厅与北海道大学有珠观测站的冈田弘教授联系后于 28 日凌晨 0 时 50 分发布了“火山观测信息第 1 号”。

此时当地壮瞥町防灾负责人已经在北海道大学有珠观测站待命，并向政府部门通报说火山喷发的可能性很高，可以说壮瞥町早就启动了信息联络体制。之后火山型地震次数急速增加，气象厅于同日 2 时 50 分发布了“临时火山信息第 1 号”。当地的 1 市 3 町中，壮瞥町首先于上午 8 时 30 分设立了灾害对策总部，其他市町也依次设立了灾害对策总部。气象厅于 28 日上午 10 时 30 分召开火山喷发预测联络会干事扩大会议，于 11 时 55 分发布了“临时火山信息第 3 号”。洞爷湖温泉街当天有近 3 千名游客预约住宿，游客的咨询电话不断，同时有关部门开始讨论避难应对方案。上午 11 时，在壮瞥町町政府召开的记者招待会上，冈田弘教授报告说：“与之前 7 次喷发的前兆相同，喷发的可能性很高。”伊达市、壮瞥町、虻田町的一部分居民开始进行避难。壮瞥町已经事先制定了预防火山喷发的避难计划。由于事先以自治会为单位指定好了避难所，落实了足够大的避难场所，从而保证了之后的避难生活得以顺利进行。

第 2 天即 29 日 11 时 10 分，气象厅于火山喷发前夕首次发布了“紧急火山信息第 1 号”。下午伊达市、壮瞥町、虻田町将避难公告调高至避难指示，对象为除部分地区以外的全域约 8000 名居民。同时，有珠山周围的国道正式实施交通管制，车辆绕行等因素造成了交通的拥挤。JR 北海道[①]也暂停了从洞爷站到伊达纹别站的区间列车。政府也派遣相关省厅的负责官员赶赴当地，与当地政府设立了有珠山现场联络调整会议，启动灾害救助法的程序，在这期间又陆续发布了“临时火山信息”第 2–9 号。30 日通过直升机观测到地裂，立即于 13 时 20 分发布了“紧急火山信息第 2 号”。107 有珠山现场联络调整会议上修改了危害地图，将虻田町 230 国道周边地区也纳入到了避难指示区域，避难对象扩大至 1 万 1 千人。

第 2 阶段为火山喷发紧急应对期，时间从 3 月 31 日至 4 月 12 日。3 月 31 日高空观测发现小有珠出现地面龟裂，洞爷湖温泉街出现断层群。气象厅立即于 13 时 7 分发布“紧急火山信息第 3 号”，呼吁大家高度警戒。13 时 7 分有珠山时隔 22 年再次喷发，地点位于西山山麓 230 国道附近。火山喷发时，恰巧北海道开发局的直升机从附近飞过，为有珠山现场联络调整会议（31 日变更为“紧急灾害现场对策总部”，以下简称“现场对策总部”）直播了喷发的情形。同时虻田町危险区域内的约 9 千名居民开始了大规模的避难行动。政府紧急要求 JR 北海道调用正在运行的特级列车作为居民的避难转移列车，此外还调用了自卫队、警察及民间的大量巴士，将居民运

① JR 是日本铁路公司（Japan Railway）的简称，JR 北海道是北海道地区最大的铁路公司。——译者

送至虻田町附近的丰浦町和长万部地区。避难转移于下午 6 时 55 分完成，从此漫长的避难生活开始了。由于及时采取了这一系列应对措施，最终未发生任何伤亡事件。至 4 月 2 日，火山喷发形成了 15 处火山口，其中两处位于洞爷湖温泉街附近的金比罗山的山脚。由于发生了地壳运动，预计可能会发生大规模的爆发（根据火山喷发预测联络会有珠分会 5 日的预测）。之后地壳运动虽到达顶峰但未发生大规模爆发，于是 12 日火山喷发预测联络会达成一致共识，对原来的预测做了修改，将预测结果调整为“没有发生大规模火山喷发的征兆”，并解除了一部分地区的避难指示。这部分区域的居民多从事第一产业，他们早在 4 月 5 日开始就希望现场对策总部能够允许他们利用遗弃在避难指示区域内的家畜及渔场。防灾部门与火山喷发预测联络会的专家一同出席了现场对策总部举行的例行记者招待会，耐心向灾民解释了当下的情况，有力地支持了宣传工作。

第 3 阶段为避难居民应对期，时间从 4 月上旬至 8 月 28 日虻田町避难所关闭。现场对策总部建立了避难指示区域的范围分类，根据危险程度的不同采取了灵活的应对措施。避难生活持续两周后，部分居民不满避难所生活设施的情况开始出现。各地方政府在避难所召开说明会，冈田弘、宇井忠英教授也举行了关于火山活动的情况说明会。自卫队也公开了部分从直升机上拍摄的影像，力求消除居民的不安。此外北海道公安的女警组成了“玫瑰服务队”，为避难所的儿童与老人提108供服务。5月8日开通了居民自发建立的“FM雷克托皮亚”灾害临时广播台。此时，火山活动趋于平静，开始阶段性地解除避难并迁入临时住房。国家与北海道政府也着手灾区的重建工程，开始进行关于土地利用及旅游业振兴等问题的谈判。7月10日洞爷湖温泉街时隔百日再次开业，8月10日仅剩的避难指示区域解除避难指示。同日，北海道成立复兴对策室。之后的11日，有珠山火山喷发紧急灾害现场对策总部在成立4个月后解散。28日，所有的避难所全部关闭。至此，有珠山地区避难阶段结束，工作重心转向灾后重建。

第4阶段为恢复·复兴期，主要任务是继续加强防灾意识以预防下次灾害并重振地区经济。灾区的地方政府及相关部门在解除避难、确保临时住房、长期住房的过程中不断摸索，并且记录了火山喷发的应对措施，开展防灾教育，向居民及今后将承担防灾工作的儿童开展了启蒙教育。笔者参与的国家“关于有珠山火山喷发地域复兴整备事业推进调查委员会（北海道开发局主持、北海道及各地方政府参与）”也提出了“充实防灾基础”“完善火山防灾体制”“火山防灾IT构建”等重要的建议意见。其中，火山防灾跨区域协作、利用地区资源大力提高火山防灾意识及强化火山防灾教育等意见得到了政府的赞扬，这些建议在之后的《有珠山防灾教育辅助教材》和“洞爷湖周边生态博物馆构想”中得以落实。

三、各阶段的教训及今后的预防措施

为了调查2000年有珠山喷发时各部门的应对措施，笔者曾对在现场对策总部集中的各相关部门实施过征询会，征询本次灾害应对措施中他们认为做得好及需要反省的地方。这一调查的目的不仅是为有珠山服务，而是为了向区域内有火山存在的所有地方的政府及防灾部门提供参考，因此不仅指出了许多需要反省的教训，也记录了许多很好的经验。根据这些经验与教训，报告最后还提出了为预防下次火山灾害应采取的一些措施。

（一）完善跨区域的协作体制

1.完善火山防灾组织

火山周边的防灾负责人应相互交流，制订出应对火山喷发的防灾措施，做到对彼此的活动内容事先有一个把握，这样在跨区域的灾害发生、需要建立协作体制时是非常有用的。此外，还 109 要注意在平时实施一些包括居民在内的图纸演习、信息传达训练等，致力于验证那些应对措施的可行性。为此需要火山周边各地方政府及都道府县、国家、地方气象台、警察、消防、自卫队等区域防灾相关部门在平时就注重加强彼此间的协作，商议调整火山防灾计划，完善防灾组织。有珠山周边的地区也吸取了2000年 110 火山喷发时的一些经验，其中丰浦町（当时有4000多名居民从旧虻田町那边过来避难）及北海道开发局等机构于2006年加入了火山防灾会议联络协议会（1981年设立），以期强化防灾组织。

表 4-3　对 2000 年有珠山火山喷发灾害应对过程中出现的问题的整理

灾害应对阶段	各阶段中存在的问题及教训（地方、北海道、国家、警察、居民等）
居民避难期	火山喷发前有居民不遵守规章制度。 火山喷发初期避难所较为混乱，入住居民超过规定人数，随着火山活动的发展，有些避难所也陷入危险之中，居民不得不再次转移。 1977 年山顶火山喷发的影响很大，有居民拒绝避难。 发布避难指示后仍有居民拒绝避难，深感平时防灾教育的必要性。 防灾部门之间共享影像信息非常有效。 作为防灾措施，应当分设车辆通行道路与居民避难道路。 平时避难训练中应当加入通行规则方面的模拟演练。 各部门使用的防灾术语需要统一或促进相互间的理解。 为确保国家与地方政府之间信息的共享，需要建设大容量通信网络。
火山喷发紧急应对期	无法获取不在避难所内避难居民的联系方式。 部分避难居民以为短时间就能回家因此携带的生活物资不足，也有人忘了关闭煤气总阀。 严禁进入避难指示区域的措施严厉，气象厅研究人员也无法进入进行观测。 媒体直升机过于靠近作业船只，险些造成事故。 当地政府的电话系统因咨询与采访陷于瘫痪，很难为居民提供服务。 灾害发生时必须有一个共通的无线频率让所有部门都能使用。 对决策无用的信息过多，危机时需要对信息进行取舍。紧急时的应对措施需要事先加以整理。 发生了大量避难人员进入相邻町村的情况。需要事先做好支援协调工作。 没有事先预计到火山碎屑流引发的人员伤亡及房屋损失，最终导致部队配置及安排存在困难。

续表

	应事先做好预测。 熟知地区情况的专家的存在，对短时间内的避难应对工作而言非常重要。 紧急灾害现场总部成立初期各部门分工不明确，较为混乱。需要事先进行制度化处理。
避难居民应对期	避难指示区域内的居民曾发出“不是什么都没发生吗？有必要进行避难吗？”这样的质疑。说明平时还需加强防灾启蒙教育。 避难人员最担心的就是自家房屋处于何种情况。自卫队和北海道开发局直升机拍摄的影像消除了他们的不安。 灾区民众以自治会为单位指定避难场所并自发运营，这些举措减轻了地方政府的负担。 避难期间居民同样希望获得有关火山的信息。 多数避难所不适合长期居住。 按照规定道路被封锁，物资无法运送进来。 仅依靠地方上的力量无法实现食品的调配。 自卫队制定行动方案时必须配备有关民宅分布情况的详细地图。 人们关注宠物的去向，来自全国的传真非常多，因此有必要需要考虑动物的避难问题。 国家的现场对策总部设在伊达，受到各种条件的限制，部分人员无法参加会议。 应对媒体花费了许多时间。而且媒体人员占用了政府机关及一部分停车场车位。 临时电台“FM雷克托皮亚”向避难人员提供了许多有用的信息。 专家出席的居民说明会消除了地区居民的不安。 女警组成的“玫瑰服务队”为消除老年人及儿童情绪方面的不安做出了贡献。

2. 完善跨区域的支援体制

火山喷发影响范围广，因此在制定有关避难人员及救援物资的对策方面，需要建立起一个广泛的行政部门间的合作机制，它应比火山防灾会议联络协议会的组织架构还要广。建立一个不局限于火山周边地区的跨区域支援体制是目前的紧急任务。

3. 与专家的协作

这次火山喷发灾害中，专家与周边市町村的协作保证了市町村政府得以顺利地做出抉择。作为防灾体制的一个环节，需要继续强化政府与以气象台、火山科学家为主的火山·防灾研究专家之间的协作。

4. 与区域内产业单位的协作

农业、渔业、旅游业等区域内的产业单位在灾害初期必须开展家畜避难、船舶避难、养殖物保护、旅客避难等多项工作。这次火山喷发中，既有通过地域间同业公会间的相互协作，利用其他地区的设施开展避难工作的事例，同时，也出现了事先没有做好相应的准备工作，发生了严重混乱的产业单位。地方政府平时就要与农业合作社、渔业合作社、旅游协会等区域产业单位多协调沟通，努力减小灾害带来的经济损失。

5. 与报道机构的协作以及流言损失对策

报道机构作为广范围的传播媒体其作用相当大。有调查显示，大多数居民都根据报道来决定自身的防灾、抗灾行动，因此媒体报道的信息对于防止损失的进一步扩大有着重要的意义。媒体的作用还体现在应对流言的问题上，今后行政机关与媒体之间仍需加强合作，共同致力于传达地区的真实情况。

（二）促进提高火山灾害防范意识政策的实施

111

1. 通过生态博物馆等提高灾害防范意识

火山既施恩于人，又给人类的生活带来威胁，只有认识到问题的两面性，才能提高火山灾害的防范意识。有效地利用地区资源加强防灾意识是一个有效的方法，生态博物馆可以展示火山活动形成的景观，通过这种形式提高地区的防灾能力，进而形成代代相传的防灾文化。有珠山附近的洞爷湖旁正在加紧建造一座生态博物馆，这里试图将原汁原味的自然景观展示给大家。

2. 火山防灾人才的培养

地方政府的防灾部门在组织建设上要注意保障知识、经验、人才的完整。同时，以往的经验表明，专家在有珠山的防灾、减灾工作中起到了至关重要的作用，应当在地区内部积极推进人才的培养。

3. 火山防灾教育

与专家携起手来为当地中小学生开设乡土历史讲座，有珠山周边的地方政府一直保持着这样的传统，这一长期的努力提高了当地居民的防灾意识。事实证明，火山防灾教育作为当地学校教育的重要环节之一，在提高区域防灾能力、降低灾害损失方面发挥了重要的作用。

（三）分类区别对待可有效地实施避难指示的解除

不同地区因火山喷发的情形、离火山口距离的远近及地形等因素各不相同，其危险程度也随之不同。有时只须采取必要的安全措施，就可以临时进入避难指示区域。在本次火山喷发中，随时跟踪火山活动并做出评价，根据“必须采取安全措施”和“可以采取安全措施”这两种危险程度把对象区域划分成“三种类型”。

第一类：蒸气爆炸、岩浆蒸汽爆炸等现象时断时续，有可能发生没有前兆的小规模喷发的危险区域。在此类地区无法预先采取安全措施，禁止入内。

第二类：在熔岩穹丘出现前有可能发生喷发或者出现喷发导致的火山碎屑流及火山流涌的危险区域。由于会发出烟尘变化、地形变动以及地壳变动等前兆信号，因此在跟踪火山活动变化、随时准备实施紧急避难的前提下，允许少量人员临时进入该区域。

第三类：比分类 2 更大规模喷发的危险区域。在跟踪火山活动变化、随时准备实施紧急避难的前提下，可以在白天进入该区域。

以上分类适用于希望临时回到家中的居民，或者是希望进入禁入区的机构人员，但是必须在专家的指导下方能实施以上措施。

（四）首次设立的紧急灾害现场对策总部发挥了重要作用

紧急灾害现场对策总部是为促进灾区与政府的协调沟通，灵活迅速地实施紧急灾害应对措施而设置的机构。日本政府根据平成7年（1995年）兵库县南部地震（即阪神·淡路大震灾）时的现场应对经验，修改了原来的《灾害对策基本法》，制定了有关设立紧急灾害现场对策总部的条文。有珠山火山喷发时该机构首次设立。由于各省厅的官员都赶赴对策总部所在的灾区，因此在协商决定应急措施时能够迅速做出决策。在笔者对有关部门实施的意见征询会上，大家都对设立紧急灾害现场对策总部这一做法予以了肯定。在紧急灾害现场对策总部，除了共同会议之外还会随时召开各类大小会议，但是其高端会议（例如共同会议干事会）基本以速断速决为原则，因此其出席者原则上是“拥有决定权的官员”。紧急灾害现场对策总部的另一个特点是“信息公开”。包括共同会议在内的各类会议的决定事项、火山观测结果、有珠山协会的火山活动评价等内容都会在总部内举行的记者招待会上及时公布。火山灾害由于持续时间长，需要灵活多变地处理各种问题，因此被称为“迷你霞关[①]”的紧急灾害现场对策总部在火

① “霞关”位于东京，是日本政府各机关部门的集中地。——译者

山灾害的应对过程中发挥了重要作用。

（五）致力于实现安全放心的减灾社会，进一步强化防灾基础设施

对当地生活产生影响的火山数虽不多，但是火山活动一旦开始将会持续很长一段时期，其影响不可估量。距有珠山山顶半径 2 公里之内就有旅游区，2000 年的喷发在居民生活区域内还形成了一处喷发口。有珠山火山喷发可看作是日本火山灾害的缩影。这次喷发虽然也发生了热泥石流而造成旅游区受损，但前一次火山喷发后设置的防护设施发挥了作用，使得受灾范围并不大。由此可见基础设施作用之大，需进一步加强其规模并使其选址更趋合理。尤其是通信基础设施在灾害发生时可谓是生命线，而火山所在的大多数区域都是山区，通讯基础设施本身比较薄弱。这也是居民和其他部门无法共享信息的原因之一。国家和通信企业需要进一步加强合作，消除作为“火山灾害地区生命线”的移动电话网的服务盲区，还要加强通信基础设施的建设，建立起区域信息网络。

（松尾一郎）

专栏

2000 年有珠山火山喷发灾害与避难警告解除

田锅敏也

一、火山灾害避难措施概述

2000 年 3 月 31 日喷发的有珠山地跨伊达市、虻田町（现洞爷湖町）、壮瞥町，是国内知名的活火山。火山周边的地区政府于 3 月 28 日设立灾害对策总部，于 29 日 11 时 10 分收到紧急火山情报，根据《火山防灾地图（1995 年版）》迅速发布了避难公告（避难指示）。这次喷发在温泉街附近形成了多处喷发口，热泥石流、喷石、地壳变动等导致房屋、道路、公共设施等严重受损，损失金额达 260 亿日元。由于 1 万多名居民事先进行了避难所以没有造成人员伤亡。

壮瞥町于火山喷发刚结束后的 4 月 3 日即开始着手制定让避难人员临时回家的计划。按町内居民会的分组，根据避难指示区域的危险程度分为 11 个区域，同相关部门协商后，于 4 月 8 日首先允许避难人员临时回家，之后逐步放宽限制，允许白天回家直至解除部分区域的避难指示。4 月 12 日，为了保障居民的生活需求，开始修复因地壳变动损坏的道路、电力、水管、电话等生活设施。

5月12日町内所有区域解除了避难指示。但由于火山活动仍未停止，因此向居民反复强调解除避难不等于安全（火山活动停止），因此要做好应对再次喷发的准备，并且给每户家庭分发了联络设备等，以保证下一次避难行动可以迅速实施。

二、火山灾害中解除避难的困难与教训

解除避难的决定是相关负责人做出的，他们依据的是火山喷发预测联络会有珠山分会撰写的有珠山火山活动评估报告。现场对策总部集中了相关各部门，它可以统一、迅速地做出各项决定。但同时，灾区各级政府追求统一行动，因此难以灵活应对个别情况，这也是它的缺点所在。

火山活动长期持续的过程中，负责人需要就恢复生活基础设施、重建灾民生活等诸多问题做出决策。近年来虽然科学技术发展迅猛，但还是难以预测地球内部的火山活动。负责人面临重大决策时，把握“对火山活动做出正确判断的信息”显得极其重要，为此听取火山专家的意见是必不可少的。

2000 年的有珠山火山喷发灾害中没有出现人员伤亡，原因之一就是为了增进大家对有珠山的了解，平日里（火山喷发前）就建立了熟悉区域防灾的专家与居民、地方政府官员、媒体之间互相照面、紧密协作的关系。在社会形势不断变化的今天，将这种体制传承下去也是我们的职责所在。

专栏

富士山喷发与危害地图

吉井博明

知道富士山是活火山的人本来并不多，但自2000年秋天媒体大肆报道富士山频发低频率地震之后，富士山备受各方关注。2001年2月在火山喷发预测联合会上讨论了这一问题，之后便设立了工作小组，任务是假设富士山喷发该如何处理。内阁府也为此设立了“富士山危害地图讨论委员会”，要求制作一份富士山喷发时的危害地图，同时也开始讨论应对措施的问题。

与洪水、塌方灾害和高潮灾害一样，应对火山灾害首先要制作危害地图。利用最新的科学知识，危害地图可以呈现出这些自然现象会给社会带来怎样的危害，同时它还能对我们制定有效的应对措施提供帮助。火山喷发带来的危害不仅因火山而异，而且其自身的形式也多种多样，因此要事先预测出喷发的灾害形态是极其困难的。基于此，需要我们对每座火山的喷发历史做细致的调查。

就富士山而论，约1万年前新富士山火山活动开始出现，之后先后经历了山顶喷发期与山腹喷发期。大约从2200年前开始进入了山腹喷发期。历史资料中有10次关于富士山喷发的确切记载，距今最近的一次是宝永年间的喷发（1707年）。这次喷发是近一万年间最大规模的喷发，喷出的火山碎屑物达到7亿立方米。这次喷发爆发于宝永东海地震发生后49天，持续约半个月，火山灰甚至落在了江户的街道，据说当时白天也是天昏地暗。

假设如今发生了与宝永喷发相同规模的喷发，可能直接受到喷石等物袭击的区域范围内居住着 13600 人，有可能会发生伤亡事故。此外，眼鼻喉、支气管等器官出现不适的人数将达到 1250 万人，还会发生公路、铁路受阻、飞机起降困难等交通瘫痪问题。农作物也将蒙受极大的损失。火山灰落下后遇到雨水会形成洪水或泥石流，将有 1 万栋住房受到损害。如果出现最坏的情况，总的经济损失将高达 2 万 5 千亿日元。

火山喷发还可能引起连锁反应造成大地震。富士山的喷发大多与东海地震相关，这种现象不仅出现在宝永年间的喷发上。东海地震又有可能同时引起东南海地震及南海地震。从危机管理的角度来看，我们必须考虑到富士山喷发与东海地震、东南海地震及南海地震之间的联动关系，做出综合全面的考量。

116

【参考文献】

小山真人，2002『富士山を知る』集英社。
鎌田浩毅，2007『富士山噴火』講談社。
永原慶二，2002『富士山宝永大爆発』集英社。
内閣府（防災担当）ホームページ http://www. bousai. go. jp/fujisan/。

第五章 灾害对策总部的最初应对行动及应急对策——其运作及决策

第一节 灾害时的最初应对行动及灾害对策总部的组建

第二节 灾害发生后灾害对策总部的活动内容

第三节 避难公告、避难指示的发布及避难所的开设

第四节 如何收集、整理信息

第五节 信息的发布及与大众媒体的合作

大规模灾害发生时，国家、地方政府等行政机关以及民间团体必须以“组织”为单位采取对策。此时的对策内容与日常业务有所不同，主要体现在业务内容、确保预算、结算规则等方面。其中，为了收集信息、决定应对措施的优先顺序以及明确各人应承担的作用，从而使整个组织能够根据组织制定的目标迅速行动，需要一个与处理日常业务不同的指挥体系。这就是“灾害对策总部”。

本章将对市町村灾害对策总部的组建、业务内容、事先应准备的事项、灾害对策责任人的注意事项等内容进行讲解。

第一节　灾害时的最初应对行动及灾害对策总部的组建

发生大规模灾害时，市町村长必须迅速组建灾害对策总部，开展行动，尽可能降低居民的受损程度。

灾害对策总部作为应对灾害的司令部，要收集整理信息、判断形势、思考市町村的应对方针、进行指示和发布信息。如果不及时组建灾害对策总部，灾害应对就只能一直停留在个别的现场应对阶段。

然而，灾害规模越大，组建灾害对策总部本身的难度也就越大。

一、完善政府办公楼设施，令其具备灾害对策总部应有的功能

灾害对策总部一般都设在市町村的政府办

公楼。遇到办公楼由于受灾而无法行使其功能时，最初阶段的119行动就很难充分实施。在以往的灾害中出现过不少这样的案例，如政府办公楼由于地震而倒塌或濒临倒塌无法使用，无奈只能临时搬进其他的建筑物或是搭建帐篷用以设置灾害对策总部。或者由于洪水导致一楼不能使用，而将灾害对策总部移至二楼。

如果政府办公楼无法使用的话，即便设置了总部，各部门的行动依然会瘫痪。不能立刻拿到必要的文件及数据，信息、通信机器等设备也无法使用。另外如果在办公过程中遇到办公楼倒塌的情况，可能会引起灾害抗灾指挥核心人员的伤亡。

因此，在市町村进行的公共工程中，有必要将政府办公楼的抗震性能诊断及抗震整修放在最优先的地位。

此外，还应事先请专家对办公楼进行包括地震在内的灾害风险评估。至少对办公楼在发生水灾、山体滑坡时的情况进行研究，必要时必须进行加固、加高，实施防止进水的相关措施或搬迁。尤其应注意的是，洪水灾害发生时，如果政府办公楼出现浸水现象，很可能导致位于地下的自备发电设备无法使用。

二、确保灾害对策总部部长的领导功能

市町村长当然就是市町村灾害对策总部的领导。灾害发

生时，如果市町村长在办公楼内办公，他可立即发出组建总部的指示，作为总部领导他可以迅速采取应对措施。但是灾害有时会在休息日和夜间发生，也可能出现在市町村长出差在外期间。

一旦大规模的灾害发生，无论身在何处市町村长都必须迅速赶往总部。如果遇到在海外出差这种最糟糕的情况，到达总部可能要花费两至三天时间。基于此，必须事先制定好一套具体方案，即如果大规模灾害出现在市町村长不在的时刻，我们应采取何种措施。

市町村长不在时，灾害对策的责任人多由其助手及危机管理官担任，他们会自动代理起市町村长的职责。但是考虑到大规模灾害的突发性，仅做好这些还是不够的。事先指定好两至三名代理人并对他们进行排序，由当时身处灾害对策总部且排序最靠前的人代替市町村长履行全部职责。由于大规模灾害的应对与经费的使用直接相关，因此如果不将经费也全权委托的话，在采取机动措施时就会束手束脚。

至于发生灾害时与市町村长及灾害对策总部进行联络的工具，有必要事先考虑到电话及手机无法接通时的第二对策。120 市町村长的电话必须设置为“灾害时优先电话”，甚至可以让秘书携带一个卫星移动电话，紧急情况发生时市町村长可以冲进出差所在地的警察署或消防署，通过防灾行政无线电与总部取得联系。但很多情况下，这一对策由于工作调动或秘书的更换而无法实行，因此我们需要特别注意，将这一方法持续进行下去。

三、总部功能的构建

阪神·淡路大震灾之后，灾害总部的组建时间及工作人员的集合情况受到了社会的关注。

如果管辖区域内有过震度4—5级以上地震记录的话，很多地方政府都会自动设置灾害对策总部，但是关键不是“设置总部”，而是“构建总部的功能”。

（一）工作人员的联络和集合体制

首先，为了防备灾害在夜间和休息日突然发生，需要建立值夜班体制、联络工作人员体制、集合体制等。在一周的168个小时中，正常上班时间是40小时，考虑到灾害的四分之三都是发生在夜间及休息日等上班时间以外的时间，就必须制定一套应急预案。

如果地方政府机构的工作人员都住在较近的范围内，工作人员集合本身不是一件很困难的事情。然而在灾害应对初期如何确保一定数量的工作人员，当一些工作人员因出差或旅行不在时，如何替代他们处理工作等，落实这些问题并能够坚持下去其实并非易事。

即便建立了完备的灾害应对体制，如果不能持之以恒就失去了意义。需要认真思考自己团队的情况，完善“灾害初期应对”所必须的条件，并且从工作人员的数量、集合场所及工作人员的居住地分布、工作环境、承担责任的工作人员的待遇等方面，构建能够一直持续下去的合理体制。且必须保证该体制在出现人事调动的情况下也能维持下去。

为此有必要适当地进行联络训练及集合训练，人事调动后进行重新核查，做到拾遗补阙。

（二）设备、机器的配备及应急电源

121

新潟县中越地震时，出现了防灾行政无线电无法使用、应急电源无法工作等问题。

必须保证防灾行政无线电和应急电源在紧急时刻能够正常使用。不仅如此，还需确保用于灾害发生时的设备、机器可以正常操作，同时还要保证工作人员可以正确使用它们。

《消防法》之所以规定有义务对（用于防备火灾的）消防用设备进行检查和开展使用训练，是因为如果仅设置了这些设备而不进行任何检查和训练，经年累月地将其放置一旁的话，一旦火灾发生就无法使它们发挥作用。同样的道理，即便法律没有做出相关规定，我们仍须对灾害时使用的设备、机器进行检查和开展使用方面的训练。

按照规定切实落实维护保养工作的同时，有必要在日常

的防灾训练中将所有用于灾害发生时的设备、机器启动，不仅如此，还应在日后进行设备、机器的维护和追加测试。

大规模灾害发生时，常用电源必定会停电，因此为了使灾害对策总部能够正常发挥功能，必须确保应急电源的使用。没有照明就无法工作，不看电视就不能了解外部的情况。复印机无法使用时，获取共享信息就会花费大量功夫。由于办公楼的构造或是季节的缘故，有时空调设备的失灵就可能导致总部功能的瘫痪。

以上都是灾害发生时一些常识性的知识，因此灾害对策总部所在的政府办公楼当然应该配置应急电源。工作人员所说的“应急电源”是指消防专用的紧急发电设备，而能够用在一般电器上的只是携带型发动发电机，因此对于这一问题必须加以注意。

除非是特别小的市町村，否则为了在灾害时使政府办公楼能发挥灾害对策总部的功能，必须配备应急发电设备，同时要确保至少 3 天的燃料。

为了节约燃料，应急电源不可能为所有的插座、照明供电。很多情况下在同一房间里，既有连接着应急电源的插座，也有未连接到应急电源的插座。能够带动运转起来的电梯数量、空调也都是有限的。

在专门设立了“危机管理中心”以备用作灾害对策总部的情况下，该房间的插座、照明设备应该全部与应急电源连接起来（有必要事先进行确认）。而如果碰到灾害发生后临时将普通的会议室定为总部时，就避免不了慌乱局面的出现，比如要使用打印机、复印机时惊叫着“没电啊”等情形。 122

在防灾日训练时，关掉全部常用电源，尝试着仅使用应急电源进行训练，在这种情况下很容易发现上述问题。因此有必要一年进行一次关掉常用电源的训练，以此发现问题并力图改善。

在关掉、重起全部常用电源时可能会发生意外情况，因此有必要事先进行充分的研究和准备工作。很多情况下办公楼的管理者及信息设备的负责人因担心意外情况的发生而不愿关闭电源，但即便是违背了他们的意愿也要强行实施，这样做我们将受益无穷。

（小林恭一）

123 ## 第二节 灾害发生后灾害对策总部的活动内容

一、从茫然不知所措到采取最初应对行动

（一）大脑一片空白

大规模灾害发生时，地方政府工作人员会陷入何种状态，这一点已经在第二章至第四章里进行了详细叙述。

突然发生大规模地震时，任何人都会茫然不知所措，一段时间内大脑呈现空白。此时就要求领导能尽早理清思路，尽力缩短部下“茫然不知所措”的时间，让他们转换到“危机管理模式”，尽早为居民做一些必要的工作。

大规模灾害发生后，工作人员要做的工作（除了担当消防的人员以外）与日常工作有所不同。在大脑一片空白的情况下，如果事先不做好

准备工作，就不可能采取适当的行动，更不必妄想领导能够当场对每位工作人员发出具体的行动指示了。

大规模灾害突然降临时，即便茫然不知所措，大家还是可以着手进行领导下达的工作任务，地方政府的全体工作人员能够齐心协力地朝向应对灾害这一共同目标迈进，为了实现这一点，完备大规模灾害发生时的应对机制，明确各工作人员应尽的职责，事先进行训练等都是不可或缺的。

无论身处何种情况，做一些自己已经习惯了的事情，在此过程中人们会渐渐冷静下来，大脑也开始逐渐恢复运转，这是很多遭遇过不同事故和灾害的人的经验之谈。

大规模灾害发生后的一段时间内，很多训练中未曾设想到的事态会不断出现，逼迫我们做出艰难的判断（第二章至第四章）。灾害发生之后，仍有许多固定的工作内容有待我们处理，例如信息的收集、整理以及对整体状况的把握等。

在应对演习中，训练大家如何在灾害发生时进行判断极为重要。“令头脑在需要做出判断时保持清醒”，为了做到这一点，反复进行固定的应对阶段的训练也是十分必要的。

124

（二）紧急时刻无法阅读防灾手册

为了应对灾害的发生制定详细的防灾手册是必不可少的，但当大脑处于一片空白时，根本无法阅读用很小的字体写成的文章。此时人是处于一种“眼睛在读，而内容进入不了大脑”的状态。

防灾手册只有在“以此为本反复实施训练的情况下才能发挥其功效”，而不能“一边阅读一边采取应对行动”。更何况地区防灾计划是不能替代灾害发生后的应对手册的。

灾害发生时，将应做的工作用较大的字体逐条书写下来制作成核对单，这种做法非常行之有效。让每位工作人员事先制作好有别于防灾手册的核对单，将灾害发生时自己应做的工作尽量详细地总结出来，做到这一点十分有必要。

防灾责任人尤其应该对照地区防灾计划，按照时间顺序思考“灾害发生时，作为责任人应做些什么”的问题，事先以核对单的形式整理好，这在紧急时刻十分管用。此时，也应将市町村长应做的工作纳入到自己的核对单当中，届时可以据此提出恰当的意见和建议。

二、一句“不要担心预算”至关重要

灾害对策总部一旦成立，要看准时机将工作人员集合起来，或者进行内部广播，让市町村长表明决心。

其内容会根据具体情况的不同而有所不同，但有一点需要明确表态，即“当没有办法或没有时间等待上司或上级部门的判断时，希望大家在各自的工作岗位上做出你认为是最好的、有利于居民的判断。现场所做出的你认为是最好的判断所需承担的一切后果均由市町村长来承担”。或者说“为了居民尽己所能，不要担心预算的问题，一切责任由我来承担”。市町村长这样的表态，会使工作人员更加投入、更为安心地开展工作。

作为市町村长，“不要担心预算”的表态是需要一定的决心的，但实际上灾害的规模越大，来自国家及其他县的支援也就越多。也许事后会很辛苦，但不会出现像以前那样“坚持不下去”的情况。最重要的是，要让市町村长明白他们是通过选举产生的代表民众的代表，只有他们才能说出这一句话，这也正是市町村长发挥领导权力的时刻。 125

市町村的工作人员都是公务员，平时都是按照法律和预算来进行工作的。当大规模的灾害突然发生时，需要做大量工作，这些都是没有预算保障且不能按照手续和规则进行的。在现场会发生很多类似于在通常情况下需要谨慎讨论、取得上司和财政负责人的许可后才可以下结论的情况。越是忠诚地站在“公务员”立场上的人，对进行没有法律和预算保障的工作越是犹豫，但是在现场有些事情无论如何必须要做。灾害发生后，有时不能和上司及上级部门取得联系，没有充裕的时间等待，必须现场当即做出判断。

我们问过曾经遭遇大规模灾害的市町村工作人员，他们说在那种场合，虽然感到不安，但为了居民必须采取必要的紧急措施，此时若是能够听到市町村长说一句“责任我来承担”，无疑能让他们放心大胆地做出判断。

在不能和总部取得联系时，事后有必要汇报现场的状况。

在不了解现场发生了什么的情况下，总部就无法采取救援措施。

“现场需要做出决断的权利全部交给你，责任由领导来负”，这只是紧急避难时的措施。当灾害过后混乱渐渐平息，组织能够做出判断的时候，一些重要事项还是要交给总部来处理。但即便是此时，如果不尽量扩大现场判断的权力的话，就不能机动地应对居民突发的需求。

三、请求援助

请求国家及其他县的援助是成立灾害对策总部时市町村长最初必须做出的判断之一。

灾害刚发生时是无法对自己所遭遇的灾害程度进行判断的。不久之后信息开始汇总，受灾的具体情况就呈现出来了。市町村长必须以收集到的信息为基础，尽早判断“是自己应对，还是向缔结了援助协定的邻近地方政府、都道府县以及国家请求援助”。

126

所谓“旁观者清”，很多时候周围的人比当事人更容易把握情况。灾害规模越大，这种倾向就越强。如果能够取得联系的话，最好和县或国家（最近常常是消防厅直接来询问是否需要救援）商量一下是否应该提出救援申请。

是否向消防部门或自卫队求救关系到人的性命，尤其需要尽早做出决断。在阪神·淡路大震灾后，法律得到了修改，在没有时间等待市町村长的救援请求时，可以根据国家的判断派遣救援部队，但这并不改变“依据市町村长的请求进行救援”的原则。

实施救援请求的话，原则上由提出请求的地方政府自身来承担相关的费用，据说这也是导致市町村长对是否请求援助犹豫不决的原因之一。

但是，市町村振兴协会都制定了消防广域救援拨款制度，该制度用于保障大规模灾害发生时，县知事向消防厅长官请求调派消防救援队紧急出动时所需的费用。作为国家机关，自卫队也要执行救灾任务，他们是不会要求市町村为此支付费用的。所以，在向上述机构提出请求，要求他们参与到关乎人的性命的救援活动中来的时候，基本上不用担心承担费用的问题。

除了救援部队的救助之外，灾害规模越大，事后得到的救援就越充分。必须避免由于担心费用负担而延迟请求救援的情况。

四、有效地利用救援部队

（一）救援部队的种类等

发生大规模灾害时，在向国家、县以及缔结了救援协定的邻近市町村请求救援之后，必须开始做好接收、利用救援部队的准备。

救援部队的种类及到达的时间等都因灾害的种类和规模而有所不同，但大致可分为以下几种。

1. 像尼崎的列车倾倒事故，或者是局部发生泥石流灾害时，灾害现场限定于某一固定地区，灾害对周边的交通、通信手段并没有带来大的影响；

2. 像阪神·淡路大震灾这种直下型地震及大雨所引起的河川灾害，在相当长的时间和范围内对交通和通信手段都产生了重大的阻碍；

127

3. 预计可能会发生的东海地震以及东南海、南海地震等，会导致多个都道府县的交通、通信手段长时间被迫中断；

在1的情况下，灾害现场固定在某一地点，多数救援部队都是邻近市町村的部队，他们之间平常在防灾训练等场合见面的机会比较多，因此沟通起来也比较容易。救援部队对当地的地理和地名等均有一定程度的了解，并且很多情况下不需要安排住宿。

因此，为了有效地利用救援部队，确保当地灾害对策总部的众多灾害应对机构（当地消防机构、邻近消防机构、警察部队、自卫队、海上保安厅等）的行动合作体制以及确保信息共有体制等就成为中心课题。

另外，在3的情况下，受灾区域极广，相当多的都道府县的交通可能中断。因此，能够派遣救援部队的地区非常有限，其他一些地区离受灾区域较远，不能期待他们在灾后迅速实施救援。即便救援部队能够到达，也可能是几天之后的事了，而且数量可能十分有限，对这一点必须要有清楚的认识。

在2的情况下，救援部队超越了县的范围，从全国聚集而来。如果是邻近县来的部队，道路状况好的话会较早到达，而从全国聚集而来的部队中有一些是在灾害发生几天之后才到达的。像阪神·淡路大震灾这样大级别的灾害发生时，也有从外国赶来的救援队。

针对该如何有效地利用救援部队这一问题，市町村的灾害对策总部应主要以2的情况为主进行准备，1和3的情况下灵活应用上述方法即可。

（二）国家先遣队的到来

在这种等级的灾害发生时，可以成立中央政府直属的现场对策总部（3的情况下自不必说，在1这种情况下有时也可以成立）。

在现场对策总部部长（大臣级）到达之前，内阁府及消防厅等防灾责任省厅的先遣队靠直升机赶往现场是最近才有的模式。由于很多情况下受灾区域涉及多个市町村，中央政府直属的现场对策总部一般设置在县政府或其周边。先遣队首先也要来到县政府，但灾害集中在特定的市町村的时候，有时也派遣一部分的先遣队到该市町村。

先遣队视受灾情况为中央政府直属的现场对策总部制定 128
救援计划、提供信息，同时还肩负着和各个机关联系的重任，包括派遣增援部队的必要性、救援部队的种类及规模、必要的设备等。总务省消防厅要将熟悉应对灾害的专家及有着市町村行政管理经验的人士作为先遣队派出，必要时市町村长可以与其商量。

由于先遣队是靠直升机到达当地的，如果是白天且天气好的话，平均需要 2—3 个小时到达。这个时段正是当地全力掌握灾害整体状况的时间，发生大规模灾害时，要求迅速建立“举国危机管理体制”，其速度最近得到了提升。先遣队的到来对于市町村来说是一件好事，但由于此时正值市町村的体制最不完备之时，因此疲于应对。当时的状况会通过大众媒体迅速传往全国各地，因此应该怎样应对必须事先就考虑好。

（三）规定救援部队的作用及责任区域

灾害发生后不久，各个灾害应对机构的救援部队会不断赶来，或者明确赶到的时间，此时市町村的灾害对策总部必须明确各救援部队的作用及责任区域等。

此时必须掌握各个救援部队的以下信息：

1. 部队所属的机构名称及其性质

2. 部队规模、部队编制、装备、独立生存能力

3. 与部队的通信、联络手段

4. 同一机构的其他后续增援部队的动向

当救援部队数量众多的时候，市町村对策总部要想逐一掌握以上信息是比较困难的。

因此，通常是先遣队等各个机构的代表先掌握所属部队的情况，必要时向对策总部提供信息。

对策总部还要考虑以下信息：

1. 已掌握的灾害现场一览表

2. 灾害现场的状况（特别是需要救援的程度）

3. 部队所在地到灾害现场的路线及交通状况

据此决定把什么部队派到什么地方、发挥什么作用等。129 将此决定传达给各个机构的代表，让他们通过各种联络手段传达给救援部队。

此时，还需要传达以下信息：

1. 灾害现场的位置、到现场的路线、最新的道路状况

2. 灾害现场的状况及至今为止的发展经过

3. 与灾害对策总部联络的手段

4. 当地是否有协调中心、当地责任人的职务及姓名

5. 与其他机构或部队分享信息的方法

6. 多个机构及部队参与时，制定决策的方法

7. 部队的宿营地

实际上，灾害发生后短时间内是不可能完全做好上述应对准备工作的，在灾害规模大、范围广的情况下，即便过了相当长的一段时间，掌握灾害的整体情况、采取上述井然有序的应对措施也还是困难的。

回顾近年来发生的大规模灾害的例子，基本都是在过了

整整一天之后，即从第二天早上（取决于灾害发生的时间段）开始才有能力采取以上应对措施。

针对这种情况，灾害对策总部只能从已掌握的信息中判断每一项工作的重要性，而后进行排序，将救援部队分别派遣到各个区域。同时根据总部成员的集合状况及信息收集的具体情况不断完善体制，力争实现上述理想的应对模式。

除了救援部队的宿营地等在地区防灾计划中可以事先规定的事项之外，很多都是难以事先决定的，因此有必要制作接纳救援部队的核对表或信息整理表，在图纸演习中加以改善。

这一部分是初期阶段灾害对策总部最核心的工作之一，必须在图纸演习中反复操练。

（四）活用多个灾害应对机构

在分配救援部队时最值得注意的，就是如何灵活运用多个灾害应对机构这一问题。这些机构各自承担着不同的危险应急任务，所以每个机构、每个部队都有自己的命令系统。因此，在灾害现场临时组编成混编部队是不合适的。

130

为了使救援行动顺利开展，原则上一个区域应分配给同一个机构的部队。当然在分配的过程中，有时我们可根据灾情、机构的性质以及部队的编制、装备等情况确定某一工作应由哪个部队承担。比如火灾现场当然应该分配给消防部队。但有时某项工作却是哪个机构都能解决的问题，例如从瓦砾下救人等行动。

汇总灾害现场的性质及部队的性质等信息，各个机构代表集中开会，决定救援部队的分配任务，这是最有效率的。

由于受灾规模大、到达的救援部队数量不足，有时必须向一个区域同时分配多个机构。此时有必要在灾害现场建立一个协调中心，以便共享信息、调整行动。（在武力攻击及大规模恐怖事件等紧急事态发生时，在灾害现场建立协调中心是必不可少的。）

即便在同一区域内有多个机构同时执行任务，最好也在灾害现场划分行动范围。根据行动内容分配任务的时候，需要事先决定好分担的责任、信息共享的方法、做出最终决断的方法以及责任所在等问题，否则有可能导致不可挽回的损失。因此没有特殊情况的话，应该尽量避免将多个机构派往同一区域。

在灾害现场的协调中心，需要有一个收集意见、决定对策的责任人。这个职务必须由灾害应对的责任人——市町村长来担任，因此有必要将副职官员等能够代替市町村长履行职责人派到现场。在没有其他区域需要救援的情况下，防灾责任人本人也可以亲赴现场。

此外，当副知事等都道府县的干部都集中在灾害现场的协调中心，或是都道府县的现场对策总部就设在灾害现场时，现场所做的决策全部委托给都道府县，市町村则作为地方上的一个机构部门在当地协调中心集合，有时这样处理也不失为一良策。

（五）请求增援及救援部队的交替

大规模灾害发生时，相对于需要救援区域的数量而言，救援部队的数量就会出现不足。

131

此外，随着时间的推进，当地消防机构、先期到达的救援部队的队员会感到疲劳。疲劳严重时，会让参加救援行动的队员的安全受到威胁。但是只要有人求助，就不能放弃现场撤退。有时即便增援部队已赶到，也不能马上交班。对于在灾害现场行动的人以及在灾害总部进行指挥的人来说，都身处一个极端严峻的状况当中。

为了确保必要的救援部队的数量，灾害对策总部应视具体情况尽早向县、国家请求增援。

不仅如此，还要根据到达的救援部队及增援部队的情况，考虑灾害现场救助行动的进展程度、失踪人员的生存可能性、当地消防机构及先期到达的救援部队队员的疲劳程度这些因素，在此基础上制定有效的救援部队行动计划。救援部队及队员的交替基本上应由部队的原派遣机构决定，但考虑到当地居民的要求以及居民的感情等，市町村必须认真处理交替事宜，承担起这方面的责任。

（小林恭一）

第三节　避难公告、避难指示的发布及避难所的开设

一、避难公告、避难指示

向处于危险区域的人们发布避难公告及避难指示，这是市町村长在成立灾害对策总部之后首先需要开展的一项工作。

与避难公告及避难指示相关的危险要素有以下几种。地震时是海啸、山体滑坡、市区街道蔓延的火灾及危险设施的爆炸、有毒物质的外泄等；风灾和水灾时是满潮、堤坝决口、山体滑坡等；火山喷发时是熔岩流、火山碎屑流、落灰、火山渣等，根据灾害的不同而各不相同。必要时，市町村长需据此迅速向身处危险地区的人们发出“避难公告”，在事态紧急的情况下发出“避难指示”。

（一）判断是否发布避难公告并非易事

是否应发布避难公告？如需发布范围该如何界定？做这些判断时人们会百般犹豫。

一般而言，“应该尽早在大范围内发布避难公告”。但是考虑到避难公告及指示的传达、贯彻、帮助老年人避难、避难场所的确保及准备、照顾避难者、提供水和粮食，以及执行这一切所需的大量人力和财力……犹豫不决也是可以理解的。

这种情况下，遭遇水灾等灾害的市町村长都会一致表态“宁可挥棒落空出局，也不能棒子没挥就出局”。迟迟不发布避难公告的话，一旦堤坝决口将死伤众多，与其这样还不如让大多数的居民半夜冒着暴雨进行避难，即便最后什么都没发生被大家抱怨也好。即便如此，从上述市町村长的话中我们还是能够体会到此时做出决断有多么困难。

133 大雨持续数日，需要渐渐加强警戒的话还好办，突然间水量增加的时候会出现“正常化偏见”。所谓“正常化偏见”是指尽管事态急剧变化，但仍有深层心理在作怪，认为“不会真发生这种事吧”、“不希望这种事的发生”、“没有那么严重吧”，从而延误了应对行动。这是已经习惯了如何应对灾害的人也会经常陷入的心理误区。更何况对于那些没有经历过这种事态的人而言，要想避免这种“正常化偏见”是很难的。如此一来，灾害应对就会不断地陷入被动的境地。

市町村里几乎没有气象专家、火山专家、水灾及河流专家等出色的灾害专家。请外部的专家来是需要一段时间的，因此往往无法应急。

（二）为了能够正确做出判断

如上所述，很多情况下发布避难公告和避难指示是一件比较困难的事，然而如果事先做好准备的话，遇到非常时刻就可以轻松应对。

首先有必要预先制定好需要发出避难公告和避难指示的标准。如水灾的时候，制定例如“上流某某地区危险水位达到多少厘米时发出避难公告”等具体的标准，一旦满足该条件就自动发出指令。各市町村有可能受到的灾害袭击各有不同，需要发出避难公告的例子并不多。委托专门机构进行风险分析，汇总各个灾害专家的意见，通过多个案例使自己能够做到自行决断，这样在紧急时刻就不会拖延决断的做出。即使这样也有可能会发生意料之外的情况，但只要制定了基准，就可以按此基准进行决断。

针对灾害专家数量少的情况，在日常工作中，根据该地区可能发生的灾害类型，与相关专家深入交往，建立交流网络。委任各个灾害专家作“防灾顾问”，请他们一年做一次面向工作人员的培训，担任以市民为参与对象的研讨会的嘉宾，请他们积极接收学生实习，加深交流，这样在紧急时刻就可向其咨询。必要时在深夜也可以给专家打电话听取其坦率的意见。

另外，河水水位上涨时，向流域内的地方政府询问具体情况也是一个十分有效的手段。为了能够在紧张应对的过程中轻松地完成信息交换，与周围的地方政府之间建立责任人之间、防灾指挥者之间的网络联系，事先积极主动地做好这方面工作是十分必要的。

134

（三）“危害地图”的功能

确认避难公告的范围，决定避难场所、避难路线等时，“危害地图”是必不可少的。危害地图就是根据该地区的灾害性质，标注有浸水危险、山体滑坡危险、大地震时的倒塌危险、火灾蔓延危险等各种危险因素的地图。

如果根据预想的情况在这张危害地图上标注出避难区域、避难路线、避难场所的话，紧急时刻就不需要再进行复杂的作业，即便意料之外的情况发生也可使用。

以前有很多地方政府由于“产权所有者担心地价会下降”而迟迟不制作危害地图，最近基本上都已制作完毕了。尚未制作的地方政府应务必尽早制作。

有的地方政府认为危害地图仅是提供给居民的宣传资料，这种想法忽视了危害地图的很多功能。在制作危害地图时，不应全部放手让专家负责，而应提出具体要求，充分讨论责任人在紧急时刻应如何使用该地图，以便灾害发生时派得上用场。

二、避难所的开设

（一）开设避难所时应注意的问题

发生大规模灾害时，开设避难所是市町村应对灾害时首先应做的工作之一。

在两种情况下必须开设避难所。

一种是因河水涨水，向危险地区的人们发出避难公告和避难指示时，要为避难居民开设避难所。必须在避难居民到达之前打开避难所，做好收容准备，因此如果工作人员不能迅速应对就可能发生混乱。此时灾害尚未发生，可以用电话进行联络并下发指示，因此一般情况下工作人员能够按时赶往避难所。由于水、电等生活设施齐全，因此如果平时指定的负责人做好训练工作的话，一旦决定开设避难所，开设工作本身不会出现太大的问题。

而原来被预定为避难所的设施被水淹没的话，会在短时间内引发大的混乱。因此事先在制作危害地图或进行图纸演习时，要确认避难所在水灾等情况下依然能够使用，谋求必要的应对方法，这些都是必须开展的工作。

135

另外一种情况是遭受大地震袭击时。大规模灾害突然发生，城市生命线被中断，无法自由地与外界联络或移动，此时开设避难所本身就是一项困难的工作。

生命线被阻绝时，向避难所钥匙保管员及责任人发出开设避难所的指示时，需要通过电话以外的其他方式进行。根据地区的实际情况可以想出各种方法，比如通过使用防灾行政无线电的方式将指示同避难公告一并发出，或者规定避难公告一经发出，开设避难所的工作指示也随即自动生效，再如给相关人员配备移动的防灾行政无线电等。最近，由于灾害发生后电话线忙碌、占线，手机短信渐渐成为了主要联络手段（参考第四节一中的第（一）项“向灾害对策总部的汇报”）。但是手机短信在东海地震这种特大地震发生时是否依然有效尚不可知，因此目前应该做好手机和其他通信手段并用的相关准备工作。

由于责任人的移动也相当困难，因此可以指定住在避难所附近的人作为钥匙的保管人，或者委托消防队员、自治会会长保管钥匙，有必要根据地区的实际情况作出部署。

如果不事先做好切实的准备工作，就很难避免“避难居民赶到了，避难所却还没打开”这种情况的发生。受灾居民在负责开门的人之前赶到的话，居民可能会破坏门窗自行进入。自家的房屋损坏了，家里人也有死伤，在这样一种失去平常心的情况下，一旦出现了上述行为，就会发展为扒掉护墙板点篝火等违法行为，那时我们就束手无策了。大概是日本人的国民性所致吧，在战后的大规模地震中，还没有听说发生过这样的违法行为，但是我们也要认识到这种事情发生的可能性。为了能顺利地开设避难所，平时应认真核查开设避难所的具体步骤等，必要时加以改善。另外，即便制定了合适的步骤，但负责人、设施的管理者、自治会会长发生了人事调动的话，可能会使其不了了之，因此必须抓住“防灾日”等训练机会，事先一个个检查避难所的开设安排。

（二）避难所开设后的课题

136

开设避难所之后，在相当长的一段时期内，其运营都将成为市町村灾害应对中最需要人力支持的一个环节。经历过灾害的市町村给了我们这样的启发，即如果避难者自身以自主防灾组织的形式积极主动地参加到避难所运营中来的话，进展就会比较顺利，因此平时应增进地区间的交流对话。

至于在避难所长期运营的过程中出现的各种问题及应对措施，阪神·淡路大震灾及中越地震时的经验（参照参考文献）可以为我们提供参考，这些经验有很多是从行政及居民生活的视角被总结和记录下来的。在此我们对开设避难所之初应该注意的问题加以整理。

灾害对策总部首先要掌握已经开设的避难所的相关信息和能够收容的避难者人数（大致的数字即可）。灾害对策总部需要根据这些数字安排水、食物、毛毯、临时厕所、照明等“紧急物资”。

以新潟县中越地震为例，大规模地震发生时，有些避难者涌入了事先指定为避难所之外的设施，还有些人开着车到狭小的空地去避难，这样的例子不在少数。

此外，集中到避难所来的避难者可能会超过预定人数，甚至达到人满为患的程度。此时灾害对策总部需要紧急在附近搜寻适当的设施，开设新的避难所。

这种情况会导致很多计划外的避难所增设出来。从灾害对策总部的角度来说，不能因为是计划外的避难所就不分发必要的物资，因此需要掌握这些“计划外避难所”的信息，制作一览表，指定专人负责。

灾害对策总部要在短时间内计算出包括计划外避难所在内所需的“急救物资”的数量，还要掌握避难所的一些特殊要求，在市町村内外进行调度，无法自行调度的情况下可以委托给县及国家，之后设计配送手段，将集中到一起的物资进行分配、运送给需要的避难所。

物资不足时，要将已有物资尽量公平地分配给每个避难所，同时尽可能将下一次物资到达的预定时间等信息通知每个避难所的负责人。

137 一旦发生大规模灾害，生命线将陷入瘫痪，有时还会遇到总部人员自家的房屋倒塌、家人生死不明的情况，即便如此也必须将生死置之度外全力以赴组织救援活动。

如果避难所能事先按照预定收容人数储存好“急救物资”，那么在进行上述这些工作时，就可以节约出相应的时间。

尽管避难所里都设有储备仓库，但还是需要我们从以上具体操作的角度来考虑储备物资的种类和数量，事先做好准备工作。

灾害发生时，我们要把受伤的人以及正在住院的患者交给医院和医疗队，而面对避难所里身体不适的老人和孩子、需要喝奶的婴儿、需要在护工的帮助下上厕所的避难者，我们很难对他们说“这是紧急时期，请忍一忍吧”。还有如何应对那些视宠物为家人、希望带着它们一起避难的人，如何应对那些困在车内避难而引发急性肺动脉血栓栓塞症的患者，类似这样的问题会不断出现，而它们并无固定的解决模式。还有一些现场无法处理的问题，比如将需要护理的避难者交给福利设施等。如上所述，各个避难所要竭尽所能应对这些棘手的问题，灾害对策总部的作用就是要制定统一的指导方针。

（三）找出开设避难所需克服的问题

对于发生大规模地震时开设避难所及开设之后需要迅速处理的问题，我们要事先做好充分的准备工作，尽量将上述各种情况事先考虑到。

通过图纸演习找出问题，据此事先定好“急救物资”的种类和数量并做好储备工作，完善和更新物资的分配地点及运送手段、（生命线被中断的情况下）与避难所的联络方式、如何照顾需要护理的避难者等，我们可以根据实际情况做好相关的准备。

事先做好上述准备工作，再加上通过图纸演习积累的经验和进一步的完善，实际发生灾害时情况就会有所改观。

一直以来，很多地方会在“防灾日”那天动员自治会的干部和自主防灾组织步行到指定的地点避难，在那里进行煮饭赈灾训练，以此作为“避难训练”。这种旨在提高居民参与意识的“训练”成了“防灾日”的固定活动内容，但我们不应把这种活动视为“避难训练”的全部。

阪神·淡路大震灾及中越大地震等大的灾害发生时，有很多关于开设避难所的记录和报告，例如开设时发生了什么事情、政府遭遇到哪些困难等。我们必须对这些资料进行研究，让其中的经验和成果在市政府及相关机构进行的图纸演习和地区居民参加的“防灾日”的训练中得到充分体现。

138

（小林恭一）

第四节　如何收集、整理信息

灾害发生后的一段时间内，灾害对策总部要做的工作就是根据来自相关机构和灾害现场的信息，决定并发送请求救援的信息、派遣救援部队和人员、调配及供给必要物资、发送信息、调整现场的行动等等。

这些行动能否顺利进行，取决于如何收集、整理信息。

一、信息的收集

灾害发生后，市民会向消防、警察、医院等发出救火、救助及应急救护等求救信息。大桥坍塌、信号中断、煤气泄漏、供水中止等一系列伴随着灾害产生的各种事态也会以求助的形式汇总到相关机构。有时各种求助信息还会汇总到市町村的各部门及办事处。

各机构一方面要处理这些求助信息，一方面要向灾害对策总部报告这些信息。大规模地震等大灾害发生时，由于停电，常用电源无法使用，电话线也异常拥挤，对需要报告的“重要信息”的筛选也很困难，因此向总部报告本身就变得极其困难。

（一）向灾害对策总部汇报

关于向总部报告的方法，各市町村虽已根据本地区的实际情况进行了部署。不过还是应借助防灾训练等机会，对以下事项进行确认，如有必要则进行改进并在训练当天修改完毕。

1. 必须汇报的机构和组织（特别是政府办公楼以外的）一览表

2. 汇报方法

3. 何种情况必须汇报及汇报事项的判断标准

140 关于汇报方法，配备、发放及维护移动式的防灾行政无线电等无线设备，以及熟悉其使用方法等是不可缺少的。“前几年配备了无线设备，从那之后就没有再管”——这种情况常有发生，因此需要抓住防灾训练等机会，“重新检查每个环节”，做到一年一次。

根据灾害发生的规模，有时可以使用手机短信进行信息的收发。即便不是很严重的灾害，手机也会因很多人同时拨打同一号码而造成短时间内无法使用，尽管如此，手机短信仍被证实即便在最近发生的M7级直下型地震中也能正常发挥作用。

在手机短信能够使用的情况下，作为灾害对策总部收集信息的手段之一，我们应将其放在什么位置上，这是需要思考的问题。怎样才能使作为一对一信息工具的手机在灾害应对时起到信息收集和信息共享的作用？瘫痪状态下能否传输画面？收到的短信如何传送至机关内部的网站上？将琐碎信息传送给总部是否会导致信息过量？类似这样需要讨论的问题还很多。如果要向用惯了手机的年轻人征求意见的话，他们可能会拿出很多我这一年龄层的人无法想象的新主意。

在大规模灾害发生时，是否应该使用电脑进行信息的收发、整理，一直以来这都是一个令人烦恼的问题。因为在地震等灾害发生时，如果系统的一部分不能使用的话，可能就无法工作。

但是现在一切日常业务都是用电脑来处理的，今天是一个利用电脑及机关内部网来互通信息的时代。在大规模灾害时要使用电脑系统的话，前提是必须已经解决了所有令人担忧的问题，这样才能使用电脑系统进行信息的收发、整理。

网络在设计之初就力图实现通信途径的多样化，以备在紧急时刻也能使用，因此面对灾害的发生有很强的适应能力。只要引起线路损坏的物理性障碍有所减少，灾后不久我们就可以将网络作为收发信息的主要手段。但是灾害发生后是否立刻就能使用，这一点是难以保证的。

无论是手机短信还是网络，都应该放在第二位，而应把通过防灾行政无线电做汇报放在首位。

141 **（二）依据灾害阶段的不同做好信息收集工作**

灾害对策总部收集信息是在：1. 灾害刚发生后；2. 在相关部门准备应对灾害的前后；3. 那之后等等，随着时间的变化事态也会发生变化。

灾害发生后灾害对策总部要做的事情就是尽量客观地把握信息，如发生了什么、自己所处的市町村现在处于何种状况等。然而，总部的很多重要成员都在赶往总部的路上，派驻的机构也处于同样的情况。灾情发生后，救火、救助等求救信息会涌向消防等灾害应对机构，但他们极有可能自顾不暇，无法向总部汇报情况。因此必须意识到在大规模灾害突发的情况下，汇总到总部的信息可能是不全面的。

在这个阶段（假设为"阶段 1"），要积极收集包括工作人员在赶来途中的所见所闻、屋顶平台上所能观察到的信息、侦查班收集的信息、消防总部架设在高处的照相机拍到的信息、县防灾直升机所拍摄的影像等信息，另外还有总部联系相关机构获取的第一手信息。领导将这些信息和来自于电视、媒体、网络、国家、县、其他市町村的外部信息逐步汇总结合起来，判断是否需要请求救援。

另外，在机关内部共享必要信息的同时，为了向外部发送信息，需要尽早将信息整理成文字，标示在地图上。

尽管因灾害规模的不同会出现时间差，不过灾情发生不久相关部门就会依次有组织地开展应对灾害的工作。到了这个阶段（阶段 2），总部如果还像刚发生灾害时那样收集信息的话，会导致信息过量无法处理，因此总部要看准时机，发出指示“进入第 2 阶段”。

第 2 阶段，总部在设定程序要求各个机构完成信息整理并按时汇报的同时，还要建立“紧急通道”，要求他们将重要信息第一时间报告总部。

灾害发生的 2—3 天后，相关部门某种程度上已经能够正常运转了，到了这个阶段（阶段 3），各部门必须对报告内容做进一步的整理。

在“何种情况必须汇报及报告事项的判断标准”中必须事先决定的内容是，从阶段 1 到阶段 3 的信息内容及报告形式、总部发出阶段转换指令后的应对体制以及必须通过“紧 142 急通道”进行汇报的事项的标识等等。此外，对网络、电子邮件可以重新使用后该采用何种方法也要事先做出决定。

（三）来自相关部门的信息

灾害对策总部一般都设有直属的信息收集小组，负责收集、整理来自政府办公楼外的信息。信息收集小组收集到的信息务必要在总部内部报道。

另一方面，在道路部门等行政机关内部的各相关部门中，也在与内部及外部进行着与灾害应对相关的信息收发工作。这些信息中也包含着对灾害对策总部来说极其重要的信息。除了像“某某隧道的入口处崩塌”之类的“事故信息”之外,“国道~号线全线可通行”、“自来水公司水泵没有受灾”等“安全信息”、“~号线预计几点左右可恢复”等“预测信息”,这些都是灾害对策总部在考虑“下一步”策略时极为重要的信息。然而,如果不有意识地将这些信息进行整理的话,很难上报到总部。

特别是在第1阶段,很多需要处理的问题虽集中到了各相关部门,但由于人手不足,先期到达的少数工作人员都忙得分身乏术,因此在这个阶段做到“整理和报告信息”是极其困难的。但是对于灾害对策总部而言,这一阶段正是最需要最新信息的时刻。

如果是爆炸或者桥梁倒塌这种单一的大规模事故的话,市长及防灾责任人可以在相关部门的部长室里成立一个小型总部,但如果是发生大规模地震等需要大范围、综合性应对的灾害的时候则难以实现。如果将相关部门全部集中到体育馆之类的大空间内进行灾害应对的话,能够掌握整体情况,可以指示有情况出现的部门上报信息,但这样一来相关部门的工作将难以展开,而且在具有一定规模的市町村内,空间上也是不允许的。

不管在阶段1还是阶段2,相关部门的责任人都必须自行作出恰当的判断,做出“这个信息必须上报总部”(参考第四节二中的第(二)项“消防厅信息共享系统”)之类的指示。总之,

1. 将“重要信息”上报总部是相关部门责任人的重要工

作之一。

2. 总部所需要的“重要信息”随着阶段的不同而发生变化。 143

需要贯彻上述两项原则，要求各个部门按阶段思考“重要信息”的判断基准及具体案例，让他们在图纸演习中养成向总部报告重要信息的习惯。

制定判断标准之际，要让相关人员明白“为何采取了这样的判断标准”。

依据“重要信息”考虑应采取何种操作方法，怎样的救援活动具备可实施性，事先让大家思考这些问题，只有这样才能在灾害降临时正确地传送信息，并且保证其精确度。

（四）请求及报告

相关部门向总部发送的信息包括“请求”和“报告”两种。

对于“请求”，需要总部做出相应的回应，但不需要领导对其一一处理，应该事先按照请求的种类在总部内设置相应的处理小组，原则上各组的组长要负责任地处理问题。对于处理小组无法迅速做出决定的请求，需要由总务组来决定。

对于“请求”，处理小组决定好之后，原则上要上报领导，在信息受理单上分别注明“报告”和“请求”字样的同时，最好在请求上标注“处理小组的名称”、“处理中”和“处理完毕”等字样。

领导应要求处理小组将“请求”中的大部分内容以“报告”的形式汇报上来。这样一来，领导只需对那些组长无法处理，只能由市町村负责人做出决断的问题做出处理即可。

另一方面，整理“报告”使其能够在相关人员之间实现信息共享，还需将其发送给国家、县级各媒体。整理、积累的信息无疑是思考“下一步措施”时最为重要的参考因素。

（五）平时须健全信息收集体制

上述即为平时信息收集工作的内容。对于那些经历过大的灾害侵袭的市町村而言，他们在抗灾的过程中边摸索边进行调整，开展着与上述内容相同的工作。

144

发生灾害时，必须处理的事情频繁出现，并没有时间思考信息收集的方法。这就要求我们在平时完善上述信息收集体制，在图纸演习中加以改进并熟练掌握，这样灾害发生时（即便不去思考如何收集信息）信息就会自动汇总进来。

二、信息的整理

仅将信息收集起来是不能起到任何作用的，必须按照不同的目的进行整理和加工。不论是灾害发生时还是刚刚结束后，都必须争分夺秒地整理信息，但是需要留意的是此刻的工作还是与日常业务存在着很大不同，因此必须事先构建好一套信息整理体制。

（一）对救灾而言必不可少的信息

为了开展救灾活动，各部门要收集相关的信息，而且越详细越好。这其中有很多是不需要“整理”和“共享”的信息，但也有一部分是灾害对策总部内部必须共享的内容。

另一方面，灾害对策总部作为负责整个市町村救灾活动的机构，要在掌握各地受灾的详细情况且大致明白如何应对之后，向市町村内有能力的地方请求救援。如果市町村内部的救援能力不够，还需要向市町村之外的其他地区请求救援。因此，要尽早收集、整理信息，以便了解灾害的整体情况。

灾害发生后需要尽早应对，在这种情况下需要对汇总到总部来的零星信息加以整理。灾害对策总部可根据这些信息做出全局性的判断，同时让各个部门在救灾过程中充分利用这些信息。仅靠人的能力是无法做到这一点的，即使是经过训练了的人员。这就要求我们使用电脑系统，它可以比较轻松地完成这项工作。

（二）消防厅的信息共享系统

在总务省消防厅的危机管理中心，工作人员使用的是他们自行研发的信息共享系统，迄今为止它在救灾活动中发挥了很好的作用。

多名工作人员从各个电脑终端将信息收集小组收集到的

“某市某地区山体滑坡，~人有可能被埋”等信息输入电脑，危机管理中心的大屏幕上就会按时间顺序将这些信息显示出来。系统可以将“重要信息”、“受灾信息”、“救援信息”、“其他”等用不同颜色区分出来，还可以通过触摸的形式使信息分类显示出来。

虽然是自行研发的系统，但正因如此，每次经历灾害时都会对系统进行改良，因此使用起来越来越容易。为了实现信息的共享，以前还同时使用过传递书面记录的方法，而如今只要看到屏幕就能了解情况，所以除了紧急信息之外，已经不采用传递书面记录这种方法了。通过手边的电脑可以选择按类查看信息，因此对灾情进行总体把握变得简单了。

由于所有政府机关内部的电脑都能够互相连接起来，所以危机管理中心以外的其他部门也可以轻松地获取所有最新信息，并将它们输入电脑实现信息共享。

以前甚至还可以通过因特网实现连接，但灾害信息中还包括很多个人信息，因此不能让人们简单地从外部登陆，而消防厅带到当地灾害对策总部的电脑由于事先设定好了登录功能，因此只要输入密码就可以实现连接，这样就可以做到与危机管理中心的信息共享，与当地的信息共享也可进行得极其顺畅。由于安全措施的实施，现在已不能通过因特网登陆了，不过如果能在安全措施方面做到万无一失，并在此基础上恢复网上连接的话，我们将受益无穷。

如果在市町村也能使用这种系统的话，包括在第四节一中的第（二）项“灾害阶段的信息收集”至第（四）项“请求及报告”中所列举的信息收集、整理的课题都将迎刃而解。

（三）通过地图共享信息

使用地图是对处理过程中出现的各种信息进行整理的重要手段之一。要整体把握和应对灾害状况必须通过地图对空间进行整理。

很多市町村都有涵盖其管辖区域的地图，他们喜欢将各种信息记录在卡片上，用图钉固定在地图的相关位置上。但这种方法最多只能标注数十条信息，用于日常训练是足够了，但在较大灾害发生之时，面对巨大的信息量，这种方法就显得力不从心了。 146

面对大规模灾害，为了从大局把握管辖范围内的情况，灾害对策总部必须严格挑选需要标注在地图上的信息。这就需要事先制定代表灾害的种类和大小、救援部队的种类和规模等各种象征性符号，以便在地图上标注更多的信息。

但更为重要的是负责人是否具备通过地图全面了解情况的能力。如果负责人没有经过充分的训练，不清楚管辖范围内的地名，不具备灾害相关知识及判断力的话，即使是标示了全部信息的“大地图”也起不到任何作用。

“地图”也有其局限性，所以想要通过各种相关灾害信息来掌握灾情、决定救援部队的投入，必须借助于电脑的力量。

不同的部门对于标注在地图上的信息要求也有所不同，

灾害对策总部需要对大局做出判断，因此只需对某些重要的信息进行整理并准确地标注在地图上即可，而对于负责具体事务的各个负责人来说，则需要标注更为详细的信息。

为了满足上述双方的需求，需要一种新的信息处理系统。在这种系统下，通过触摸就能将整理在 EXCEL 中的灾害情况直接显示在地图上，并可以按地图使用者的需要进行放大，或根据灾害的种类和规模对信息进行甄别和区分，甚至用不同的颜色对信息进行区分。

同时，如果将平时已经掌握的各避难所的位置、收容能力、储备仓库的位置、储备物资的种类和数量等信息也输入信息处理系统的话，面对突发灾害时，工作人员就可以将这些信息与受灾信息、道路的修复情况等相结合，使信息处理变得更加便捷。

但是只有经过严格培训的人员，才能根据上级的指示熟练操作这种发达的信息处理系统，因此各市町村要根据实际情况，认清在面对灾害时自身对电脑的依赖程度。

灾害突发时需要收集何种信息、如何整理并标注这些信息，这些问题都需通过大规模的图纸演习来解决。我们可以事先设定“需要领导做出艰难决定”的场景，要求领导亲自体会如果得到何种信息最有利于做出正确的判断，并且改善信息的收集和整理方法，以及应在地图上标注的信息种类和标注方法。

147

（小林恭一）

第五节　信息的发布及与大众媒体的合作 148

一、危机管理的剧场化

在阪神·淡路大震灾之后，每次发生大规模灾害及事故时，领导及地方政府工作人员的应对情况都会成为大众媒体关注的焦点。

发生大规模灾害时，保护居民的生命财产安全是地方政府及领导义不容辞的责任。不仅如此，今时今日，政府的灾害应对情况会被迅速广泛报道出来，大众希望能在画面中看到领导及工作人员迅速而正确地做出应对。

信息、通信、报道体系的发达使得“危机管理剧场化”成为可能，政府和领导在“剧中”的发挥是否出色也将影响到之后来自社会各界的支持和支援的力度，因此作为地方政府，必须以此为前提防备“危机”的到来。

二、与相关报道人员构筑相互信赖的伙伴关系

发生大规模灾害时，不仅是当地的媒体、全日本（甚至全世界）的新闻媒体人员都会从四面八方聚集而来。地方政府需要通过这些媒体给居民以鼓励和希望，并提供必要信息。同时还要有意借助媒体，让他们将受灾地的情况巧妙地传达给全国民众。

因此，与相关媒体人员构筑“信赖关系”是相当重要的。

对于很多地方政府工作人员及领导来说，当各种媒体、特别是外地媒体提出采访要求时，他们正急于解决受灾居民的各种困难，本已异常忙碌，再加上不习惯与媒体打交道，因此会觉得麻烦，会产生不想接待的想法。但是，有很多媒体人员亲眼见到灾害现场的悲惨状况时，都想“为灾民做点什么”。如果能与这些人士建构起相互信赖的关系，并将他们的这种想法转变为对受灾者的实际援助的话，地方政府将得到很大的帮助。

149

“与媒体构筑信赖关系，最基本的是要有积极公开信息的勇气”，需要以相互信赖的关系为基础，通过对后续抗灾减灾步骤的具体实施来建立“剧场化”的现代灾害应对机制。

三、与大众媒体合作的技巧

（一）领导亲自出席最初的记者见面会

灾害发生后，领导需要尽快出席最初的记者见面会。当领导出差在外不能马上回来参加时，领导必须第一时间公布举行记者见面会的日期和场所，同时指定熟悉情况的干部进行简要的情况介绍，将灾害对策总部在这期间所掌握的信息迅速提供给媒体和社会大众。

（二）指定时间，带着资料出席记者见面会

领导本人是否参加后续的记者见面会要视具体情况而定。但在公布各种重大的方针决定（如避难公告、向自卫队及消防厅长官请求救援等）时，领导最好亲自出席。

如果只是介绍受灾情况的见面会，只需由相关负责干部（发言人）在规定时间带着相关资料进行简要的情况介绍就足够了。

在灾害发生的最初一段时间内，情况时时刻刻都在发生变化，最好定时（如每一小时）进行简单的情况介绍。在情况介绍的最后，有必要明确表明“下一次见面会是在～点～分举行”。另外，还要提醒媒体人员不要进入写着“非相关人员禁止入内”的房间，以免妨碍工作人员的正常工作。这样做可以避免媒体人员进入抗灾部门的工作室，妨碍

工作人员工作。另外，明确汇总受灾信息的时间也有利于工作的进行。

（三）确定发言人的人选

合适的发言人能起到事半功倍的效果。要挑选那些善于150与媒体打交道、能给媒体人员以信赖感并能得体大方地回答各种刁钻问题的人，而且发言人一旦选定最好不要随便更换。原则上要委任干部为发言人，但如果干部中没有适当人选，也可以不局限于职务，从一般工作人员中挑选。

（四）信息更正要明确、快速、理由清晰

灾害发生后，各类信息错综复杂，公布的信息难免会出现错误。一旦辨明之前发布的信息有误，要及时召开记者见面会，通报更正条目，更正内容并明确指出原因所在。

（五）信息公布要做到能够实时查阅

记者见面会时，有的媒体人员可能会迟到，为了让这些迟到的人也能了解发布会的经过及已发布的信息，最好摆放一些相关资料，让大家可以自由领取、阅览。

（六）重视各种历史数据的收集和整理

媒体多关注客观数据，他们在记者见面会上常会关注一些参考信息，比如此次发布的数据是“历史最高”、“历史第二”等。在灾害发生后的混乱时期内进行数据的收集是很困难的，如果

平时就能将当地过去的一些相关数据进行整理的话，在紧急时刻就可以方便地添加到分发的资料当中，藉此提高效率。

（七）妥善安排媒体人员的等待场所

安排好媒体人员的等待场所，创造一个良好舒适的环境，不仅能得到媒体人员的赞扬还能有效地防止他们随意进入指挥中心所在地等重要场所。

当前来的媒体人员人数众多时，最好提供议会会场等较大的场所来做等待室兼接待室。

（八）准备好管辖范围内的地图

从外地来的相关报道人员对当地的地形和地名可能不太熟悉，将当地的地图复印件发放给他们会受到一致的好评。

（九）电视直播车及媒体相关车辆的停车场所

151

灾害发生后，媒体相关车辆会涌向灾害对策总部所在的政府办公楼。这些车有时会占据政府办公楼的停车场，妨碍灾害应对车辆及紧急车辆的通行。如果允许当地媒体的车停靠的话，也就无法拒绝东京主要电视台的直播车的停靠要求。

因此最好事先制订计划，将临近设施的停车场及空地也考虑进来。即便没有事先制订计划，至少也需要指定停车场的负责人，制定停车场的使用规则及引导车辆前往邻近停车场等。

另外，电视直播车不仅需要占据较大的空间，还需要在建筑物内部铺设电线。当地政府需要满足他们包括停车位置等在内的许多要求，还要指定专门负责人接待电视直播人员，尽量满足他们提出的各种要求。

（十）通过网络发布信息

灾害信息汇总之后，需要及时向县及国家汇报，在向大众媒体发布的同时还需通过网络进行发布。在最近发生的几次灾害中，居住在受灾区域之外的本地人也迫切地想通过网络在第一时间获取更多的信息。

如有可能的话，最好建立地方政府的灾害专用网站，发布官方的灾害信息，并且使居民能够上传自己拍摄的照片及影像，开设居民互换信息的信息论坛板块以及地方政府、相关机构、避难所的通知发布栏，以此来取得居民的信赖，这将有助于建立全社会范围内的合作体制。

大规模灾害发生时，能否成功地利用网络这一平台，会影响到居民的生活、支援机构及志愿者的合作程度，在如今这个网络时代，网络的力量不可小视。

如果认为“在灾害突然发生时可能没有精力开展上述工作”，就更需要事先制定好工作流程，确定信息的收集及发布规则，招募志愿者也不失为一个办法。

【参考文献】

小林恭一・森民夫，2006—2008「防災監のための危機管理講座（1）—（7）」『消防科学と情報』（財）消防科学総合センター（http://www.isad. or. jp/cgi-bin/hp/index. cgi?ac1=IB17&ac2=85summer&Page=hpd_view）。

牧野恒一，2002—2003「トップと危機管理（1）—（5）」セキュリティ産業新聞「地水火風」第31—36回。（http://www. secu354.co. jp/joren/joren1.htm）。

消防庁編，1996『阪神淡路大震災の記録　2』ぎょうせい。

震災時のトイレ対策のあり方に関する調査研究委員会編，1997「震災時のトイレ対策—あり方とマニュアル」（財）日本消防設備安全センター。

小林恭一，1998「体験的「コミュニティ防災」論」『月刊　地方自治』4月号，ぎょうせい。

NHK神戸放送局編，1999『神戸・心の復興—何が必要なのか』日本放送出版協会。

吉井博明，2000「初動体制の課題とあり方」『阪神・淡路大震災、震災対策国際総合検証事業検証報告』第1巻「防災体制」，兵庫県・震災対策国際総合検証会議。

長岡市災害対策本部編，2005『中越大震災—自治体の危機管理は機能したか』ぎょうせい。

新潟県中越大震災記録誌編集委員会編，2007a『中越大震災（前編）—雪が降る前に』ぎょうせい。

152

（小林恭一）

第六章　避难及信息

第一节　避难的理论

154

一、前言

避难是降低灾害损失的非常有效的方法。如果人们能够在灾害发生前到达安全场所实施避难，会大大降低死亡率。直下型地震等灾害没有前兆、无法预测，而海啸、洪水等灾害则是可以提前预测并实施避难的。

在以往的灾害中，很多人由于没有采取正确的避难措施而导致死亡。通过这 30 年间历次灾害中的灾害避难率，我们可以发现，只有在火山喷发时大部分人才会采取避难措施。像海啸、水灾、塌方等灾害时的避难率只有不足百分之十至百分之九十不等，避难率较低（表 6–1）。例如，实际发生海啸时各地区的避难率如下，浦河冲地震时是 1.1%，日本海中部地震时秋田县是 5.1%，十胜冲地震时钏路市是 19.9%，能登半岛冲地震时轮岛市凤至是 11.1%。发生洪水灾害时的避难率如下，长崎水灾是 13.1%，浜田水灾是 6.1%，新潟、福岛遭受暴雨水灾时三条市是 22.2%，2004 年 23 号台风登陆时丰冈市是 32.9%。发生塌方灾害时避难率为：出水市发生泥石流时避难率是 8.4%，水俣市是 26.5%，2005 年 14 号台风时垂水市是 4.8%，2006 年 7 月遭受暴雨水灾的冈谷市川岸东低至 1.6%。上述数据表明面对灾害人们往往不能采取正确的避难措施。

人们为什么不避难呢？要怎样做才能督促人们采取正确的避难行动从而减少受灾程度呢？本章将就这几个问题进行讨论。本节首先就避难的实施步骤进行探讨。

表 6–1　灾害时的避难率及避难理由（摘自东京大学、东洋大学调查[①]）

火山喷发（资料序号）	避难率（%）	避难理由
1984 年三宅岛 No. 13	100%（阿古）78%（坪田）	避难指示 49% 看到火山喷发 26.5%
1986 年大岛 No. 22	全岛避难 99.1% 约 1 万人避难	防灾行政无线电 35.9% 消防队指示 24.5%
1991 年云仙 No. 37	83%（6 月 3 日）警戒区域约 1 万人	防灾行政无线电 48% 消防队指示 29%
2000 年有珠 No. 53	全体 1.6 万人避难	地震 36% 劝告指示 35%

① 东京大学“灾害与信息”研究会对至今为止的各个灾害进行了调查。研究成果发表在东京大学大学院信息学会《灾害信息调查研究报告书》No. ～ No. 68（1978—2005）、东京大学东洋大学灾害信息研究会《灾害信息调查研究报告》No. 1 ～ 12+(2005 ～)、东京大学报纸研究所、社会信息研究所、信息学会发行的各报告中。表 6–1 中的资料号码代表《灾害信息调查研究报告书》的号码。

续表

2000年三宅岛 No. 54	全岛避难	身处危险对火山喷发、地震感到不安
海啸灾害		
1982年浦河冲地震 No. 8	1.1%	预测海啸规模及来自工作人员的直接指示
1983年日本海中部地震 No. 14	70%（青森县）、5.1%（秋田县）消防厅资料。3.6%（听到能代市的警报）	海啸来袭（八森）
1993年北海道西南冲地震 No. 43	77.9%（奥尻）54.0%（大成）82.7%（熊石）	日本海中部的经验 50.5%（奥尻）
2003年十胜冲地震 No. 65	92.9%（丰顷）86.2%（广尾）80.4%（浜中）71.3%（新冠）52.3%（襟裳）46.8%（厚岸）35.4%（静内）19.9%（钏路）	摇晃情况（63.8%）避难呼吁（54.2%）海啸警报（51.1%）
2006年、2007年千岛列岛东方冲地震	第1次90.4%（纲走）~ 11.7（钏路） 第2次66.0%（纲走）~ 5.4（钏路）	海啸警报（67.9%/57.4%）市里的呼吁（50.0%/50.0%）
2007年能登半岛冲	79.0%（诸冈）72.1%（黑岛）14.6%（河井）11.1%（风至）	海啸提醒预报（67.6%）邻居的呼吁（35.9%）市里的呼吁（35.3%）
洪水灾害		
1982年长崎水灾 No. 11	13.1%（50cm以上的浸水区域）	听到警报34.1%（其中认为下大雨的有28.8%）听到避难公告7.4%
1988年浜田水灾 No. 27	发出避难指示的地区6.1%	雨势加大（53.3%）

续表

1989年茂原水灾 No. 31	55.2%	浸水46.9%避难呼吁31.0%
1998年那须集中暴雨 No. 47	51.5%	当面的避难呼吁54.7%下大雨感到身处危险47.4%河水涨水47.8%
2000年东海暴雨 No. 55	44.4%	避难公告48.6%下大雨身处危险34.8%
2004年新潟·福岛暴雨水灾 No. 66	22.2%（三条）18.7%（见附）35.6%（中之岛）	自家有进水危险（35%–三条）避难公告（45.2%–中之岛）家中进水（25%–三条）
2004年台风23号	32.9%（丰冈）	避难公告、避难指示（51.9%）
2006年7月暴雨水灾（萨摩町）	91.1%（浸水前避难有47.6%）	周围进水（54.3%）自家进水（46.3%）
塌方灾害		
1997年出水市泥石流 No. 45	8.4%	（有自主避难公告）
1997年鹿角市泥石流 No. 46	所有家庭	避难公告（警察、消防的个别走访告知）
2003年水俣市泥石流 No. 62	26.5%	判断有危险（没有劝告）
2005年台风14号	96.0%（山之口）77.6%（椎叶）63.6%（高千穗）~由布（24.2%）三股（21.2%）竹田（16.7%）4.8%（垂水小谷）	消防警察等的劝告58.6% 感到自家有危险46.9%

续表

2006 年 7 月暴雨灾害	85.5%（垂水）63.8%（菱割）~ 6.5%（川内）6.1%（冈谷湊）5.0%（美乡久保）3.6%（辰野）1.6%（冈谷川岸东）	感到自家有危险 64.8% 市镇消防警察的劝告 42.2%
其他		
平冢警戒宣言误报 No. 7	0.6%	
三岛警戒宣言误报 No. 9	0%	
大阪市仓库火灾 No. 4	32%	烟及烟尘 53.5% 市、警察的指示 30.3%
1999 年 JCO 临界事故 No. 50	全员（360cm 以内）69.8%（退到屋内东海、那珂）	电视（37.4% 东海、那珂）

二、避难的定义

根据《广辞苑》[①] 的解释，"避难"一般是指"躲避灾难，逃到其他场所"，但在灾害社会学中其意义比较狭窄。克兰特利（Quarantelli）（1980）认为避难是"由于应对局部区域的恐怖、灾害、破坏而出现的暂时性的大规模人员的物理性转移"。泽伦森（Sorensen）（2006）解释为"由于现实的或预料的威胁、危险等原因，特定区域的人们所进行的退出行为"。泽伦森认为的"避难"不仅指躲避危险，还包含为躲避危险而

156

① 《广辞苑》是日本最权威的国语词典，由岩波书店编辑出版。——译者

转移的含义，而且转移的时机必须在危险离去之前。避难与“躲避”有所不同，为了躲避有毒气体而躲进屋内或者洪水灾害时一楼被淹躲到二楼的行为就属于“躲避”。佩里（Perry）（1978）根据时机与期间的不同将避难分为四种类型，危险降临后的短期转移属于“救助”。德瑞贝克（Drabek）（1986）也将避难认定为灾害爆发前的退出行动。

面对灾害是否采取避难行动（避难率）十分重要，同时其效果（避难效果）也不可忽视。例如在火山喷发及北海道西南冲海啸过程中，虽然避难率较高，但仍有人丧命，这说明避难的效果较差。正确的避难由以下几个要素构成：1. 处于危险区域的人；2. 在危险来袭之前；3. 以安全的方法；4. 避难到安全场所；5. 直至危险解除。

三、避难的多样性

避难所包含的内容多种多样。避难理由主要有两种，一般情况下都是由于“感知到危险”而采取避难行为，现实中还存在由于其他“社会因素”的影响而避难的情况。德瑞贝克（1969）举出了四种避难理由。第一种是“决心型避难”，是由于认识到了危险而采取的避难，其余三种皆是由于社会因素影响而进行的避难。其中“不履行型避难”是指因某种理由离家在外时，由于警察的制止而没有返回家中所进行的避难；

“招待型避难”是指被亲戚劝说而离开自己的家到亲戚家进行的避难；最后，“妥协性避难”是指由于妻子的不安，为了保护家庭而进行的避难。

此外，在社会因素引起的避难中，还存在“与区域社会妥协”型避难和“遵守规范”型避难。前者是指受到消防队和周围人的劝说而采取配合态度的避难；后者是指将警察敦促避难的指令当作命令而采取的避难。

157

认识到危险而采取避难行为的人群主要有以下几种。一、“习惯性避难者”，他们早已决定一旦有某种事态发生立刻进行避难。这类人在海啸、塌方灾害等高发区域较为多见。二、“信息处理型避难／不避难者”，他们会将各种状况像分析流程图一样分析之后才决定是否避难。三、“无自信型避难者”，他们虽然感知到了危险，但仍然不能下定决心是否进行避难，在经他人催促后才会实施避难。四、“犹豫不决型避难者”，他们感受到了危险却并不避难，从而耽误了逃离的最佳时机，在由大雨引起的灾害中，这种人占大多数。五、“确信型不避难者”，这些人确信自家非常安全，不需要避难，此类避难者在发生过灾害但并没有受灾的地区占相当的比例。

四、避难的一般模式

避难的一般过程是怎样的呢？许多学者对由于认知到危

险而进行的避难，特别是人们对灾害警报（气象警报及避难公告等）的反应进行过研究。

田崎（1988）指出，一般的避难行为与危险程度、危险逼近的可能性有关，更与避难所需的成本有关。佩里和格林（Green）（1980）指出，决定避难的必要因素有：1. 认识到危险的实际存在，2. 个人所面临的危险程度，3. 存在相应的计划。

许多研究者认为，避难是一个以灾害警报为开端的连续性过程。例如米勒蒂（Mileti）和泽伦森（1988）认为避难模式可以分为 1. 听到警报，2. 理解警报的内容，3. 相信警报，4. 将警报转化为自己的行为，5. 确认警报是否真实，6. 防御性反应等一系列连续过程。三上（1982）理解的避难模式是 1. 感知到危险的存在，2. 预测到将受灾，3. 决定避难，4. 实施避难。

但在实际避难时，还需要考虑以下三个问题。第一，很多时候人们认识到危险并不仅仅是靠灾害警报，而是通过灾害的前兆以及实际的灾害来袭来认知危险。第二，田崎（1986）也指出，将避难行为只认定为个人的决定过程是不充分的，还需要考虑到其他的社会因素。第三，避难的模式都是连续的决 158 定过程，但有时也会跳过“决定避难”这一步，有时从一开始就没有明确的决定。

影响采取避难行为的因素及过程是极其复杂的，它不是一个类似于流程图一样的连续过程，简单的加法模式更加实用。图 6-1 就是一例。

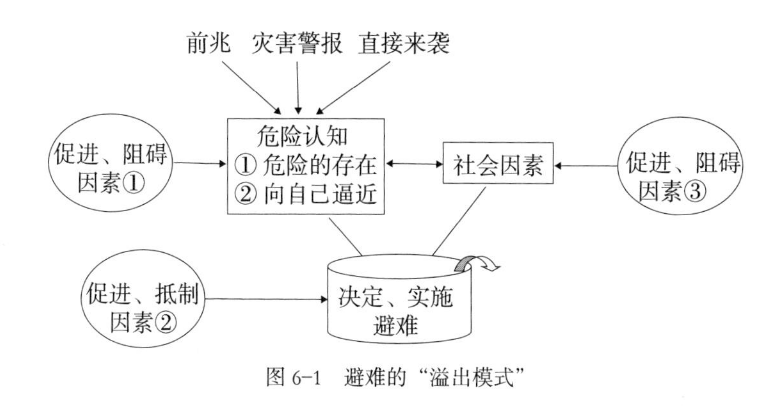

图 6-1　避难的“溢出模式”

我们首先研究一下影响采取避难行为的主要原因，即上述的“危险认知”和“社会因素”。对危险的认知是通过灾害警报、灾害前兆及灾害的直接来袭而被唤起的。这里所说的灾害警报是指气象厅的各种警报、市町村的避难公告和避难指示、河川管理机构的洪水警报、东海地震预知信息等。前兆包括海啸前的地震、引发洪水的河川暴涨、塌方前的暴雨等。“危险认知”包括两个阶段，一是认知到大的危险的存在，二是认识到危险正在向自己逼近。认识到灾害危险的巨大就等于按下了进入灾害模式的“灾害开关”的按钮。另一方面，在避难时，意识到危险正向自己逼近是极其重要的，它意味着人们进入了“灾害个人化”阶段。

当“危险认知”和“社会因素”的影响不断加大时，会进入到避难的“决定和实施”阶段。只要“危险认知”和“社会因素”中的任何一个要素上升到一定程度，则都会引发避难。打个比方，这就类似于把“危险认知”桶里的水和“社会要因”桶里的水注入“避难”的桶里，水若溢出则会引发避难行为，这就是所谓的“溢出模式”。“危险认知”、“社会要因”和“决定及实施”三者互相促进、互相抑制，并且“危险认知”和“社会因素”互相影响。例如，消防机构对群众的个别走访告知会提高人们对危险的认知，因为人们潜意识里认为消防人员的到来意味着事态的严重，这会促使人们实施避难。

159

五、促进、阻碍危险认知的因素

促进和阻碍避难行动的因素有哪些呢？有许多实验（克兰特利 1980、德瑞贝克 1986、泽伦森 2006、三上 1982、田崎 1986 等）从实际发生的灾害事例中抽取、整理了引发避难的因素。表 6-2 是泽伦森有关促进避难的因素的研究成果一览表。

表 6-2　美国灾害研究中关于促进、阻碍避难的因素（泽伦森，2006）

因素	对避难率的影响	实际验证程度	因素	对避难率的影响	实际验证程度
物理性因素	增加	高	性别（女性）	增加	中
社会性因素	增加	高	有子女	增加	中
认识到的风险	增加	中	有宠物	减少	低

续表

危险知识	增加	高	传达手段：电力	混合	低
危险经验	混合	高	传达手段：大众媒体	混合	低
教育程度	增加	高	传达手段：警笛	减少	低
家庭计划	增加	低	当面警告	增加	高
命运论的信念	减少	低	威胁的逼近	增加	低
资源水平	增加	中	消息的具体性	增加	高
家人集合	增加	高	传达手段的多样性	增加	低
家人数量	增加	中	反复发布警报	增加	高
亲属关系（数）	增加	高	消息的一贯性	增加	高
和区域的联系	增加	高	消息的可信赖度	增加	高
民族集团成员	减少	中	信息源的可信赖度	增加	高
年龄	混合	高	担心小偷	减少	中
社会经济地位	增加	高	距灾害爆发的时间	减少	中
			对信息源的信赖	增加	高

下面，通过以上的分析再结合我国的灾害案例，来思考一下有关危险认知、决定并实施避难、社会因素等一系列促进或阻碍避难行动的因素。

影响危险认知的第一个因素是灾害的性质。像火山喷发

160

等可视性的灾害中避难率较高，而海啸等灾害发生前肉眼很难观测到的灾难中避难率较低（田崎 1988）。同样，滂沱大雨引起河水水位上涨并引发洪灾时，人们能够认识到危险，而如果是上游下雨造成下游突然间涨水时，人们则很难预测危险，不利于采取避难行为。

二是灾害警报。发布灾害警报比不发布警报更能促进避难。警报的内容及媒体的相关报道也影响着避难率（详细看第二节）。田崎（1986）根据可视性及灾害警报的有无将灾害分为四类，比较了各自的避难率，在可视性灾害并且有警报的情况下，避难率较高。表 6–3 是近几年的例子，可以看出听到警报的人比没听到的人的避难率要高。

表 6–3　是否听到避难公告与避难率

（东京大学、东洋大学调查　*包括呼吁自主避难）

	2003年十胜冲地震	2006年、2007年千岛列岛东方冲地震		2004年台风23号丰冈市	2006年7月塌方灾害长野、岛根、鹿儿岛
		第1次	第2次		
听到避难公告的人	60.4%	51.8%	41.4%	35.0%	51.4%
没有听到避难公告的人	38.0%	31.3%	14.3%	16.7%	11.6%
避难公告收听率	81.0%	78.3%	65.3%	88.6%	72.7%

第三是灾害经验。灾害经验可以促进或阻碍避难的实施。例如，北海道西南冲地震中的奥尻岛在10年前的日本海中部地震中曾受到海啸的袭击，这促进了人们在之后的灾害中实施避难。同样在北海道太平洋一侧，1952年十胜冲地震造成的伤害促使人们在海啸发生时积极主动地采取避难行动。但是过去的灾害经验有时也会阻碍避难，我们将其称之为“经验的反作用”（详见第三节）。

第四，轻视危险事态及灾害警报的态度阻碍了避难的实施，这与“正常化偏见”心理有关（详见第三节）。

第五是灾害知识和灾害文化。缺乏相关知识会造成对危险现象的视而不见，阻碍避难的实施。例如，在云仙普贤火山喷发时，很多人因不了解火山碎屑流的危险而丧命。此外在日本海中部地震中，许多人不了解地震引起的海啸会带来更大的灾害，他们在海岸发生地震后仍没有意识到危险。相反，在三陆地区传承的“长时间地震会引发海啸”的认识促进了人们对危险的认知。

第六是认识到面对灾害时自身的脆弱性。例如在海啸发生时，很多人认为自家海拔高，或者自家远离大海，因此即便身处险境也不采取避难行动。而有的人由于自家房屋较为破旧，意识到有倒塌的危险，地震时急忙外出避难。

第七是社会属性。例如，女性比男性更加容易认识到危险，从而实施避难行动。而高龄者避难率较低（Mileti, Dabek 161

& Haas 1975，浦河冲地震、大阪市仓库火灾）。此外少数民族团体的避难率也较低（Drabeck 1986，Sorensen 2006）。

六、与决定实施避难有关的因素

在人们感觉到了危险进而实施避难行动时，还会受到其他因素的干扰。与决定、实施避难有关的因素首先是是否拥有交通工具和避难场所。人们在遭遇危险时，如果没有自驾车等移动工具，或者距离避难场所较远都会阻碍避难。现如今是老龄化社会，很多老人并不拥有车辆等交通工具，遇到灾害时需利用出租车、消防车，或者靠町上的公车进行转移。垂水市建立了在紧急状况时征用 40 辆公用车辆转移群众的体制，该对策值得其他地区效仿。

又如在 2003 年十胜冲地震中，当地人对危险的认知能力较强，同时具有丰富的防灾知识，避难所的位置也较近，这些都提高了避难率。（表 6–4）

表 6–4　危险性、灾害知识、避难所与避难率
（2003 年十胜冲地震　东京大学调查）

停留在原地是否感觉到危险 X2<0.001	非常危险	危险	有些危险
	88.1	72.3	55.8
剧烈摇晃时绝对应该马上去高处避难 X2<0.001	赞成	基本赞成	不赞成
	69.7	56.2	34.8

续表

附近有躲避海啸的避难场所 X2<0.001	有	没有	不知道
	60.5	48.2	22.0

第二是避难计划。事先确认好避难场所、避难路线，准备好避难时的行李也会提高避难率（Perry, Lindell&Greene 1980）。例如在海啸危险地区，有人在发生地震后开车去高处的亲戚家避难，甚至还在手提箱里准备好了日常换洗的衣物（如2003年十胜冲地震）。这些计划及习惯促进和提高了避难的成功率。

第三，灾害中存在体弱残疾者。体弱或残疾人士会在一定程度上影响到避难行动的开展（北海道西南冲地震）。在医院、老人院、监狱等设施里的人，移动工具和避难场所难以得到保证，避难行动会受到阻碍。但是，出于保护孩子的原因，有孩子的家庭避难率相对较高。

第四，家人的集合情况。家人都希望一起避难，所以当家人不齐的时候会阻碍避难。这在美国比较常见，因为美国人有时需要长距离开车躲避飓风。执意要与家人一起避难的想法会阻碍海啸发生时避难行动的实施。因此在三陆地区就流传着“海啸来时各自散”的说法，意思是为了避免全家人死伤，建议在海啸时家里人各自逃命。

162

第五，灾害文化也与避难行动相关。“海啸来时各自散”就属于灾害文化，“海啸爆发时，丢弃一切欲望迅速逃跑”、“海啸避难时，沿着河岸逃跑是危险的”等一系列传承下来的说法也会有效地促进避难行动。

第六，宠物。宠物的存在会拖延避难，扔下宠物独自避难的主人仍会一直想回家带出宠物。因此，美国的联邦应急管理局为了提高实际避难效率，会劝告大家带上宠物避难（Sorensen 2006）。有调查（Whyte 1980）显示，同是宠物，狗几乎都被带出来了，而猫却只有半数以下被带出。找寻宠物、安顿宠物会导致避难行动被延误。

现实情况中还存在其他阻碍避难实施的因素，例如灾害发生时，有些人由于工作关系而不能立刻与家人一起避难，我们称之为“职责牵绊”。此外听天由命之类的命运论也会阻碍避难（广井 1986，Sims&Baumann 1972）。还有些人已经外出避难了，但为了农活或为了回去取重要的东西，又再一次进入危险区域（再次入场），导致避难不充分。

七、社会性因素

在社区活动多、居民参与度高的地区，避难率较高。在有着紧密人际关系的区域，消防队及地方政府呼吁大家采取避难行动是决定人们是否会避难的决定性要素。相反在城市，这样的呼吁发挥不了作用，避难率低下。

如果市町村平时就重视防灾活动，在日常防灾训练及居民说明会上进行普及的话，会促进避难行动的实施。

其他因素还包括亲戚朋友之间的联系紧密度。在发生灾害时，人们会督促住在附近的亲戚朋友到自己家来避难。另外家人也是一个重要因素，家里一部分人希望避难的话会促进其他人也实施避难。那些需要救助的人，如果有家人的帮助的话，也能采取避难行动。

以上与避难相关的各因素可以总结为表 6-5。很多因素都与避难相关，但是实际可操作的、有利于促进避难的因素却并不多，这些因素包括改善灾害警报的内容及传达方式，163 强化居民防灾意识，提供避难场所及运送手段，将地区的活动与防灾联系起来等。

表 6-5　促进及阻碍避难的因素

1. 促进、阻碍危险认知的因素	① 灾害性质（可视性、可预测性） ② 灾害警报的有无、内容、传达媒介 ③ 灾害经验（经验的正功能、反功能） ④ 正常化偏见 ⑤ 灾害知识、灾害文化 ⑥ 脆弱性的认知（自家的海拔、房屋的陈旧、距危险的距离） ⑦ 社会属性
2. 促进、阻碍避难的决定与实施的因素	① 有无移动工具、避难场所 ② 有无避难计划、避难习惯 ③ 有无体弱者的存在 ④ 家人的集合情况 ⑤ 灾害文化 ⑥ 有无宠物的存在 ⑦ 其他（灾害时间、职责牵绊、灾害观念、重回危险区域等因素）

续表

3. 促进、阻碍社会因素的因素	① 社区的活力与联系紧密度 ② 防灾机构（市町村、消防等）的准备、资源 ③ 其他（亲密的亲戚、朋友关系、家人的存在）

【参考文献】

Drabek, E., 1986, *Human System Responses to Disaster. An Inventory of Sociological Findings*, Springer-Verlag.

Drabek, E., 1969, Social Process in Disaster: Family Evacuation, *Social Problems*, Vol. 16 No. 3, pp. 336–349.

廣井脩，1986『災害と日本人』時事通信社。

Mileti, D. and Sorensen, J., 1988, Planning and Implementing Warning Systems. Lystad, M ed., *Mental Health Response to Mass Emergencies: Theory and Practice*, pp. 321–345.Brunner/Mazel.

三上俊治，1982「災害警報の社会過程」東京大学新聞研究所編『災害と人間行動』東京大学出版社，pp. 73–107.

Mileti, Dennis S, T. E. Drabek and J. E. Haas, 1975, *Human Systems in Exreme Environments*, Boulder, Colorado: Institute of Behavioural Science, University of Colorado. (Drabek 1986).

Perry R. W., 1978, A Classification Scheme for Evacuations, *Disasters* 2, pp. 169–170.

Perry, Ronald W., M. Lindell&M. Greene, 1980, *The Implications of Natural Hazard Evacuation Warning Studies for Crisis Relocation Planning*, Battle Human Affairs Research Center. (Drabek 1986)

Quarantelli, E. L., 1980, Evacuation Behavior and Problems: Findings and Implications from the Literature, Disaster Research Center, The Ohio State

Univresity. Miscellaneous Report No. 27 (http://dspace. udel. edu: 8080/dspace/bitstream/19716/1283/1/MR27.pdf).

Sims, J. H. and D. D. Baumann, 1972, The Tornado Threat: Coping Styles of the North and South, *Science* 176: pp. 1386–1392.

Sorensen, J. H. &Sorensen B. V., 2006, Community Process: Warning and Evacution, H. Rodriguez, E.

L. Quarantelli, R. R. Dynes eds., *Handbook of Disaster Research*, Springer.

田崎篤郎，1986「災害情報と避難行動」『災害と情報』，東京大学出版社，pp. 273–299。

田崎篤郎，1988「火山噴火・水害時における避難行動」安倍北夫・三隅二不二・岡部慶三編『自然災害の行動科学』福村出版，pp. 75–84。

Whyte A., 1980, Preliminary Report on *Survey of Household Evacuted during the Mississauga Chlorine Gas Emergency November*, 10–16, 1979.Toronto: Emergency Planning Project, Institute for Environmental Studies, University of Toronto. (http://uscgislab. net/incEngine/sites/gis/information/PRELIMINARY_REPORT_I. pdf)

（中村功）

164 第二节　灾害警报的发布与传达

一、迅速发布灾害警报

为了使灾害警报发挥作用，在以下三个阶段均须取得成功，即 1. 对灾害发生前的预兆进行判断并发布灾害警报；2. 向居民传达警报；3. 居民对警报有所反应。防灾机构承担着发布和传达警报的职责，而让市町村发布避难公告和避难指示仍然存在困难，他们有时并没有在必要时发布指示或者延迟发布指示的时间。

例如，在 2004 年纪伊半岛冲地震发生时，防灾机构向沿岸的 42 个市町村发布了海啸警报，但其中只有 12 个市町村向居民发布了避难公告。另外，在 2004 年的新潟·福岛暴雨水灾中，中之岛政府直到河水泛滥才发布了避难公告。

要迅速发布避难公告和指示，需要对各类信

息进行必要的收集和判断。收集信息时遇到的第一个问题是信息的泛滥。比如，大雨时会有大雨警报、塌方警戒警报、大坝放流警报、洪水警报等，这些警报不断地通过传真传递进来，有时工作人员们忙于应对灾害，没有注意到这些警报。因此传达重要信息时，直接打电话给负责人或主要干部是很关键的。在 2004 年 23 号台风灾害发生时，大坝的管理者直接打电话将洪水的危险性报告给了丰冈市市长，从而使政府及时发布了避难公告。

第二个问题是现场信息的收集。例如，如果有消息称市内已进水或者某处塌方了，就必须立即判断是否需要发布避难公告。这类信息大多由市民通过 119 报告进来，此时需要政府工作人员、消防队、市民、周边地方政府等有组织地收集信息。此时，还可以有效地利用邮件、手机彩信、热线电话等手段。

另外，做出判断时，最重要的一点就是充分利用重要信息。165 尤其不要忽视海啸警报、塌方灾害警戒信息、大坝“但书操作”（使大坝的流入量和流出量持平的操作）的预告。

第二，收到危险信息时，应该马上设想到事态的严重性。需要特别注意避免产生惯性思维，认为此次情况与以往类似，产生“正常化偏见”。比如 2007 年的新潟县中越冲地震时，原子能发电所发生了火灾，收到通报的负责人认为在同一个发电所以往偶尔也发生过小火灾，此次应该也不例外，当第二天看到电视知道火灾引发了浓浓烟雾时他才大惊失色。

第三，不要因为害怕引起灾前恐慌而向公众隐瞒危险性。

比如长野县地付山滑坡及1980年大阪市仓库火灾时，当地政府因为害怕引起恐慌而犹豫是否发布避难公告（田崎1986）。此外在1983年三宅岛火山喷发时，政府机关也没有发出火山性微动的临时火山信息，1991年云仙火山喷发时，当地政府担心引发混乱，对外公布是“小规模的火山碎屑流”，而实际情况是已爆发了火山碎屑流灾害。在接下来的第三节中，我们将提到灾害前为何不会发生大规模恐慌，政府大可不必有这种“顾虑”。

第四，需要将公告具体标准化。在东海暴雨水灾及新潟福岛水灾时，由于没有明确公告标准，以致政府没能迅速发布指示。根据这些经验，对于公告应该进行以下的具体化操作。例如，三条市规定，在达到以下任一标准之时就发布“河水突破警戒水位，有可能引发洪水”的警报公告：1.荣地区三小时内雨量在120mm以上；2.割谷田川大堰水位在16.5m以上，并且栃尾的累计雨量达到220mm以上或者三小时内雨量达到130mm以上；3.割谷田川大坝预告“但书操作”。

第五，发布指示权限的移交及其自动化。虽然只有该地区的最高行政领导才有权进行避难公告的发布，但领导未必是灾害专家，也无法24小时在职在岗。所以应将发布指示的标准具体化，并将权限转交给防灾负责人、消防署、办事处等，甚至可以实行自动化发令，例如一部分地方政府规定，发出海啸警报的同时自动播放避难公告的广播磁带。

二、有效信息

发布的公告必须传递有效的信息，有效的信息首先要具体，越具体的警报越被人们所信赖，越能够使人感觉到危险（Perry, Lindel&Greene 1982）。相反，如果信息模糊、场所不明，则会让人忽视危险性或认为自己身处危险区域以外（Perry, Lindel&Greene 1981）。比如大阪市仓库火灾时发出的避难公告没有说明对象区域，造成居民反应迟缓。还有三岛市误报了警戒宣言，居民们不明白警笛的意思，从而失去了对信息的信赖。又如在发布海啸警报时，政府经常会呼吁"沿海居民请到海拔高的建筑物内去避难"，实际上应该告知具体的对象区域和避难场所。 166

此外，公告的紧迫感也很重要。23号台风之时，丰冈市的无线电广播播报得不紧不慢、没有紧迫感，导致居民们没有意识到危机的降临。后来通过反省，当地有人提出"不要用有条不紊的声音，而要用带有紧迫感的声音来播报"、"市町村长亲自播报更有效"、"发布避难公告时补充这是'紧急播报、紧急播报'"、"重要事项重复播报两次，第一次播报时语调要抑扬顿挫，第二次播报要让大家听得清楚、真切"、"突然间听到避难公告，人们是不会采取避难措施的，公告之前要不时播报危险正在逼近等信息"（水灾峰会实施委员会事务局编 2007）。

通过反复呼吁可以增加居民的危机感，促使他们采取避难行为。例如北海道西南冲地震时，熊石镇一晚上持续播报海啸警报，以防备第二次、第三次海啸的到来。另外，在外国人居多的地方，需要用外语或口语化的日语进行呼吁。例如不要播报“现在发布海啸警报，沿海居民请到海拔高的建筑物内去避难”，而要说“大的海浪正在靠近，请在海边附近的人逃到高一点的地方”。

三、完善传播手段

避难公告必须迅速传达至居民，但很多情况下并没有做到这一点。比如2004年新潟·福岛暴雨水灾爆发时，政府虽然发出了避难公告，但由于缺乏传达媒介，很多居民都没有接收到避难公告。一般来说，传达防灾信息的媒体有“主动型媒体”和“被动型媒体”。前者是以接收者主动接收信息的形式 167 来传达信息，而后者则是一种强制性传达的媒体。主动型媒体主要有网络、广播，被动型媒体有无线电广播、电话、手机短信等。在发布避难公告时，后者的作用更加显著。

说到被动型媒体，首先要举出的是无线电广播（防灾行政无线电），这是一种通过市内的喇叭及安装在室内的接收机向居民传达防灾信息的媒体。截至2007年，有75.2%的市町村引入了这种设备，在以往的灾害中有效地发挥了作用。比如北海道西南冲地震发生时，在熊石村有93.2%的居民听到了海啸警报，传达海啸警报最有效的手段就是无线电广播（图6-2）。另外在2004年丰冈水灾中，很多人正是由于听到了避难公告而采取了避难措施（51.9%），其中大部分人是通过无线电广播（或接收机）获悉避难公告的（图6-3）。

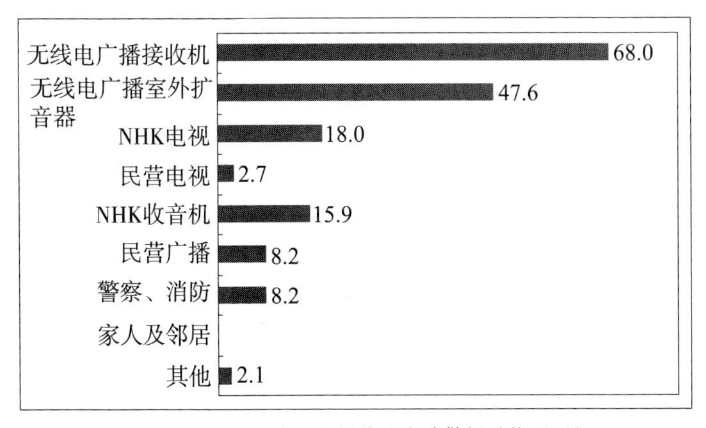

图6-2　通过无线电广播传达海啸警报（熊石町）

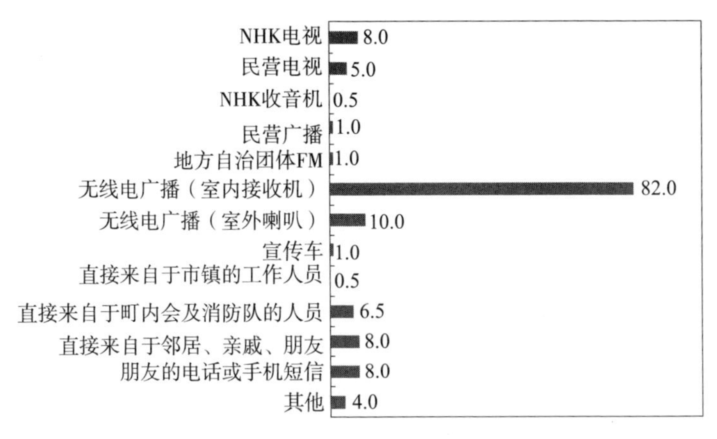

图6-3　获取避难公告的手段（丰冈市）（东京大学调查）

但是无线电广播也有其局限性，如下雨时很难听清室外扩音器的声音，而且其配备成本较高。最近有些地区利用地方自治团体 FM 广播来替代无线电广播，播报“紧急通知 FM 广播”，其价格低廉，可以代替室内的接收机使用。

近几年，很多地方政府采用通过手机短信发送防灾信息的方式。虽然注册使用这种手机短信的人数较少，有时短信还会发生延迟，但也是对无线电广播的一个补充。

168

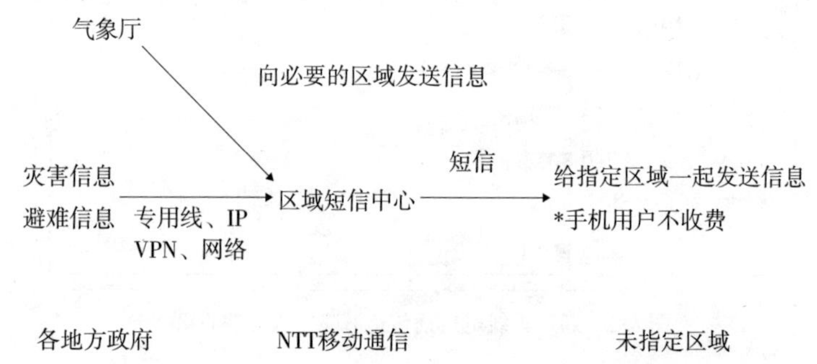

图 6-4　手机区域短信服务（来自 NTT 移动通信主页）

最近，手机出现了一种区域短信服务（Cell Broadcast Service，CBS），这是一种向位于某个发射站区域范围内的所有手机一起发送紧急地震预报及国家、地方灾害信息的服务。虽然发送的内容是和短信一样的文字信息，但由于使用了调控信号，不会造成信息的延迟。不同的发射站可以发送不同的信息，因此能够更加细致地进行信息的传达，同时还能够设定所有末端的收信人，人们不需要注册。只需更换成特定型号的手机，设定好接收信息的模式，也不需要花费太多的费用就能接收到信息，因此普及前景广阔。

另外，电视、收音机等虽然算不上被动型媒体，但一直以来作为灾害信息传达的手段发挥着一定的作用，特别是对气象警报及海啸警报的传达颇为有效。相对于由各地方发出的避难公告，由于广播是以县（或广范围区域）为单位发送的，因此还无法做到更加细致的播报。地上数码电视以邮编为单位，适合播放更加详细的、有针对性的信息，所以地方政府和广播局平时应该加强合作，以便积极有效地播报避难公告。

169

此外还可以通过消防人员和警察的登门告知、宣传车的宣传等来传递信息，个别走访告知也是很有效的手段之一。在2005年14号台风塌方灾害发生时，很多人正是听到了消防、警察直接呼吁避难而采取了避难行动，提高了避难率（图6–5，图6–6）。当然，宣传车无法行驶到遭水淹的区域，居民很难听到行驶过程中的广播，这也是一个亟待解决的问题。而通过电话进行联络需要花费一定的时间和人力，可能会出现漏打电话的情况。

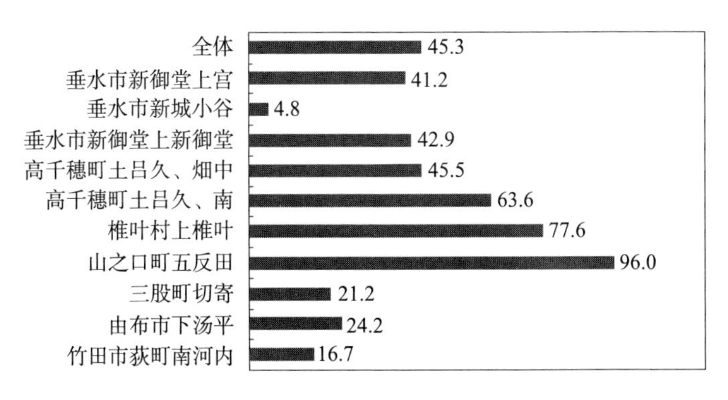

图6–5　各地区的避难率

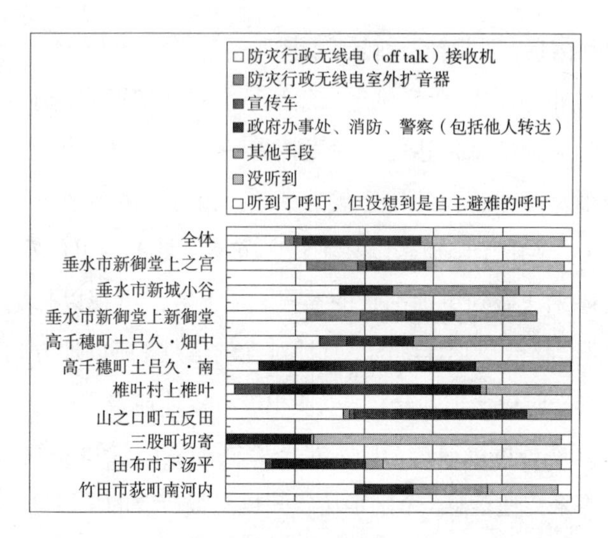

图 6-6　获知避难呼吁的手段（东京大学台风 14 号调查）

总之，避难公告的传达要根据灾害的形态和居民的状况采取不同的有效手段，任何手段都不是万能的，关键在于动员所有的媒体，进行综合利用。

【参考文献】

Perry, Ronald W., M. Lindell&M. Greene, 1981, *Evacuation Planning in Emergency Management* (with), Lexington, , Massachusetts: Heath-lexington Books(Drabek 1986).

Perry, Ronald W., M. Lindell&M. Greene, 1982, Crisis Communications: Ethnic Differentials in Interpreting and Acting on Disaster Warnings, *Social Behavior and Personality* 10(No. 1), pp. 97–104.

水害サミット実行委員会事務局編，2007『被災地からおくる防災・減殺・復旧ノウハウ——水害現場でできたこと，できなかったこと』ぎょうせい。

（中村功）

170

第三节　避难及居民的心理

一、不逃难心理

是不是只要恰当地发布了灾害警报，人们就会迅速避难呢？事实并非如此。有时人们接收到了避难警报也未必会迅速采取避难行动，往往存在不避难的倾向。

德瑞贝克（1986）在灾害研究的基础上指出居民对灾害警报的反应一般为不相信（disbelief）或否定（denial）。接收到警报的人的典型反应是先确认信息的真实性，以“静观其变”（wait-and-see）。

在日本经常看到这种例子。比如长崎发生水灾的当天夜里，街道上挤满了人，虽然长崎市内洪水已经漫过了膝盖，人们却并不惊讶，而是盲目乐观地认为水不久就会退去（高桥和夫等1987）。

2004年23号台风引发水灾时，在听到避难公告的居民中，仅有20.5%的人感觉到“有危险，必须马上避难”，而认为自己没有危险的人占了一大半（图6-7）。

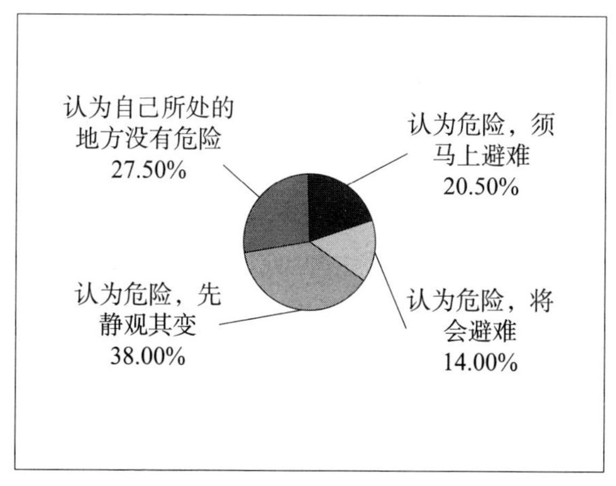

图6-7　听到避难公告时的意识

资料来源：台风23号丰冈市东京大学、东洋大学调查

即便在避难率较高的火山喷发时，某些人也存在轻视事态发展的侥幸心理。比如1986年伊豆半岛火山喷发时，很多居民甚至一边撑起伞或用头巾护住脸颊以躲避猛烈的火山灰，一边靠近火山口欣赏火山喷发。

二、正常化偏见

171

这种心理在灾害社会学上被称为正常化偏见（normalcy

bias)。这是一种“将来自于周围环境的信息放到日常生活的判断框架中进行理解，不视其为危险的一种态度”（三上 1982）。比如火灾报警器响起时，我们是不是也会以为是警报器“发生了故障”呢？报警器的报警声通知我们发生了火灾，而我们往往不加确认地就曲解为警报器故障。这种态度过于乐观，常将自己置身事外。广井（1988）指出，正常化偏见会导致完全无视危险信息，认为“没有什么大不了的”、“无大碍”、“我肯定不会有事”等。

“正常化偏见”的起源还不清楚，只是在上世纪50年代由弗里茨（Fritz）将其作为一种现象提出，70年代麦露奇（Mcluckie）为其命名，之后由特纳（Turner）介绍到了日本。弗里茨指出，“人们经常很晚才会认知到危险，原因之一就是人们倾向于把灾害的迹象同普通（familian）的或正常（normal）的事象结合在一起考虑”（Fritz&Williams 1953, p.43）。特纳还指出，“人们的反应来自于‘normalcy bias’（McLukie 1973, p.22），这是人类的一种普遍倾向，即不相信警报，更容易轻易接受能够将危险最小化、使状况变得乐观的信息”（Tuener 1976, p.182）。同样的观点在特纳参加的美国科学协会（日译 1976）的研讨会时也曾提到过。

正常化偏见未必是由理论构成的概念，也可以说是一个描述一系列现象的词语。正常化偏见受以下几种心理因素影响：

第一，对危险信息持不相信（debief）、拒绝（denial）的态度。弗里茨和德瑞贝克很早就指出了此种反应。比如平冢市误报警戒宣言而引起骚动的时候，居民对于广播播报的东海地震并不相信，这一类的事例很多。要解决这一问题就要避免突然播报危险信息，而要在灾害发生之初就进行信息传达，并说明发出警报的理由。第二，乐观的态度。广濑（2006）认为，影响危险认知的因素之一是"乐观主义的偏见"，这也是伴随着正常化偏见出现的一种态度。解决这一问题的关键是让人们知道灾害的恐怖和异常性。平时要通过以往的灾害录像向人们传达灾害的恐怖性和破坏性。灾害发生时，尽早将附近的泛滥和塌方的情况传达给人们，并通过无线电广播反复播放，同时强调当下的情况与平常不同。第三，知识的缺乏。在日本海中部地震时，人们不懂得"地震会引起海啸"这一常识，很多人在海岸发生地震后仍没有意识到危险。因此进行日常防灾教育就显得十分重要。第四，旁观者心理。有时人们虽然知道发生了重大灾害，但认为与自己没关系而不采取避难行为。泽伦森（2006）将这种灾害警报在具体个人身上的失败称为"自我丧失感（depersonalization）"。因此在向个人发出避难公告的同时，还需要通过危害地图、灾害说明会、发放传单等方式让居民提前知道自己家处于危险之中。第五，行动的消极性，也就是收到了危险信息仍置之不理、不采取任何行动。德瑞贝克（1986）所说的"静观其变”（wait-and-see）的态度就属于这一种。这时就需要通过邻居的帮助，让他们知道避难所里已经有人在避难了，以此来督促那些不愿避难的居民。第六，继续平常行为的倾向。比如在阪神大地震发生后的当天早晨，不少人仍然想要像往常一样去上班。詹尼斯（Janis）和曼（Mann）（1977）将对警报置之不理、仍然继续日常活动的行为称为非干扰性惰性（unconflicted inertia）。这些因素都是影响避难行为的消极因 173 素，这就要通过演习来使避难行为例行化。第七，“狼来了效应”。如果总是出现误报警报的情况，人们会形成正常化偏见（Donner 2007），而正常化偏见会引起人们对反复警报的无视（广井 1988）。

三、“狼来了”效应

“狼来了”效应（Cry wolf effect）是指预告的灾害实际并没有发生，这种情况反复出现的话，以后没人会再相信灾害警报了。比如长崎水灾发生之前政府发出了大雨洪水警报，但对此深信不疑的人不到听到警报的人的三成。这是因为长崎政府在灾害前的两周时间内已发出了四次大雨洪水警报，但一直都没有发生任何灾害。警报是“对有可能发生的重大灾害进行的警告和预报”，如果灾害没有发生的话，有可能被认为是“误报”。现在大雨洪水警报在每个地区的发布也有所不同，很多地方一年中会发出 10 次左右的警报。从 2005 年至 2007 年的三年内，“东京西部 23 区”分别发出了 7 次、2 次、8 次灾害警报，“横滨、川崎”则是 9 次、13 次、13 次。如此频繁地发出警报，难免会受到人们的忽视。同样的情况在火灾预警器的误报中也常出现。

但是，误报未必总会引起“狼来了”的效应（Sorensen 2006, Drabek 1986）。一般情况下，居民对误报仍持宽容的态度。比如，1985 年意大利发出了地震警报，最后却是虚惊一场，然而很多居民仍然对警报的发布给予了正面评价，表示下一次听到警报仍会采取避难行动（国土厅 1985，广井 1988）。在北海道沿岸，2006 年、2007 年政府连续发出了海啸警报，当地居民也表达了同样的想法。

要解决这一问题，首先就是尽量不要发生误报，但如果一味担心误报，又有可能导致未发出必要的警报。我们可以借鉴气象警报或海啸警报时的经验，将发布区域细分化，减少居民“行动落空”的情况。第二，细分警报等级。布雷斯尼茨（Breznitz）（1984）认为，在灾害后期取消警报所引起的误报后果较大，因此需要将警报等级细分化，以避免在最终阶段误报。比如政府可以在发出东海地震预告信息的同时附加注意信息和观测信息等，这也是细分化的方法之一。第三，采用等级高于警报的“特级警报”。如“塌方灾害警戒信息”就 174 是在大雨警报的基础上强调“发生过去几年间最大的塌方灾害的危险性正在增加”。第四，发生误报时要充分解释原因。对飓风灾害的研究表明，如果人们了解了灾害的不确定性和误报的原因，即使发出错误警报也不会妨碍将来的避难行动（Baker 1987）。布雷斯尼茨（1984）也指出，通过解释误报的原因并加以改善，能够挽回人们失去的信任。

四、恐慌神话

社会心理学认为，恐慌不是指单纯的心理恐惧，而是指人们集体逃离（或获得）的行动。灾害时受正常化偏见作用的影响反而不易发生恐慌。在灾害社会学里，克兰特利（Quarantelli）等人的研究小组（Fritz 1954）早已指出，灾害时很少发生大的恐慌。克兰特利和达因（Dynes）（1972）指出，所谓灾害时容易出现恐慌其实这并非事实，大众媒体的宣传加剧了人们的恐慌心理。

在我国，虽然也有诸如关东大地震时很多人为了躲避服装总厂发生的火灾而涌向出口的事例，但在近年的自然灾害中则没有发生过这种恐慌的情况。

发生恐慌有三个条件：1. 存在明显的危险；2. 逃生出路（资源）有限；3. 秩序混乱，只要不同时具备这三个条件就不会发生恐慌。比如 1983 年三宅岛火山喷发时，火山喷发后仅两小时熔岩流就逼近阿古地区，阻断了人们唯一的退路，但人们并没有发生恐慌。在行政人员的指挥下，人们依然遵守规矩，避难行动井然有序。

需要特别注意的是，谣言可能成为引发避难骚乱的导火线。云仙普贤火山喷发灾害中，人们听信了“眉山即将倒塌”的谣言，引起了混乱。在苏门答腊地震中，有人造谣声称海啸还将来临，在印尼各地引起了避难骚乱。

五、经验的反作用

已有的灾害经验往往会阻碍避难行动的实施，起到相反的作用，这一现象需要我们特别加以注意。比如在北海道西南 175 冲地震的过程中，日本海中部发生地震，很多人认为从地震到海啸来袭还会有一段时间间隔，因此逃离速度缓慢，甚至有人因回去取东西而遭遇了海啸。在 2003 年的十胜冲地震中，由于上一次地震时避难时间充裕，所以地震发生时甚至还有人乘船出海。在 23 号台风水灾及 2006 年暴雨水灾时，很多人以过去的水灾水位为判断基准，盲目轻视事态而延误了避难。

人们总觉得“历史总是以同样的形式重演”，因此如果灾害比以往规模小的话尚可，但当遭受大规模的、急剧性的灾害的话，灾害造成的损失就会扩大。广濑（2006）将包括正面经验在内的影响称为“经验偏见”，指出如果新的事态与以往的经验不同，其中就会存在危险性。解决对策是进行科学的模拟试验，告知居民以往最大灾害的历史和其他地方的重大灾害情况，告诫人们与上一次完全不同的灾害是有可能发生的。

六、说服的特征与满足对象需求

大众传播效果研究表明，那些能够促进避难的信息传达具备说服性交流的特征。研究表明，大众传播能有效影响人们的认知，而个人传播的方式则对改变人们的态度及行动十分有效。拉扎斯菲尔德（Lazarsfeld）（1944）认为，个人传播的方式甚至能够影响对此不感兴趣的人，可以根据对方的态度灵活改变对策，人们往往信赖身边的信息源，说服时可以说“你不接受没关系，但一定要……”，这也适用于说服人们采取避难措施。

说服研究表明，根据对象的不同而改变说服的内容是很有效的。如果能够根据房屋的危险性、避难场所、避难路径、有无移动手段、有无体弱者等情况，采取有针对性的说服方式的话，灾害警报会变得更加有效。比如，利用区域短信向手机发送信息，“您现在所处的～市～町附近发出了避难公告，有发生海啸的危险，请大家马上避难。附近的避难所在～小学，地图请点击这里”。这就是所谓的灾害信息要满足不同对象的需求，这是今后值得研究的课题。

176

【参考文献】

Bsker, E. J., 1987, *Evacution in Response to Hurricanes Elena and Kate*, Unpubished draft report.

Florida University (Sorensen 2006).

Breznitz, S., 1984, *Cry wolf: The Psychology of False Alarm*, Lawrence Erlbaum.

Donner, Willian, R., Rodriguez H. and Diaz W., 2007, Public Warning Response Following Tornadose in New Orleans, L. A, and Springfield, MO: A Sociological Analysis, A Paper presented at The 87th AMS Annual Meeting(San Antonio TX) http://ams. confex. com/ams/pdfpapers/120774.pdf.

Drabek Tomas E., 1986, *Human System Responses to Disaster: An Inventory of Sociological Findings*, Sringer-Verlag.

Fritz, C., E. and Marks, E. S., 1954, The NORC Studier of Human Behavior in Disaster, *The Journal of Social Issues* 10(NO. 3), pp. 26–41.

Fritz C. E. and Williams H., 1957, The Human Being in Disaster: A Research Perspective, *The Annals of the America Acadermy of Political and Social Sciences*, 309, pp. 42–51.

Janis, I. L and Mann, L., 1977, Emergency Decision Making: A Theoretical Analysis of Responses to Disaster Warnings, *Journal of Human Stress* 3(June) pp, 35–48.

国土庁，1985『イタリア北部における地震警報に関する調査報告書』。

三上俊治，1982「災害警報の社会過程」東京大学新聞研究所編『災害と人間行動』東京大学出版社，pp. 73–107。

高橋和夫・高橋　裕，1987『クルマ社会と水害』九州大学出版社。

廣井　脩，1988『うわさと誤報の社会心理』日本放送出版協会。

広瀬弘忠，2006「リスク認知と受け入れ可能なリスク」『リスク学事典』阪急コミュニケーションズ，pp. 268–269。

Lazarsfeld, P. F., Berelson, B., 1944, *The People's Choice: How the Voter Makes Up His Mind in a Presidential Campaign* (時野谷浩ほか訳, 1987『ピープルズ・チョイス』芦書房)。

McLuckie, B., F, 1973, The Warning System: A Social Science Perspective, National Oceanic and Atmospheric Adminisreation, United States Departmenr of Commerce, U. S. Government Printing Office.

Quarantelli, E. L, and Dynes, R. R., 1972, *Images of Disaster Behavior: Myths and Consequences*, Columbus Ohio: Disaster Research Center. (http://dspace.udel. edu: 8080/dspace/bitstream/19716/375/3/pp5.pdf)

Tuener R. H., 1976, Earthquake Prediction and Public Policy: Distillations from a National Academy of Sciences Report [1], *Mass Emergencies* 1, pp. 179–202.

National Academy of Sciences(U. S.), 1975, *Earthquake Prediction and Public Policy*(アメリカ・科学アカデミー編, 1976『地震予知と公共政策—破局を避けるための提言』井坂清訳, 講談社).

Sorensen, J. H. &Sorensen B. V., 2006.Community Process: Warning and Evacuation,

H. Rodriguez, E. L. Quarantelli. R. R. Dynes eds., *Handbook of Disaster Research*, Sringer.

（中村功）

第七章　灾害时的宣传与大众媒体的应对

第一节　面向受灾地居民的宣传

第二节　灾区如何应对大众媒体

第三节　网络的利用

第一节　面向受灾地居民的宣传 178

一、面向受灾居民的宣传

灾害发生后，在受灾区域，居民在感受到生活不便的同时，也产生了对各种信息的需求，包括灾害的情况、饮用水及物资的供应情况、道路及交通设施等的恢复情况、地方政府及公共机构的应对情况等，其中特别需要了解的是受灾区域的生活信息。为了满足受灾区域居民的需求，区域的地方政府及公共机构需要向居民介绍详细的信息。然而根据以往的情况，很多宣传系统和机构由于受灾而不能顺利地开展工作，无法满足人们的信息需求。我们在讨论灾害时宣传手段、宣传媒体的性质及其问题的同时，还要考虑向受灾区域进行宣传的可行性方式。

二、宣传手段、宣传媒体及其特征

关于宣传方法、宣传媒体的一般特征，我们以广井（1982）、松村（1988）、三上（1986）、宫田（1986）等人的研究为基础进行讨论。

首先，媒体形式大致可分为电波、通信媒体及书面媒体。电波、通信媒体以电视、广播、网络、无线电（同步通报用的无线电广播“防灾行政无线电”）、有线广播等为代表，书面媒体包括报纸、杂志、宣传简报、传单、海报等。电波、通信媒体可以同时迅速地向大范围内的多数人传达信息，具有同时性和速报性。但由于传达的信息是一次性的，人们可能会漏看、179 漏听，而且人们能否接收到这些信息也存在较大的偶然性。网络能够确认接收者是否接收到信息，不存在暂时性和偶然性的问题，但一般人对网络的接触率不高，而且网站的种类繁多，信息量过大，人们很难在短时间内消化吸收。

书面媒体在同时性、速报性等方面不如电波、通信媒体，但在暂时性和偶然性方面具有优势，并且容易保存和搬运，同时还能根据需要反复进行信息确认，不会让阅读者产生误解。书面媒体中最具代表性的是宣传简报和传单，其制作方法较成熟，而且费用低廉，与电波、通信媒体相比，具有发送信息简便的优点。基于以上原因，书面媒体在灾害时传达信息的有效性即便在现代仍然得到大家的认可。此外还有使用扩音器、宣传车等手段，但比起电波、通信媒体，其暂时性和偶然性更强。

按信息传播范围的大小可以将媒体分为广域媒体和狭域媒体。广域媒体指的是面向都道府县及更大范围的地区传递信息的媒体，其典型代表有 NHK（日本放送协会）及民营电视台制作的电视、广播节目、报纸（全国性报纸、街区报纸、县报）等大众媒体。它们是人们日常获得信息时接触率高的媒体，擅长于向多数人传递他们所需的一般信息。但是在受灾范围较广的情况下，广域媒体不能网罗市区町村及其以下区域的所有信息。很多市区町村都依赖各广播局、报社向居民提供信息，但广播局、报社由于受到信息取舍及时间、版面的限制，未必能满足所有的要求。因此，广域媒体无法充分地报道区域内的详细信息。

狭域媒体是向市区町村及更小范围传递信息的媒体，包括地方自治团体 FM 广播、有线电视（CATV）、地方政府宣传简报、无线电、有线广播等。这些媒体对象范围较小，能够向人们传递他们所需的区域内的“细致周到”的信息。但是日常收听、收看地方自治团体 FM 广播和有线电视的人数不多，而且并非所有的地方政府都配备有无线广播和有线广播（特别是个别接收器）。可以说人们对这些媒体（各地域情况不同）接触不多。不仅如此，同其他媒体机构相比，地方自治团体 FM 广播和有线电视在人员、器材等方面不具备优势，采访和处理信息均受到一定的限制。 180

以上述内容为基础，我们将分别介绍媒体的一些具体特征。

（一）电视

这里所说的电视指的是大众媒体，即由 NHK 及民间电视台播报的电视节目。宫田（1986）指出了电视的四个特征：1. 说服性高；2. 接触率高；3. 对象范围广；4. 节目编辑制约性大。“说服性高”是指人们能够通过带画面的信息明确了解受灾情况，容易对情况做出判断。“接触率高”是指电视的普及率高。按照以往的灾害经验，只要不停电很多人都会通过电视获取信息。“对象范围广”是指播放区域广，但内容也会因此而变得抽象和一般化，电视播报更加重视向受灾区域以外的地方传达灾害情况。“节目编辑制约性大”是指在大多数的电视台中，地方台能够自行制作、播放的节目受到规定的制约，很难以某个特定区域的居民为对象传递详细的信息（第 195—196 页）。1995 年（平成 7 年）“阪神・淡路大震灾”以后，尽管人们对上述情况中的部分内容进行了反思，但至今仍没有得到根本性的改变。关于接触率，在 2004 年（平成 16 年）“新潟县中越地震”等最近发生的灾害中，有人就通过汽车导航系统收看到了电视节目。

（二）广播

关于广播的特征，宫田（1986）指出，同样作为媒体，广播和电视有着许多共同点，而广播的显著特性主要有：1. 即时性高；2. 渗透度广；3. 节目编辑自由；4. 接触率低；5. 信息瞬间性五个特点。“即时性”是指可以用较少的器材、人员进行采访、播报，即便在电视难以进行直播的地方也能迅速进行播报。“渗透度广”是指即便停电人们也能收听到广播。“节目编辑自由”是指与电视相比，广播的播放并非面向全国，而多由各广播局自行播放，因此在编排方面可以做到灵活应对，能够及时传递与受灾区域相关的信息。“接触率低”是指平常听收音机的人要少于看电视的人。“信息瞬间性”是指广播的内容难以再次加以确认，而且广播只有声音，比电视更容易产生误解（第196页）。这些特性在今日仍未改变。另外关于渗透度，人们可以一边听广播一边整理房间或开车，有利于“接触到即时信息”。

（三）报纸

关于报纸的特征，宫田（1986）举出了以下四点：1. 较为详细；2. 记录性强；3. 逻辑性强；4. 有利于对长期争论的问题的认识。“较为详细”是指作为书面媒体，报纸能够传达仅靠声音难以全部涵盖的详细信息。“记录性强”是指印刷出来的报刊可以反复阅读。“逻辑性”是指能够有逻辑地传达信息，所以适合于对专业术语的说明、评论及解说。“有利于对长期争论的问题的认识”是指能够通过长时间地连续报道，使读者认识到问题所在以及报道的核心内容（第197页）。另外，报纸是书面媒体，可以随身携带。在1995年“阪神·淡路大震灾”中，许多报纸在版面上特设面向受灾区域的生活信息专栏，发行面向受灾居民的号外，这一做法引起了人们的关注，受到了积极评价，也让人们再次认识到了书面媒体的优势。

（四）有线电视

宫田指出有线电视的特征主要有以下几点：1. 能够灵活编辑节目（自主播报是主流）；2. 对象范围较小（播放区域较小、能够182根据地区的不同传达各种详细信息）；3. 接触率低（加入率低）；4. 渗透度高（容易进行个人层面上的话题交流）（第197—198页），这些特性可以说在今天仍十分突出。只是比起一般的电视台，有线电视的人员、器材较少，在采访、播出信息等方面均受到限制。

（五）地方自治团体 FM 广播

地方自治团体 FM 广播始于 1992 年（平成 4 年），基本上是以市町村或更小的区域为对象，使用超短波（FM）进行广播的电台。在这之前，广播电台的播报对象一般都是都道府县或更大的区域，而地方自治团体 FM 广播使得面向狭小地域的广播成为可能。1995 年“阪神·淡路大震灾”时，人们认识到了面向狭小区域播报信息的必要性，地方自治团体 FM 广播开始受到关注。它有着同电视等电波媒体、有线电视等狭域媒体类似的特性。与一般的广播相比，地方自治团体 FM 广播在即时性及节目编辑的自由度方面有着更加显著的特点。但它的问题与有线电视一样，同其他报道机构相比，地方自治团体 FM 广播的人员和器材较少，这些不足制约了它对灾害信息的收集及播报的内容。

（六）无线电广播、有线广播、电话信息服务

面对区域居民的狭域媒体主要有无线电广播、有线广播、

NTT 的 offtalk 电话信息服务*等。此类媒体的优点是市区镇村、公共机构能够直接或同时向该区域的居民传达信息。而在那些没有实现每家每户都安装单独接收器的区域，仍只能通过室外扩音器传达信息，如果家里门窗紧闭的话，人们很难听到这些信息。若干个扩音器同时开启会产生回声干扰，所以在传达时说话语速要慢。另外，安装了单独接收器的家庭也未必在所有房间都装有接收器，待在没有接收器的房间里时可能听不到信息播报。

（七）宣传简报、传单

183

书面媒体最基本的形式就是宣传简报和传单，包括地方政府发行的印刷物、以避难所为单位制作的手写传单等多种类型。传达方式也多种多样，可以分发到人，或张贴在告示牌上。易于操作且费用低廉，而且信息接收者能够对其进行确认，对于受灾区域的居民来说是一种十分有效的手段。但正是因为容易制作，分发和张贴的宣传简报及传单数量会非常多，这也需要接受者对信息进行整理和确认。

（八）网络

在近几年的灾害中，网络逐渐在信息传达上开始发挥作用。网络兼具电视同时性、说服性的优点和报纸详细性、记录性的优点，以及宣传简报和传单传达信息简单的优点。但人们

* offtalk 电话信息服务指 1988 年由 NTT 最先发起的地域信息放送服务。——译者

对网络的接触仍然较少，同时也很难像看报纸那样从全部信息中迅速查找到所需的信息，再加上很多正式或非正式的网站发布的信息量巨大，其中还掺杂着许多未经确认的信息让人一时难辨真伪，因此利用网络尚存在这些有待解决的问题（详见本章第三节）。

三、信息需求及媒体

接下来我们对灾害发生时产生的信息需求进行具体讨论。表7–1和表7–2是东京大学广井研究室在1995年“阪神·淡路大震灾”的受灾区域进行的问卷调查。表7–1主要围绕地震当日及地震发生一周后的信息需求展开。从地震发生一周后的结果来看，“水电煤气的恢复预期”、“交通及道路的开通情况”、“食物及生活物资状况”、“商店营业状况”、“洗浴信息”等所谓的日常生活设施及交通设施的恢复状况，以及对食品、水、洗浴等生活信息的需求高于地震当天。表7–2主要关注这些信息需求是否全部得到了满足。地震当日回答“信息需求没有得到满足”的人（即回答“不太了解这些信息”和“基本上没能了解到这些信息”的总人数），神户占74.3%，西宫市占55.7%。地震发生一周后，神户有46.8%，西宫市有37.9%。地震发生一周后回答“信息需求没有得到满足”的人的比例小于地震当天，但四成左右的比例仍然不小，可以说人们的信息需求没有得到充分满足。

185

表 7-1 “阪神·淡路大震灾”中受灾区域的信息需求（多选、%）

	神户市（N=699）		西宫市（N=502）	
	地震当日	一周后	地震当日	一周后
地震规模及发生场所	37.1	17.9	28.1	12.0
余震预测	63.1	65.2	65.1	72.5
地震受灾情况	34.0	29.0	31.9	29.9
家人、朋友安否	47.8	28.2	46.8	29.3
火灾情况	23.6	14.6	8.0	3.2
伤员急救及医院接收	9.7	8.9	53.2	5.6
电、煤气、水的恢复预期	31.6	58.5	40.0	66.9
交通及道路的开通情况	21.7	36.9	33.1	51.4
交通堵塞信息	6.6	10.3	7.6	13.1
食物及生活物资状况	19.9	33.2	25.5	33.9
商店营业状况	12.7	19.9	7.2	22.9
医药用品信息	2.7	5.6	3.2	2.2
公用电话的设置场所	9.6	7.3	6.6	2.2
自家的安全性	25.3	30.6	32.9	34.9
应前往何处避难的相关信息	20.2	11.2	15.1	8.6
危险场所信息	12.7	11.4	13.5	11.2
公用厕所信息	4.4	6.0	6.4	5.0
银行、金融相关信息	4.6	9.4	6.8	8.0
工作岗位、学校的信息	5.7	9.6	12.0	14.1
水、食物的配给场所	16.2	30.8	26.5	30.9
洗浴信息	13.3	32.9	18.1	32.9
有关谣言的信息	2.9	1.7	2.2	1.2
住宿设施信息	0.9	1.4	2.8	4.0
其他	2.4	2.0	2.6	3.0
没有想要知道的信息	5.6	4.0	6.4	1.6

资料来源：东京大学广井研究室调查，1995 年，部分摘选

表 7-2　信息需求的满足度（%）

	神户市（N=699）		西宫市（N=502）	
	地震当日	一周后	地震当日	一周后
能够充分满足	1.7	3.6	5.2	5.0
能够满足	20.2	45.9	34.7	54.8
不能充分满足	39.8	33.2	42.0	32.5
基本上不能满足	34.5	13.6	13.7	5.4
其他	0.7	1.0	0.6	0.6
无回答	2.7	2.7	3.8	1.8

资料来源：东京大学广井研究室调查，1995 年

出现这样的结果原因何在？具体来说，何种信息需求没有得到满足？表 7-3 是兵库县福祉部在“阪神 · 淡路大震灾”时做的调查，要求受访者回答是通过什么手段、方法得知调查中所列出的信息的。通过这个调查我们了解到，“供水恢复”、“交通恢复”、“罹难者身份”等信息多是通过电视、报纸等大众媒体得知的。而“供水车”、“物资配给”、“商店开业”等信息则多是通过“小道消息”、“传单”等获知的，有人干脆回答“不知道”，这说明人们难以通过大众媒体获得这些信息。电视、广播、报纸等大众媒体的对象本来就是全国、都道府县等大范围内的民众，信息的接收也人数众多。报社、广播局等在采访、编辑、制作、发送等过程中，由于人员、器材、版面和播放时间有限等原因，涉及的对象及信息会有所限制。因此，大众媒体传递的多为一般性的信息，对象多倾向于能够收集到信息的区域以及受灾显著的区域。大众媒体的优势是善于处理有关日常生活设施、交通恢复情况以及地方政府的应对措

施等一般性的内容。但是在比市区町村更小的街道，避难所需要的信息是有关供水车、物资供给、商店营业等内容。特别是大面积区域受灾时，报道机构很难收集、传递小范围区域的相关信息。有关供水车、物资何时到达何地等的信息就更会受到不确定因素的影响，从而难以把握。即使电视、广播能够向多个街道、避难所传递生活信息，但播放关于某个避难所的内容的时间非常短，那么对于接收信息的居民来说，由于不可能一整天都等待着收看、收听与自己相关的电视和广播内容，所以难以接触到需要的信息。兵库县福祉部的调查结果也证明了大众媒体不擅长处理有关街道、避难所的详细信息。

186

表 7-3　信息的获取方式（多选、N=2014）

	第 1 位（%）	第 2 位（%）	第 3 位（%）
供水车	小道消息（54.9）	无信息（30.4）	自治会（10.7）
物资配给	没有信息（41.6）	小道消息（32.6）	自治会（11.7）
供水恢复	电视（44.6）	报纸（35.8）	没有信息（21.1）
交通恢复	电视（82.2）	报纸（52.9）	收音机（18.3）
商店开业	小道消息（48.7）	没有信息（21.3）	传单（19.9）
相关震灾消息	没有信息（42.0）	小道消息（27.9）	传单（11.2）
罹难者身份等	电视（44.7）	报纸（36.7）	小道消息（15.2）
医院信息	报纸（29.7）	电视（23.7）	没有信息（20.0）
福利	没有信息（30.3）	报纸（27.2）	电视（23.2）

资料来源：兵库县福祉部，1995 年

综上所述，灾害发生时首先会产生各种各样的信息需求，灾害发生时和灾害发生一段时间后人们所需的信息内容也有所变化。其次，大众媒体在获得信息方面不是万能的，不可能收集到人们需要的所有信息。我们必须认识到不同媒体有其擅长和不擅长的领域，在此基础之上探讨满足人们信息需求的方法。再次，必须注意大众媒体在处理信息时既有优势也有劣势。所以，我们应该在意识到上述特征的前提下，研究对策以便满足人们在灾害发生时对信息的需要。

四、灾害案例中的宣传报道

在此我们以近几年灾害发生时的宣传报道为例来研究这一课题。

（一）报纸号外、专题报道

我们都看到过灾害时的报纸号外和专题报道，其多是向受

187

灾区域之外的地区报道受灾情况。但是 1995 年阪神 · 淡路大震灾发生时，各报社都专门设立了面向受灾居民的版面和号外用以刊载灾区的生活信息，这种做法获得了大家的高度评价。在这之后，当发生一定规模的灾害时，各报社都会纷纷效仿。1964 年（昭和 39 年）的新潟地震及 1978 年（昭和 53 年）的宫城县冲地震发生后，电台向受灾区域进行广播，受到了受灾民众极大的关注。从 80 年代开始，就像“新闻战争”这个词所形容的

那样，信息的即时性受到了重视，在这种形势下报纸作为传达信息的媒体在某种意义上显得较为陈旧。但对于受灾区域的居民来说，能够在自己方便时随时通过报纸对信息进行确认还是十分重要的，在阪神・淡路大震灾中，报纸的这种有效性再一次获得了大家的认可。三上、中村对阪神・淡路大震灾时《神户新闻》《每日新闻（大阪本社版）》的专题报道内容进行了分析。他们发现两份报纸虽然刊载了很多交通、咨询、居住、教育、洗浴、志愿者、商店营业等生活信息，但类似已恢复供水和供气的街道名称、房屋数量之类的详细信息较少（三上、中村 1998）。这说明在受灾区域较广的情况下，报纸等大众媒体并不擅长传达街道等狭小区域内的详细信息。

（二）宣传简报、传单

宣传简报和传单历史悠久，1923 年（大正 12 年）发生关东大地震时还没有广播、电视等传媒，报纸是当时大众媒体的代表，但也没能充分发挥作用。因此政府向东京、神奈川发行了宣传简报——“震灾报告”（广井 1987）。在神奈川县土肥村（现在的汤河原町），为了满足居民对信息的需求，村里发行了由村民自己誊写印刷的《村庄报纸》（参考专栏“‘关东大地震’及区域信息——神奈川县汤河原的《村庄报纸》”）。此外，很多报平安的纸张被张贴在上野公园的西乡隆盛塑像上，至今依旧可以看出残留的痕迹（广井 1987）。

在近几年的灾害中，上述媒体受到人们的关注是在阪

188 神·淡路大震灾发生之际。依靠大众媒体难以获得街道、避难所等狭小区域详细的生活信息。为了解决这一问题，受灾区域的地方政府向受灾者发行了宣传简报，在街道、避难所制作了各种各样的传单。三上、中村对此也进行过详细的分析。他们指出传单（三上、中村将其与其他部分报纸号外一起界定为“小范围传播报纸”）除了刊载了报纸上有关咨询、居住、洗浴、医疗、商店营业等信息之外，还应居民的需要，刊载了煮饭赈灾、投币式洗衣机、免费服务、再生利用等相关信息。另外他们也指出，地方政府的宣传简报对政府的救灾对策、住宅、融资、福利等方面的情况介绍得比较详细，但是有关商店、医疗、洗浴、志愿者、举办活动等的信息较少（三上、中村 1998）。这表明主体不同内容也会有所差别。

（三）电视、广播

当发生重大灾害时，电视和广播也能够采取特别报道机制，可以进行 24 小时连续不间断播报。在阪神·淡路大震灾中，神户、大阪的各广播局除了播报受灾情况之外，还播报生还人员信息和面向受灾者的生活信息。但居民们不可能 24 小时时刻收看、收听电视和广播，这就需要广播局、电视台设定特定的时间段，使得居民“在这个时间只要收听收看节目就能得到与受灾者相关的生活信息”。在阪神·淡路大震灾中，NHK 在地震发生四天后，也就是 1 月 20 日开始在神户市市政府内开设了临时演播室，每天早上八点半开始的一个小时内，通过广播集中为受灾者播报生活信息（日本放送协会 2001），此播报方式在之后的灾害中得到了应用。在 2004 年新潟县中越地震中，新潟县内的各广播局在固定时间向受灾者播报信息。表 7-4 是东京大学广井研究室进行的问卷调查，内容有关人们对各报道机构的播报方式的评价（广井 2005）。地方政府并不直接负责电视、广播的播报，而是依靠各广播局，因此双方平时就要制定一套信息交换体制，研究如何开展合作。

表 7-4　对新潟县中越地震中各报道机构所播报的生活信息的评价（多选、%）

	小千古市（N=393）	川口町（N=197）	十日町市（N=308）
NHK 广播定期报道的生活信息	34.1	24.4	39.9
BSN（新潟放送）广播“中越地震信息站”	14.5	15.2	24.7
FM 新潟的生活相关信息	11.7	13.7	12.0
电视播放的生活信息	39.2	32.0	39.6
报纸报道的生活相关信息	54.7	45.2	28.2
全国性报纸地方版刊载的生活信息	13.7	9.6	13.0
地方自治团体 FM 广播	2.0	1.5	8.1
其他	2.3	1.5	1.0
无回答	11.7	23.4	18.2

资料来源：东京大学广井研究室、东洋大学中村研究室、NTT 移动通信社会研究所调查，2005 年

（四）地方自治团体 FM 广播

1992 年 12 月在北海道函馆市开播的“FM 海豚（函馆 FM 189 广播局）”是日本最早的地方自治团体 FM 广播局。1993 年（平成 5 年）1 月在“FM 海豚”成立之初，发生了钏路冲地震，在此过程中，“FM 海豚”自行向函馆地区的居民播报地震信息。继此次地方自治团体 FM 广播首次播报灾害信息（中森 1993）之后，在同年 7 月发生的北海道西南冲地震中，该局也广播了灾害的相关信息（山本 1997）。据日本地方自治团体广播协会统计，截至 2008（平成 20）年 2 月，地方自治团体 FM 广播局已达 216 家。其中很多电台将灾害时传达区域信息作为自己的重要使命，特别是在 1995 年的阪神・淡路大震灾中，地方自治团体 FM 广播发挥了重要的作用。然而由于地方自治团体 FM 广播平常的听众较少（如表 7–4 所示），因此灾害时的覆盖面并不广。

但我们可以通过一些方法来提高其覆盖率。如在 2004 年 7 月的“新潟・福岛暴雨”灾害中，NTT 移动通讯社会研究所在受灾严重的新潟县三条市所做的调查显示，回答“地方自治团体 FM 广播（燕三条 FM）有助于获取信息”的人在“灾害当日”是 18.9%，在“几天后”是 37.0%；回答“地方自治团体 FM 广播非常实用”的人有 30.4%，而这种较高评价在其他灾害中是看不到的（中村 2005）。取得这样的效果是因为三条市拥有能够直接在地方自治团体 FM 广播中插入播报的“紧急插入装置”系统，能够像无线电广播一样使用。另外，在水灾发生的第二天，政府就分发了接收“燕三条FM”的专用收音机，广播局的员工也努力根据居民的需求选取播报内容（中村2005）。下面我想再举一例，即同一年受到10月23号台风侵袭的兵库县丰冈市的地方自治团体FM广播局“FM原始森林”的例子。“FM原始森林”在台风23号肆虐的时候由于发射台停电而一度中止，再次开播后连续一个月播报了与该区域息息相关的生活信息，并向居民解释了市政府传达的“避难指示”、“避难公告”等术语的意思。其广播员不是政府的工作人员，而是具备“播音技巧”的专业播音员。他们的专业播报使居民们感受到了灾害发生时的紧迫感，因此受到了高度评价。从“FM原始森林”的事例我们可以看到，由于预算受限地方自治团体FM广播不可能像一般的广播局那样配备自备发电装置以备停电时使用。因此，如果要将地方自治团体FM广播作为灾害时传达区域信息的一个手段，需要制定应对相应问题的后援体制。此外，政府并不负责传达商店的营业状况等信息，因此需要考虑将地方政府所拥有的无线电广播与区域的地方自治团体FM广播结合在一起，采取有效的形式进行合作（中森2005）。

190

五、结束语

灾害发生时的宣传需要注意的问题主要有以下几点。首先要“充分利用媒体”。可有效利用的媒体会因预算金额、人员等关系存在地区差异。平时就需考虑借助不同的媒体寻找灾害发生时适合该区域的有效的宣传手段。第二要“了解媒体的长处和短处”。媒体不是万能的，有擅长和不擅长的领域，我们要发挥不同媒体各自的长处来进行宣传。第三是“与报道机构的合作”。有的地方政府拥有自己的向区域内传达信息的媒体，但考虑到信息的覆盖面问题，还必须与电视、广播、报纸等报道机构合作。这就需要我们平时就制定好与报道机构之间的合作体制。第四是要“与区域居民、志愿者合作”。在受灾区域，市政府的公共设施也会遭受损失，地方政府工作人员本身也会成为受灾者，此时地方政府191及公共机构的工作能力会显著下降。这需要寻求区域居民、志愿者的协助，制定能够有效收集和传达信息的体制。第五是“信息的取舍与再整理”。灾害发生后，随着时间的推进，各种正式、非正式或者已确认、未确认的信息会大量涌入，信息的处理将非常困难，所以需要根据区域及需求的不同对信息加以整理。不论是政府办公楼还是避难所等地都需要居民和志愿者的协助，以制定对大量信息的取舍、再整理的体制。政府必须在此基础上对灾害发生时“能够做到的事、不能够做到的事”有所认识，努力开展适合本地区的、有效的宣传活动。

【参考文献】

中村功，2005「新潟・福島水害におけるコミュニティーエフエムの役割—燕三条エフエムの例」『災害情報』No. 3，日本災害情報学会，pp. 5–6。

中村功・廣井脩・三上俊治・田中淳・中森広道・福田充・関谷直也，2005『災害時における携帯メディアの問題点』NTT ドコモモバイル社会研究所。

中森広道，1993「『コミュニティ放送』と災害情報——『はこだてＦＭ放送局』の対応と問題」東京大学社会情報研究所「災害と情報」研究会『平成 5 年釧路沖地震における住民の対応と災害情報の伝達』pp. 115–122。

中森広道，2005「平成 16（2004）年台風 23 号とコミュニティＦＭ放送——『ＦＭジャングル』の対応と課題」『災害情報』NO. 3，日本災害情報学会，pp. 7–11。

日本コミュニティ放送協会ホームページ（http://www. jcba. jp/　2008 年 2 月 24 日）。

日本放送協会編，2001『二十世紀放送史』日本放送出版協会。

廣井脩，1982「災害とマス・メディア」東京大学新聞研究所編『災害と人間行動』東京大学出版会，pp. 125–154。

廣井脩，1987『災害報道と社会心理』中央経済社。

廣井脩・田中淳・中村功・中森広道・福田充・関谷直也・森岡千恵，2005「2004 年 10 月新潟県中越地震における災害情報の伝達と住民の対応（１）」『災害情報調査研究レポート①』東京大学・東洋大学災害情報研究会。

松村健生，1988「災害時におけるマス・メディア」安倍北夫・三隅二不二・岡部慶三編『自然災害の行動科学』福村出版，pp. 138–149。

三上俊治，1986「災害時におけるマス・メディアの活動」東京大学新

聞研究所編『災害と情報』東京大学出版会，pp. 157–184。
三上俊治・中村功，1998『都市直下地震発生時のメディア環境と情報行動に関する研究—阪神・淡路大震災における生活情報へのニーズと流通の実態（平成９年度科学研究費補助金重点領域研究〔２〕成果報告書)』。
宮田加久子, 1986「災害情報の内容特性」東京大学新聞研究所編前掲書, pp. 186–224。
山本康正・中森広道・中村功，1997「情報伝達」『1993 年北海道南西沖地震震害調査報告』土木学会，pp. 427–465。

（中森广道）

192

专栏

“关东大地震”及区域信息——神奈川县汤河原的《村庄新闻》

中森广道

“大地震突然袭击我们村，破坏程度丝毫不逊于我们曾经听说过的浓尾大地震。（中略）此时我们必须觉醒，互相帮助，共同建造幸福社会……。”

梅原力藏（芦村）氏的这篇题为“人与天灾”的文章是1923年（大正12年）9月3日神奈川足柄下郡土肥村（现在的汤河原町）发行的《村庄报纸》第1期上的文章。

同年9月1日上午11时58分，发生了以相模湾为震源的震级7.9级的地震，超过14万人死亡、下落不明，这是一次未曾有过的灾害——关东大地震。离震源较近的土肥村有37人死亡或失踪，328栋房屋倒塌（《汤河原町史》），连接土肥村和其他地区的交通陷入瘫痪，电信、电话的联系也因此中断。当时还没有广播，居民都是靠阅读东京发行的报纸来获取信息的，然而由于地震时报纸无法送进来，土肥村陷入了交通隔绝、信息孤立的局面。这次地震是什么情况？村庄现在处境如何，今后又会怎样？居民们掌握不了这些情况，非常不安。于是，土肥村为了满足大家的信息需求，也为了消除人们的不安，自发地开始发行宣传报，这就是《村庄报纸》。《村庄报纸》名义上是村委会发行的，实际上是一群以年轻人为主的热心村民受村委会的委托进行编辑、发行的，用“钢板印刷”

这种手工誊写的形式制作、印刷而成。

土肥村处于孤立无援的境地，粮食成了最切实的问题。在9月3日第1期的《村庄报纸》上，马上刊载了题为“本村粮食问题”的文章，呼吁大家节约粮食等生活物资，还发布了村民代表已经出发去受灾较轻的地区购买粮食的消息。在时刻通报粮食购买经过的同时，还刊载了题为“各位商人，不能做贪图暴利的事”的文章（第7期），呼吁防止物价的暴涨（通过这次经验，在后来的太平洋战争爆发前，土肥村就已经事先制定好了处于隔绝状态下的对策，进行了粮食储备）。在关东大地震中还流传着“朝鲜人施暴、放火”的流言，很多朝鲜人因此被虐杀。在土肥村也有这样的流言，因此当时从事东海道线的热海线工程的外国工人也受到了袭击。此时《村庄报纸》第3期刊载了题为“遗憾至极——疑心生暗鬼、杞人忧天”的文章，呼吁居民不要轻信流言，以平稳事态。

193

该报纸虽然由热心居民自发编辑，但并不仅是泛泛地传递事务性的“通知”，还包含了很多娱乐和“社论”等内容。比如在政府督促学生返校的时候，报纸评论道“不忍心将750名学生置于危险的天花板之下”，批评政府应该在确保校舍安全之后再重新开放学校。

大众媒体无法将灾情全部报道出来，无法将市区町村等狭小区域的详细情况充分传递出来。因此需要制定一套体制，确保该区域的具体信息在该区域内得到详细缜密的报道。广播传递的信息都是一次性的，而能够根据自己的情况随时阅读的“书面媒体”虽然原始，但对受灾区域的居民却很管用。受灾区域的地方政府及公共机构由于工作人员数量有限，需要寻求居民和志愿者的协助。这些都是在今天仍值得研究的课题，而早在《村庄报纸》里就已涉及了。

地震发生两天后开始发行的《村庄报纸》持续发行了一个月，截至当年 10 月 9 日为止共发行了 30 期。参与该报纸编辑、发行的梅原力藏的儿子梅原精二保存了《村庄报纸》的全部原稿，经作家游佐京平解读和修订，于 1994 年（平成 6 年）3 月在汤河原町立图书馆进行编撰并出版发行。以大约 10 个月前发生的阪神・淡路大震灾为契机，人们重新认识到了灾区报纸刊载的生活信息、地方政府的宣传报、避难所的传单、贴纸等“书面媒体”在传递信息方面是行之有效的。

【参考文献】

湯河原町立図書館編，1994『村ノ新聞』湯河原町立図書館。

湯河原町町史編選委員会，1985『湯河原町史』湯河原町。

中森広道, 1994「関東大震災と『村ノ新聞』」『東京消防』9 月号，東京消防協会，pp. 68–75。

中森広道，1998「関東大震災と狭域情報——、『村ノ新聞』からの考察」『社会学論集』第 131 号，日本大学社会学会，pp. 19–36。

194 第二节　灾区如何应对大众媒体

一、前言

灾害发生时，各类媒体纷纷涌入受灾地区，灾区工作人员有时由于忙于应付采访而影响了工作，部分居民认为采访是一种干扰行为，近年来甚至有人将受灾地区因采访活动导致的问题称之为“采访灾害”。但是，为了将灾害情况传达给受灾区域以外的人，大众媒体的工作很重要，也必不可少。因此，灾害发生时应对大众媒体是危机管理中不可忽视的课题。在此，我们探讨一下有关大众媒体在灾区采访的问题，从而为灾区的地方政府指出应对媒体的方法。

二、我国大众媒体的体制及灾害时的应对

在讨论这一课题前，有必要先简要介绍一下我国的大众媒体的体制及其特点。“大众媒体”

（mass media）通常被定义为“利用报纸、收音机、电视、杂志、书籍、电影、CD、录像、DVD 等高端的技术手段，向不特定的多数人传递大量信息的机构及体系”（藤竹 2005），与“报道机构”意义相近。我国的电视、电台等的播报依据《放送法》的“放送普及基本计划”来分配发射频率、设置电视台和电台，除了地方自治团体 FM 广播之外，地上波广播可分为以单个都道府县为区域划分的局（县域广播）和以多个都府县为区域划分的局（广域广播）。电视和广播的运营主要由 NHK 和民营电视台和电台（普通电视、广播单位）负责，NHK 是以全国为基础的组织，民营电视台和电台是以都道府县等区域为基础的独立组织（木村 2005，一部分有所修正）。许多民营电视台和电台形成了以东京为中心、覆盖全国的网络系统。基于这种情况，大部分电视台和电台的总部、总台及演播室位于都道府县的政府所在地，而在其他人口规模较大的城市等日常采访的主要地区设置分部、分局。根据发行和销售区域，报纸可分为在全国拥有销售网络的全国性报纸、跨越多个都府县的具有广大销售网区域的地方性报纸和以都道府县为单位发行销售的县报（藤田 2005 部分有所修正）。报纸的采访体制与电视、广播一样，全国性的报纸在东京、大阪等地设有总部，县报则在都道府县的政府所在地设有总部，在采访的主要地区设有分部。在总部等规模大的地方，配备的人员、器材较多，分部配备的人员、器材数量较少，有时只有一名记者。由于不知

195

道灾害、突发性事件何时会发生，因此广播局、报社一直都采取记者 24 小时待命的采访制度。但是如今由于工资的上涨及劳动条件等原因，也有一些媒体放弃了 24 小时待命的采访制度，只有一名记者的由少数人员支撑的分部就更难以做到。因此，当灾害发生在电视台、电台及报社人员和器材配备多的地区（能够马上确保有多名记者可以进行采访的地区）时，能够采取“记者直接赶赴现场”的形式进行采访活动，而当派驻记者较少甚至没有派驻记者的区域发生灾害时，则难以采取此形式。尤其是灾害发生之初，他们只能采取对当地地方政府进行电话采访的方法获取信息。换句话说，当灾害发生在远离日常采访的主要地区，或者是发生在不进行采访活动的时间段内时，则采取电话采访的形式居多，我们要留意这一点。

三、地方政府、公共机构与大众媒体

首先我们从受灾区域的地方政府及公共机构入手，研究他们面对大众媒体采访时存在的问题。

196 灾害发生之初会有很多来自大众媒体的电话采访。我们来看地震的例子，以往震级一律由气象厅及其附属机构测定，但近年来气象厅、地方政府都配有震级测定计，假设此时我国发生地震的话（包括局部有强烈震感的地震），各级机构都能迅速地收集、汇报比以往更为细致的震级情况。当测量到的地震强度达到一定程度，电视、广播会中断日常节目，转而播报与大地震有关的信息。地震引发的灾害是突发性的，大规模的地震有时会在大范围内同时造成损失和影响。大众媒体需要尽快报道受灾地的状况，但未必会在受灾区域（包括被认定为受灾的区域）的所有市区镇村都设有采访点，或者即便设有采访点，但也可能由于记者等工作人员数量不足而无法迅速开展采访活动，或由于时间、地点的原因无法立即开展行动。因此，在灾害发生之初，广播局及报社都会首先通过电话采访受灾区域的政府机关以及公共机构。电话采访不仅能把握灾害的整体情况，还能选定某个受灾严重的地区作为采访的中心区域，以便高效使用有限的人员及器材。

2004年（平成16年）10月23日17时56分爆发了新潟县中越地震，NHK电视新闻（17时58分开始的临时新闻）在18时22分对新潟县六日町政府办公地进行了电话采访，后又于18时44分对小千古市市役所，19时2分对十日町市市役所，19时32分对小千古市市役所，19时40分对长冈市市役所，20时9分对小千古市市役所，20时44分对十日町市市役所分别进行了电话采访。在地震发生后约3小时的时间内，NHK播出了播音员与受灾区域负责人的上述7次电话访问（一次大约3—4分钟），还有其他部分电话采访没有播出（中森2006）。在这次地震中，NHK在受灾区域的长冈市内设有采访点（报道室），常驻此地的记者对地震情况进行了采访和报告。假若NHK在长冈没有设置报道点，那对电话采访的依赖程度会更高。

那么受灾区域该如何应对电话采访呢？地震发生时，办公大楼等地方政府的设施可能会受到一定的影响，如果是下班时间发生地震的话，在办公大楼的工作人员较少，他们本身也是受灾者。此时地方政府的运作效率要比往常低，完善灾害对策体制需要一段时间，在灾害发生之初也难以掌握地震发生后的详细状况，有的可能只是机关周围及工作人员掌握的零碎信息。媒体在这种情况下进行电话采访的话，可能收不到理想的效果，反而会给救灾工作带来麻烦。

197

关于这一点，我们先来看看新潟县中越地震发生后50分钟，NHK东京演播厅对小千古市机关进行电话采访时双方的问答。

"新潟县中越地震"NHK新闻（2004年10月23日 18时45分左右）

播音员："……你们收到有关受灾情况的信息了吗？"

小千古市机关工作人员："现在电话一直在响，但还没有获得直接的信息。"

播音员："现在都获得了哪些联系？"

工作人员："我也是刚刚来到办公室，详细内容还不了解。"

播音员："……现在机关内部是什么样子？"

工作人员："机关内部啊，我现在在值班室，那个……电视机倒了。"

播音员："其他还有什么吗，机关内的情况。"

工作人员："我刚来，来了以后就在接你们的电话。"

播音员："……刚才我们听到了电话的声音，居民们有没有打电话来报告灾害情况。请给我们说说你了解的情况就行。"

工作人员："我现在接不了其他电话，还没有听到什么确切消息。"

播音员："……据说大家都集中到了机关大楼，大家都在谈论什么呢？"

工作人员："都在说灾害的程度，现在有很多电话打进来。"

播音员："现在有电话打进来吗？"

工作人员："是的。"

播音员："……百忙之中打扰您，不好意思，谢谢。"

[中森 2006，一部分有所省略、修正。文中"……"表示"省（中）略"，以下同]

这次地震发生在周六傍晚，机关内几乎没有工作人员，他们在地震发生的同时赶往机关，刚要进入灾害应对体制时，突然接 198 到了电话采访，通过刚才的对话可以想象当时的情形。笔者在回顾相关的灾害调查报告时发现，必须指出电话采访所存在的问题。例如在2003年（平成15年）7月26日宫城县北部地震时，在受灾地宫城县矢本町（现东松岛市）的机关办公地，地震发生后的一小时内媒体的采访接踵而至，总务科里的40部电话响个不停，负责防灾的工作人员只顾着应对采访，无法投入到救灾工作中。同样在鸣濑町（现东松岛市）的机关办公地，电话也全被媒体占用，居民打不通机关的电话，只能通过手机和工作人员取得联系（中村2004）。

大众媒体的电话采访无法给受灾区域地方政府的初期救灾工作带来帮助，有的地方已经认识到了这一点，会事先提醒大众媒体一定要注意这些问题，比如要求他们尽量缩短通话时间等。但是，完全制止大众媒体的电话采访是不可能的，各新闻媒体都希望比其他媒体更早获得最新的、独家的信息。这种竞争的“是与非”姑且不论，总之这是无法避免的。如果是大众媒体自行对采访加以克制也倒罢了，若政府对采访加以限制则会涉嫌妨碍报道自由。而且，在现实中，受灾区域的地方政府要向受灾区域内外的人迅速传达信息仍然需要依靠大众媒体。

下面介绍一下 1993 年（平成 5 年）7 月 12 日发生北海道西南冲地震时的情况。在这次地震中受灾最严重的是北海道渡岛半岛的日本海沿岸和奥尻岛，媒体在这些地方通常没有采访点，加之地震是在晚上（22 时 17 分）发生的，所以灾害发生后的采访只能以电话采访为主。下面是地震发生两个半小时后 NHK 新闻中东京演播室的播音员同奥尻町长的电话通话。

“北海道西南冲地震”NHK 新闻（1993 年 7 月 13 日 0 时 50 分）

199 播音员：“……没有房屋啊，从高楼上看下去看不到房屋啊，是不是被海啸卷走了呢？”

奥尻町长：“是被海啸卷走了。”

播音员：“……町长，您这么忙还打搅您非常不好意思，被淹没的地区还有哪些人？可能还有您的亲人吧？我们需要您那边的信息，请务必不要挂断电话好吗？”

奥尻町长：“好的。”

（根据笔者录的磁带，一部分有所省略、修正）

灾害发生时各个地方都需要通过电话取得联系，这会导致电话占线。此时一旦挂断电话，很难再次拨通，因此 NHK 才会提出上面画线部分的请求。有人批评 NHK 占用了忙于应对灾害的奥尻町的一条电话线，但同时也有人评价说，奥尻町没有独自向全国发布信息的能力，这样做可以确保在紧急情况时利用该电话线向全国传递信息。

下面是在当年 1 月 15 日发生的震级为 6 级的钏路冲地震（在上文提到的地震发生半年前）中的报道。各广播局在钏路市都设有采访点，NHK 钏路广播局有着可以与其他县厅所在地的广播局相匹敌的人数（85 人），而其他民间广播局却几乎都只有一名记者、一名摄像师。地震发生在休息日（成人日）的夜间（20 时 6 分），NHK 只有几名值夜班的工作人员，民间各广播局的记者也都回家了。距地震发生约两小时后的 22 点，朝日电视的新闻节目“新闻站”向全国进行直播。北海道朝日电视台、北海道电视放送（HTB）的钏路分部只有一名记者和一名摄像师。地震当天，记者出差不在钏路，摄像师呆在钏路市内自己家中，在地震发生的那一刻他就开始了工作，将市区的面貌拍摄下来，并把拍摄下来的素材传回札幌总部。但一个人能做的事情是有限的，他无法马上掌握钏路及其周边的详细状况（中森 2003）。在这种情况下，“新闻站”东京演播厅的新闻解说员对钏路市灾害对策总部的副部长进行了电话采访。

200 “新闻站”（朝日电视 1993年1月15日22时10分左右）

新闻解说员：“……您那边有没有需要告知大众的信息。”

钏路市灾害对策总部副部长：“现在情况很糟糕，各个地方都在往钏路打电话，现在最好不要打来电话，灾害对策及其他工作都进展顺利。”

新闻解说员：“……知道了。谢谢。正在看电视的各位观众朋友，现在钏路的电话线非常繁忙，这给灾害救援带来了负面影响。钏路灾害对策总部希望请大家暂时不要往钏路打电话。”

（中森 1993，一部分有所省略、修正）

大众媒体通过“电话”采访得知，钏路市的要求是“希望不要打电话”，这也是受灾区域的地方政府通过大众媒体的电话采访向全国发送他们自己无法发送的信息的例子。

我们再举一个同样在新潟县中越地震发生时NHK新闻对其他地方政府进行电话采访的例子。

“新潟县中越地震”NHK新闻（2004年10月23日18时25分左右）

播音员：“……作为町政府，你们想要呼吁居民们注意哪些事情？”

六日町机关工作人员：“首先，考虑到会有余震，请大家不要在身边放置易掉落的物品，也不要在身旁放置容易倾倒的东西。”

（中森 2006，一部分有所省略、修正）

这是NHK最初对六日町（现南鱼沼市）政府机关进行电话采访时的一段对话，政府机关通过媒体向居民们传达了他们的呼吁。

“新潟县中越地震”NHK新闻（2004年10月23日20时45分左右）

十日町市政府机关工作人员：“……人员伤害方面，据称市内有一人死亡，还有，……（下午。——笔者）8点前县立十日町医院收治了40—50名伤者……”

播音员：“8点前收治了40—50名伤者吗？他们受伤的情况您了解吗？”

工作人员：“详细的情况不太了解。”

播音员：“是吗，另外你们有没有收到其他的受灾信息？”

工作人员：“另外，市内道路都有不同程度的塌陷，信浓河上的十日桥由于塌陷暂时不能通行，252号国道也由于塌陷禁止通行。”

播音员：“252号国道由于塌陷禁止通行。”

工作人员：“另外，有两个村落由于塌方处于隔绝状态。”

播音员：“有处于隔绝状态的村庄……这两个村庄叫什么名字？”

工作人员：“一个是位于市内的叫樽泽的村庄……另一个是名为二屋的村庄。”

（中森2006，一部分有所省略、修正）

这是NHK与十日町政府工作人员的电话通话，在大众媒体无法在当地进行直接采访的阶段，可以通过电话将该区域的受灾情况向全国传达。

有时大众媒体的电话采访会给灾害应对带来负面影响，这是无法回避的事实。但是必须承认的是，电话采访同时也能有效地将受灾区域的情况传达出去。

表7-5是我国1993年以后主要地震灾害发生时间的一览

表。这些地震几乎都发生在休息日、周六的下午、夜间和早上，政府机关的大部分工作人员都已下班，办公室内几乎没有人。同时这也是大众媒体很少进行采访活动的时间，也就是说最近几次的地震都发生在采访方、被采访方不希望发生的时间段内，难以实施最初的应对措施。

表 7-5　近年来主要地震的发生时间（1993 年以后）

发生年月日 星期	时间	名称（ ）是气象厅没有命名的地震	M
1993 年（平成 5 年）1 月 15 日（周五）成人节	20：06	平成 5 年钏路冲地震	7.5
1993 年（平成 5 年）7 月 12 日（周一）	22：17	平成 5 年北海道西南冲地震	7.8
1994 年（平成 6 年）10 月 4 日（周二）	22：22	平成 6 年北海道东方冲地震	8.2
1994 年（平成 6 年）12 月 28 日（周三）	21：19	平成 6 年三路遥冲地震	7.6
1995 年（平成 7 年）1 月 17 日（周二）	5：46	平成 7 年兵库县南部地震（阪神・淡路大震灾）	7.3
2000 年（平成 12 年）10 月 6 日（周五）	13：30	平成 12 年鸟取县西部地震	7.3
2001 年（平成 13 年）3 月 24 日（周六）	15：27	平成 13 年芸予地震	6.7
2003 年（平成 15 年）5 月 26 日（周一）	18：24	（宫城县冲地震）	7.1
2003 年（平成 15 年）7 月 26 日（周六）	7：13	（宫城县北部地震）※1	6.4

续表

2003年（平成15年）9月26日（周五）	4：50	平成15年十胜冲地震	8.0
2004年（平成16年）10月23日（周六）	17：56	平成16年新潟县中越地震	6.8
2005年（平成17年）3月20日（周日）	10：53	（福冈县西方冲地震）	7.0
2007年（平成19年）3月25日（周日）	9：41	平成19年能登半岛地震	6.9
2007年（平成19年）7月16日（周一）海洋节	10：13	平成19年新潟县中越冲地震	6.8

资料来源：作者根据气象厅资料及国立天文台编撰的《理科年表（平成20年）》（丸善、2007）制作

※1 连续发生的地震中规模最大的地震

灾害发生后，随着时间的推移，大众媒体的相关人员都会从各地赶往受灾地。在这个过程中，“电话”采访会减少，直播记者现场采访的形式多了起来。而且如今都是以栏目组或部门为单位各自进行采访，一个广播局或报社可能会派出多个采访小组，这样的采访活动可能会造成灾区群众的反感。 202

上文提到的2003年7月宫城县北部的地震爆发时，在受灾的宫城县南乡町（现美田町），政府机关工作人员的大部分时间和精力都被用来应付各种访问，无暇解决居民的问题。据说为了应对接踵而至的采访，当地政府准备了媒体人员的等待室以及传达信息的白板。甚至在政府机关内竖起告示牌，上面写着“各

相关媒体人员禁止入内”、“各位相关媒体人员，关于受灾情况请看白板，我们掌握其他信息后会马上通知大家”（中村等 2004）。

四、居民与大众媒体

接下来我们研究一下受灾区域的居民与大众媒体之间的关系。居民对大众媒体活动的关注点大致可分为“礼节道义”和“不公平、不协调”两种。

图 7-1 是东京大学广井研究室以新潟县中越地震中受 203 灾区域的居民为对象进行的关于大众媒体活动评价的调查结果。首先有很多人反映“不公平、不协调”，如有人反映“报道的地区有所侧重，有的地方运来了救援物资，而有的地方就没有”、“报道的地区有所侧重，有关自己所在区域的信息较少”等。选择“报道地区有所侧重，有关自己所在区域的信息较少”的人，按区域来看，十日町市有 44.8%，小千古市有 55.0%，而川口町占了 62.4%。在这次地震中，川口町的震级是“7 级”，大众直到地震发生约一周后才知道此事。在此之前，川口町几乎没有媒体前来采访，所以才出现了上面的数字。相比十日町市，川口町及小千古市很多人的评论与“规矩、道德”有关，如有人反映“众多媒体的到来给居民造成麻烦”、“摄像机对着受灾者拍，像是看表演”，十日町的居民没有反映 204 类似问题与来十日町采访的人较少也有关系（广井等 2005）。这些评价在同一调查的自由描述中也有所体现（表 7-6）。

至于在学校、体育馆等避难所进行的采访，在 2007 年（平成 19 年）的能登半岛地震和新潟县中越冲地震中，地方政府吸取了以往的经验和教训，设立了采访接待处，并对采访的时间和地点进行了限制。

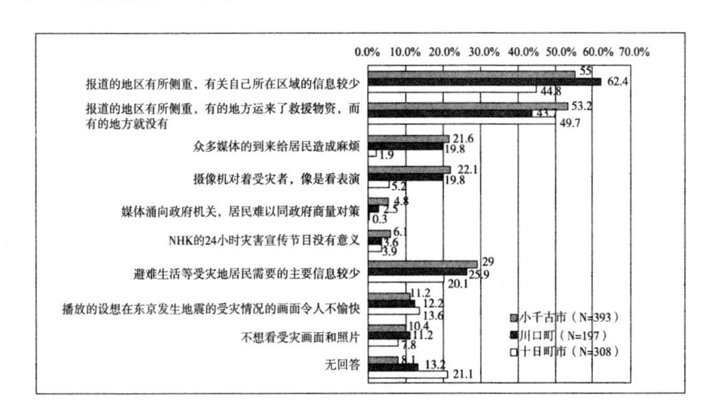

图 7-1　新潟县中越地震中对大众媒体的评价（多选）

表 7-6　关于新潟县中越地震（2004 年）的调查的自由描述中对于媒体的评价（摘要）

（不公平、不协调）

．报道机构只报道山谷志地区，而对很多其他受灾更加严重的区域却不作报道，这太不公平了。

．几乎没有向外部发布小千古东山地区的干线道路的信息、受灾状况等。

．地震后的报道偏向哪一地区，捐款也就偏向了哪一地区。

．还有很多受灾情况更加严重的地区，应该让全国知道，不要总放体育馆和避难所的画面。

．媒体不要集中在一个地方，要传递各个地区的信息。

．川口町的震级是 7 级，但最初关于附近町村的报道很多，而对川口的报道却很少。

续表

. 地震发生后，只报道受灾严重地区的情况，而对那些不是重灾区的地区的情况却只字未提，让远方的朋友都很担心。 . 想去避难所但去不了的人并不在少数，但媒体只播放避难所和事故现场的画面，忽视了这部分人。还有很多人只能在自家车或车库里生活，而且第二个月开始就不得不去上班。 . 有些人仅根据死者数量的多寡就发表此次地震比阪神大地震损失轻之类的不负责任的言论和报道。有些报道只为了批判政府工作不利。
（礼节、道义） . 很多媒体人员毫不顾忌地将摄像机对准灾民，让人厌恶。希望他们适可而止。 . 媒体不顾时间、地点拍摄居民，希望体谅居民的心情。 . 听说电视采访都是事先排练好的。希望媒体不要随便进入别人家拍照。 . 报道机构显得极没有规矩。 . 报道机构的车占用了市政府的停车场，政府工作人员不得不把车停在很远的地方，然后步行过去。 . 停车场上离建筑物近的地方都被报道机构的车占了，受灾者领取救援物资时，只能把车停在路上。 . 很多直升机在第二天就飞来了，但只在空中盘旋。既然好不容易飞来了，顺便带点救灾物资来的话灾民会很高兴。 . 希望报道人员理解受灾者的心情。特别是灾害当天晚上，受灾民众本来就很不安了，空中飞机的声音又很吵，让人睡不着。
（正面评价） . 多亏了电视、报纸的报道，我们感受到了来自全国的温暖，非常高兴，深受鼓舞。报道中有优点也有缺点，但这次优点更多。 . 媒体报道了受灾状况，让全国知道了小千古的情况，很感激。在粮食、生活等方面给我们提供了帮助。

资料来源：东京大学广井研究室、东洋大学中村研究室、NTT DoCoMo 移动信息研究所调查（广井 2005）

五、如何与大众媒体打交道

由于受到人口、工作人员数量、预算等条件的限制，地方政府等的组织结构各有不同。并不是所有的机关都配备了专门的灾害及危机管理部门，很多情况下是由消防总部兼任，或者由总务等部门负责。在没有常驻记者的地方或很少召开记者见面会的地方，相关人员很难灵活地应对采访。这首先需要各地方政府探讨灾害发生时在应对媒体的过程中可能出现的问题及处理方法，考虑切实可行的应对策略。其次，对于媒体来说，要尽量掌握所采访地区的风土人情，并注意采访的方式方法，当然这可能有点困难。

205

总结下来，与大众媒体有效沟通要注意以下几点。

首先是“采访的规则”。不管大家有什么样的反对意见，现实中灾害发生后不可能不对受灾区域进行电话采访。地方政府要知道灾害发生时会有电话采访，而媒体也要意识到电话采访会给地方政府的灾害应对工作带来影响。在充分理解上述情况后，地方政府和媒体还要认真研究电话采访的利弊，对电话采访的形式及规则达成“一致”，制定切实可行的方法。被直接派往当地进行采访的媒体人员也需要遵守采访规定，考虑对方的状况、立场，避免引起不必要的混乱和麻烦。在此前提下，地方政府、公共机构与媒体之间需要互相交换意见，探讨灾害发生时有效的采访形式，从可能能够改善的环节入手将其具体化。

其次是“窗口的整合”。这在灾害发生之初可能是难以办到的，但在体制完善阶段需要将采访等窗口进行整合，以防止对制定灾害对策及其他业务产生阻碍。

第三点是“记者见面会的定期举行、信息的定期发布以及会议的对外公开等”。安排时间定期举行记者见面会发布信息，可以缓和接连不断的采访要求。有时可根据会议内容允许记者一同参加。2007 年能登半岛地震发生时，受灾的石川县七尾市市政府在地震发生约两小时后召开了第一次灾害对策总部会议，当时就允许记者旁听。之后每次对策总部开会时记者都可以一同参加，无法参加的记者也可以领取到相关资料，所以即使没有专门召开记者见面会也没有产生因采访而引起的混乱（据 2007 年 5 月七尾市市政府的听证会）。

206

最后一点是“地方政府要积极地发布信息”。如前所述，媒体的报道未必会涉及受灾的所有区域，而是会倾向于某个特定区域或话题，这是因为媒体容易关注受灾区域大的地区或者特殊的问题。另外，由于人员、器材等的限制，媒体也不可能进行深入的采访和信息的收集。地方政府需要在认识到媒体这一特点的基础上，平时就加强和各个媒体的交流、合作，积极地向媒体发布信息，以便在灾害发生等特殊时期能够引起媒体的关注，这在当今社会是十分必要的。

总之，地方政府和公共机关“为了在灾害发生时有效地传达、收集信息，需要和媒体构筑良好的关系”，必须以此为前提，完善应对媒体的策略。

【参考文献】

木村幹夫，2005「放送」藤竹暁編著『図説　日本のマス・メディア〔第二版〕』日本放送出版協会，pp. 75–136。

中村功・中村信郎・中森広道・廣井脩，2004「2003 年 7 月『宮城県北部を震源をする地震』における住民の対応と災害情報の伝達」『東京大学社会情報研究所調査研究紀要』第 21 号，東京大学社会情報研究所，pp. 139–198。

中森広道，1993「地震時の放送機関の対応」東京大学社会情報研究所「災害と情報」研究会『平成 5 年釧路沖地震における住民の対応と災害情報の伝達』pp. 35–98。

中森広道，2006「新潟県中越地震におけるテレビ報道と初動情報 —— ＮＨＫテレビの放送を事例として」『災害情報調査研究レポート② 2004 年新潟県中越地震における災害情報の伝達と住民の対応（２）』東京大学・東洋大学災害情報研究会，pp. 37–313。

廣井脩・田中淳・中村功・中森広道・福田充・関谷直也・森岡千恵，2005『災害情報調査研究レポート①　2004 年 10 月新潟県中越地震における災害情報の伝達と住民の対応（１）』東京大学・東洋大学災害情報研究会。

日本災害情報学会 2003 年宮城県沖の地震災害調査団，2004『日本災害情報学会 2003 年宮城県沖の地震災害調査報告』日本災害情報学会。

藤竹暁，2005「本書を読む人のために」藤竹前掲書，pp. 10–20。

藤田真文，2005「新聞」藤竹前掲書，pp. 22–74。

（中森广道）

207 **专栏**

新的灾害信息与危机管理

中森广道

在本系列丛书第一卷《灾害社会学导论》(初版)的第四章中涉及到了火山灾害的信息，当时笔者曾说，火山喷发时不能单纯地发布警报，而要发布“紧急火山信息”或“临时火山信息”。但就在笔者将书稿付梓印刷期间，在 2007 年 12 月 1 日,《气象业务法》得到了修改，有关火山的信息有了重大变化，将火山喷发警戒水平分为 5 级(5 级是最高级)，其中 2、3 级为“火山口周边警报”，4、5 级为“喷发警报”。

除了火山灾害，最近新增了许多关于灾害的信息，让人目不暇接。

海啸警报的预报区从 18 个变为了 66 个,“东海地震”预测的相关信息也按危险程度从低到高分为“观测信息”、“注意信息”、“预告信息”。暴雨时除了“破纪录的短时间大雨信息”之外，当发生塌方的危险性增大时还会发布“塌方灾害警戒警报”。此外，针对由国土交通省、都道府县和气象厅共同指定的河川，洪水预报也分为相当于洪水注意警报的“泛滥注意信息”、相当于洪水警报的“泛滥警戒信息”、“泛滥危险信息”、“泛滥发生信息”等。关于避难的信息，有的地方政府还在以前的“避难指示”、“避难公告”的基础上，增加了“避难(公告)准备信息”。从 2008 年 3 月开始，气象厅还发布了“龙卷风注意信息”。然而，大众对这些信息究竟了解多少呢?

笔者在 2007 年 9 月对全国 18 岁以上的男女进行了调查(1069

人），从调查结果来看，很多人对灾害相关信息回答“不能充分理解”（“不了解详细信息”+“不知道”），其中不能理解“破纪录的短时间大雨信息”的有57.9%，不能理解“避难指示和避难公告的区别”的有47.0%，不能理解“避难（公告）准备信息”的有66.5%。

今后也许还会继续对灾害信息进行修正、更正、增加。地方政府及报道机构，特别是与防灾相关的公共机构要注意这种发展趋势，在正确把握这些信息的内容和意思的同时，要提高一般居民对这些信息的理解程度，探讨在各自区域内有效、恰当地利用这些信息的方法。

208

第三节　网络的利用

一、网络的普及及灾害时的利用

阪神·淡路大震灾发生时，正是日本网络发展的起飞期。有统计表明，1994年年末日本的网络利用率为2.6%（通信综合研究所2001）。地震发生后的第二天，发布在神户市外国语大学主页上的受灾照片让日本国内乃至海外那些急切想要知道灾情的人了解到了情况，也为国际救援行动提供了宝贵的信息来源。当时在日本国内，电脑通信更为活跃，这对摸清受灾状况及确认人身安全等问题起到了重要作用（高野1995）。阪神·淡路大震灾中网络作为灾害发生时收集、传达信息的手段，具有巨大的发展空间，这一点给人们留下了深刻印象。之后，网络迅速普及，国家、都道府县、市町村、消防部门等防灾机构相继开设了网站，一旦灾害发生，就可通过网络互相通报灾情和信息。

另一个新的媒介——手机——也在 1995 年阪神·淡路大震灾时出现。与 PHS 的激烈竞争使得人们可以免费获得手机，通话费用也变得低廉，手机得到迅速普及，到 1999 年手机的利用率达到了 49.2%。通过 i-mode 能够轻易连接网络，手机上网也变得更加普遍。基于这样的变化，很多防灾机构开设了能够通过手机进行登陆的信息网站。总务省平成 18 年的通信工具使用状况动向调查显示，使用网络的人为 8754 万人（人口普及率 =70%），其中既通过电脑又通过手机上网的人占到了 70%。调查还表明认为手机在灾害时非常有用的人占到了 90%（吉井 2005），这显示了人们渴望有效利用手机的强烈需求，以便紧急时分无论身在何处都能上网。 209

而事实上，灾害发生时网络的使用还存在很多问题。提供信息的防灾机构、特别是市町村很难在灾害后的混乱状况中收集到确切的信息并上传到网站，同时电脑和服务器受损的可能性也较大，电力、确保通信线路、信息的收集、编辑、录入等都需要大量人力。

那么在实际发生灾害时，受灾的地方政府是如何利用网络的呢？ 2004 年长冈市遭遇了暴雨和地震灾害的袭击，宫崎市曾多次遭受由台风引起的洪水灾害，下面我们就来关注这两个案例。

二、新潟暴雨以及新潟县中越地震时长冈市利用网络的经验

长冈市从 2003 年 2 月开始开设了“e 网长冈”的网站，其中一个板块名为“长冈防灾信息”。平时向居民提供避难所、物资储备、洪水避难地图等防灾信息，介绍防灾训练，并提供安全信息测试版，灾害发生时自动转为抗灾模式，在传达市政府信息的同时，还在市民团体论坛上发布受灾状况并帮助联络失散人员（长冈市政便 2002 年 12 月号）。

在此版块开设后的次年，2004 年 7 月 13 日长冈市受到新潟・福岛暴雨的袭击，此版块被迅速利用起来。同日，在长冈市发出避难公告（13 时 50 分）后，“长冈防灾信息”在 15 时左右转换到了抗灾模式，在开设权限允许市民发帖的同时，还另开设了“大雨受灾信息报告”的子版块，将需要登载的信息，包括受灾情况、避难公告（共发布 4 次）、避难所开设信息、交通信息、修复信息，灾害对策总部会议等多方面的信息分门别类进行发布，使浏览者一目了然（金子 2005）。在这次暴雨中，市东北部地区很多房屋出现了浸水现象，但由于发出了避难公告，很多居民都及时采取了避难行动。与此同时，有许多身在外地的居民迫切想了解家人、朋友们的人身安全情况，他们通过各种方式联系市政当局。市政府为了减轻负荷，于第二天将在四个避难所避难的约 770 人的名字公布在了网

上。但之后有人批评此举侵犯了避难者的个人隐私，于是几天后市政府就将这些信息从网页上撤下。灾害发生时利用网络提供信息确实快速有效，但也要充分考虑到对个人隐私的保护。 210

同年10月23日下午5时56分，长冈市遭受到新潟县中越地震的袭击，地震震度为6级，震感强烈，超过2000人死伤。地震发生时市政府机关里只有两名工作人员，之后的30分钟内其他工作人员都陆陆续续赶了过来。在初步掌握灾害情况之后，晚上9时30分"长冈防灾信息"转换为抗灾模式，市民可以在论坛发帖互换信息。从晚上11时左右开始，该板块陆续上传了灾害对策总部收到的详细信息，地震的其他相关信息也汇总到了"长冈市地震信息"板块上，根据水灾时的经验，该板块按照下述方针发布信息。

1. 以市灾害对策总部的信息为中心
2. 时时发布避难公告、道路限行的消息
3. 将时刻变化的信息通俗易懂地传达给浏览者
4. 版面编辑与菜单根据信息量和内容随时变化

在网页左侧，信息按发布的时间顺序排列，并且配有简单的标题，点击标题就能看到详细内容。右侧列有"垃圾处理方法"、"灾害志愿者"等面向市民的"通知"。下面有"相关信息"链接，标有市灾害对策总部的地址和联系方法（电话及电子信箱），一目了然。该板块还发布了地震后工作人员拍摄的受灾照片，并刊载媒体及专业防灾研究人员所需要的信息。

10月25日网站开始向手机发送信息，提供洗浴设施、救援物资等相关信息。NPO及志愿者们利用地理信息系统（GIS）提供受灾信息及生活设施恢复情况等。横滨市国际交流协会还将“长冈市地震信息”翻译成英语、葡萄牙语、汉语，外国人也可以通过长冈市主页上的链接浏览详细信息。

该网站的点击量从地震后第二天开始急速增长，通过个人电脑登陆到论坛的访问量在10月25日一天内达到了1万9千人次，达到了峰值。另外，通过个人电脑访问“长冈市地震信息”网页的人数也在增加，10月29日达到了1万8千人次，到了12月稳定在每天2000人次左右（金子2005）。浏览了网页的市民纷纷发来邮件赞扬“主页上的避难所、洗浴信息和照片等对于长冈市民来说太重要了”。

211

随着时间的推移，网站提供的信息内容也在不断发生变化，访问者也在发生着变化。网站在地震后的两天内（紧急应对期）主要提供各个地区的受灾状况、避难公告、道路交通机构、日常生活设施的损失等信息，访问者多是市外的居民（灾民的亲戚、朋友）以及媒体人员。在灾情稳定的阶段（避难期），网站发布的内容主要以避难所信息、洗浴信息、道路信息（受灾、管制）、日常生活设施的恢复情况等生活信息为主，访问者也以市内的受灾居民居多。到了恢复期，发布的内容主要是幼儿保育及教育的重启、再建，支援咨询及各类申请书的下载等，访问者也以受灾居民为主。

但是，在实际运用中也遇到了一些问题，例如避难所里的电脑无法登陆网站，信息的处理流程不通畅，如果能够利用地理信息系统的话，交通管制信息会更加一目了然，同时工作人员利用网络的技术也有待提高。

三、台风灾害时网络的利用——宫崎市灾害信息论坛板块的利用

宫崎市在台风接近时通过网站主页提供发布避难公告区域的灾害信息的同时，还开设了灾害信息论坛，以便接受市民的询问。这种灾害信息论坛板块的有效性第一次受到检验是在 2004 年 16 号台风接近时，该板块于 8 月 29 日晚 11 时 13 分开设，至第二天晚上六点半，市政府发布信息 106 条，市民发布信息 158 条，访问量达 16659 人次。18 号台风来袭时，从 9 月 6 日 5 时 22 分至翌日下午 1 时 15 分，市政府在该板块发布信息 142 条，市民发布信息 87 条，访问量达 14975 人次。应市民的要求还提供了避难所的一览表，有 1409 人次访问。市政府的信息以及市民提供的浸水、停电等信息能够得以迅速发布，该板块功不可没（宫崎日日新闻 2004 年 9 月 12 日）。

212

2005 年 9 月 5 日 14 号台风来袭时，宫崎市也开设了灾害信息论坛板块。与往年一样，在设置市灾害警戒总部的同时（下午一点半左右）开设该论坛。最初两小时内来自警戒总部

的信息居多，之后市民的帖子增多，市警戒总部回答了市民的问题，市民之间的交流也很活跃。特别是在避难公告发出后（9月5日至6日，市政府共发出10次避难公告和1次避难指示，避难对象地区人口合计2万9千人），确认是否发出避难公告、是否需要避难、道路积水、道路管制情况、避难途中的注意点、询问避难所位置等的帖子数量猛增。市民反映道路中断、积水情况、河水水位、泛滥的可能性、停电等情况的帖子也在增加。人们不仅通过个人电脑进行访问，通过手机登陆网站的人也不少，特别是来自避难居民的帖子几乎都是通过手机登陆发布的。9月5日帖子数量为326个，第二天增至1191个。

之后论坛板块上的帖子数量有所减少，但随着为市内提供四成左右自来水的富吉净水厂发生了浸水情况，市内出现大规模停水之后，帖子数量再一次增加，9月8日达到了1522个。市政府决定暂时重启已停止使用的岩切水源地，9月10日市内的供水状况得到了改善，这一天帖子的数量达到了受灾期间最多的1617个。那之后，网站负责人员开始对论坛板块的内容按类别进行整理，以便更易于访问者浏览。之后的两周，供水逐渐消退，积水地区水位也不断下降，帖子数量每天减少50个左右，但此时出现了对灾民诽谤中伤的帖子，在论坛上互相争论的帖子多了起来。在版块开设三周后的9月25日，市政府停止了灾害信息论坛板块的使用。据统计，这期间访问量总计达87万人次。

宫崎市灾害专用论坛板块作用的发挥，主要得益于以下几点。

1. 宫崎市警戒总部 / 灾害对策总部既是灾害信息的发布主体也是论坛板块的管理者，能够迅速在网站上更新和发布可信的、准确的灾害信息。宫崎市专门派了 5 名工作人员负责论坛板块的管理，在发布警戒总部、灾害对策总部最新信息的同时，解答居民提出的问题。

2. 市内较少停电，人们能够通过电脑访问论坛。此外，还可以通过手机进行登陆，人们在避难途中或在避难所也可以访问论坛。

213

3. 平成 16 年两次台风来袭时该板块都曾开设，所以知晓该板块的市民较多。有了这两次经验，相当一部分人了解了该论坛板块的作用。

4. 在宫崎市政府网站的主页上有该板块的链接，访问者可以轻松快捷地访问查看。

这种论坛板块可以向来访的市民提供准确的信息，方便访问者互换信息，同时由于电话占线而无法联系到市灾害对策总部及消防局的市民也可以通过它了解想要知道的部分信息。

四、紧急灾害通报系统——群发短信

2004—2005 年间，很多县市凭借全国抗灾的经验及网站主页更新的契机，建立了群发短信的灾害信息通报系统。这种系统不仅能够用于群发气象预警警报和地震信息，还能够用于信息的收集。使用者只需事先在网上注册，便可通过电脑或手机登陆。

福冈市在2005年发生福冈县西南海底地震之后，开通了发送“防灾短信（灾害时电子短信）”和“地震、海啸信息短信”的服务。当雨量超过基准值、河川水位超过需要采取避难行动的水位（泛滥危险水位）时，或者是政府发出避难公告时，防灾短信将在第一时间发出，主要发布大雨、洪水、暴风、大雪等气象警报。地震、海啸信息短信主要用于发送3级以上的地震信息、福冈县日本海沿岸的大海啸警报、海啸警报、海啸注意警报等。任何人都可以在网上进行登陆，只要输入年龄、地址（是否住在本市）、职业、对防灾信息的关心度、使用机种 214（i-mode、Softbank、ez-web、电脑等）、邮箱地址等便可接收到短信（http://bousai. city. fukuoka. jp. mail_readme. html）。

中津川市开发、建立的市民安全信息网络（http://www. city. nakatsugawa. gifu. jp/bousai. html）不仅用于灾害发生期间，而且在日常生活中也得到了广泛利用，比如在防止犯罪等紧急时刻也能向市民提供信息，同时该网络还能充分利用手机、网络收集来自市民的最新信息。他们的目标是通过手机收集、发布画面信息，灾害发生时充分利用GPS信息，构筑实用的网络系统。

福冈市的系统基本上仅限于单向性地通报灾害信息，而中津川市的系统是一种还可以同时收集来自市民的信息的双向性系统，而且不仅涉及灾害信息，还包括犯罪等身边的危险信息（转账欺诈、可疑者信息、车内抢劫等），两市的系统在以上方面有所不同。

不论是这两种系统中的哪一种，使用者都可以在任何地方、任何时间获得需要的灾害信息，从而扫除了信息的盲区，因此二者都非常奏效。如果将上述系统与作为灾害信息主要传递媒体的电视、广播及市町村的无线电广播放在一起使用，其效果将得到进一步提高。

五、灾害发生时网络的有效性及局限性
——媒体混合战略的重要性

网络是一种新兴媒体，技术上正在不断发展。它与电视、收音机、报纸、杂志等已有的大众媒体以及固定电话等在技术上、社会上都业已成熟的媒介有所不同。我们仍在摸索灾害发生时如何才能做到有效利用网络，仍处于反复试验、反复出现错误的阶段。也许网络在将来能够承担起主要角色的作用，但在现阶段它仍然只是大众媒体、市町村防灾行政无线电广播、固定电话、公用电话等已有媒体的补充。

同步传达（push）型媒体的有效性及局限性：网络虽然具备及时同步发送灾害信息的能力，但发送对象仅限于事先

登陆的用户，其范围和数量有所限制，充其量几万人。电视、AM 收音机能够向全国发送信息，与此相比，网络在同步发送 215 方面有效性较低。而那些传播范围广的媒体，其信息内容有限，受灾者及家人难以获取所需的特定区域的信息以及个别信息。网络（push 型）具备弥补这一缺点的能力。但是通过网络发送区域性强的信息及个别信息时，需要完善相应的信息收集体制，这是急需解决的一个课题。

起拉动作用（pull 型）的媒体的有效性及局限性：pull 型媒体的主要代表是网络主页，其缺点是必须从庞大的信息中搜寻出自己需要的信息，因此必须事前知道自己需要的信息在哪个网站上。宫崎市的事例告诉我们，经历小灾害的经验有利于我们掌握大灾害发生时的应对技巧。事先的宣传也很重要，我们需要通过电视和广播告诉大家灾害发生时能够在什么网上看到什么样的信息。在上一节中我们提到，为了减少各媒体信息之间的重复，可以考虑制作和充实专门发布灾害信息的网页。长冈市的事例让我们懂得，为了提供对受灾者有用的信息，需要完善信息的收集、整理、录入体制，提高器械的抗灾性，并确保电力充足。

双向媒体的有效性及局限性：从宫崎市的事例可以看出，网络的论坛板块是受灾者与其他相关者实现信息共享的有效媒体。但问题是上传的信息是否真实可靠，当论坛板块充斥着不准确的信息及传闻时，可能会造成谣言的产生和扩大。目前还没有解决可靠性问题的好方法，所以需要依靠管理者进行严格的监督。由谁进行管理，进行怎样的管理，这是一个课题。宫崎市是由市政府工作人员进行管理的，这也是一个不错的方案，但能否确保负责此事的人手充足也是一个问题。

移动媒体的有效性及局限性：随着手机网络的普及，即使没有电脑也能够使用网络。而且由于通信速度快，受灾时很多人会通过手机登陆网页。即便手机打不通热线电话，只需发送短信、登陆信息网站，便能知道有关避难所的开设、避难公告及避难指示的内容、避难行动的开展情况以及供水、救援物资、洗浴、城市生命线的恢复情况等信息。信息发布方面临的 216 问题与 pull 型媒体类似，而接收方的问题在于有人不知如何使用手机网络，并且手机画面偏小、阅读费力，电池消耗快。

媒体丰富性的局限性：媒体理论中经常提到媒体丰富性（Daft 1990）的概念，比起能够及时进行沟通的面对面的交谈和电话而言，网络是一种交流质量较低的媒体，因此不适用于进行复杂、带有多义性的深度交流。在灾害发生时的交流沟通中，存在一些复杂、包含多重含义的内容，比如对受灾程度的认定等，此时需要将网络与面对面的交谈、电话这些手段加以区分使用。

如上所述，网络已作为灾害发生时重要的沟通媒体而逐渐受到人们的重视，但我们要看清其局限性，将其与其他媒体加以区分并综合使用，以期建立灾害信息的综合媒体战略。

（本节中笔者汇总了在东京经济大学作国内研究员时的调查结果。在此表示感谢。）

（本节中笔者汇总了在东京经济大学作国内研究员时的调查结果。在此表示感谢。）

【参考文献】

Daft, R., Trevino, L. K, and Lengel, R. L., 1990, "Understan-ding Managers, Media Choice: A Symbolic Interactionist Perspective"in Fulk, J. and Steinfield, C., *Organizations and Communication Technology*.

金子淳一，2005「新潟県中越地震におけるインターネットによる情報発信」地域情報化全国セミナー 2005，宮崎，pp. 45–63。

宮崎日日新聞，2004 年 9 月 12 日及び 2005 年 9 月 25 日。

宮崎市総務課，2005「台風 14 号災害の概要」。

総務省通信総合研究所，2001「インターネットの利用動向に関する実態調査報告書 2000」p. 22。

高野孟，1995「GOEQAKE——パソコン・ネットが伝えた阪神大震災の事実」祥伝社。

吉井博明，2005「携帯電話利用の深化とその社会的影響に関する国際比較研究」科研費研究成果報告書＝東京経済大学，2005 年 3 月，p. 157。

（吉井博明）

专栏

“余震信息恐慌”体验记——1978年（昭和53年）伊豆大岛近海地震及谣言

中森广道

1978年（昭和53年）1月14日（周六）0时24分，伊豆大岛近海地震（震级7.0级）爆发了，这次重大灾害以静冈县伊豆东海岸为中心，造成25人死亡，211人受伤。之后余震不断，震源区域扩大到了伊豆半岛。由于大地震造成的损害，些许的摇晃都会导致已受损的建筑物倒塌、塌方，从而造成人员伤亡。正是出于这个原因，政府呼吁居民积极防备余震。

地震过后第三天（1月17日，周二），政府的灾害对策总部在听取了地震预测联络会的意见之后，发布了关于余震的预告。静冈县政府考虑到受灾的伊豆地区由于地震、降雨、降雪的影响会产生地基松动现象，因此在政府公告的基础上，于18日（周三）13时30分自行发布了“余震信息”，督促受灾区域的居民防备余震。该信息在以各种形式传达至居民的过程中，逐渐在受灾区域及其周边地区演变为谣言，大家纷纷传言“大地震要来了”，造成了一时的避难混乱。此次事件被称为“余震信息恐慌”事件。

笔者当时在静冈中学教书，静冈市在这次地震中几乎没有受到影响。笔者所在的学校采取的是住宿制度，其中有外地学生，包括来自地震中遭受损失的伊豆地区的学生。18日下午正在上课时，校内广播播报“伊东地区刚刚发生了震级4级的地震（实际上没有发生），有消息说接下来有可能会发生更大强度的地震，今天放学后的活动一律取消，第六节课结束后马上放学”。第六节课下课后，我和学生们都按照学校的指示各自回家了。放学的时候，学校仍在广播“若在放学途中遇到大地震，请按照警察的指示到安全场所避难”。我骑着自行车大约30分钟后回到了家，虽然有消息说可能会有地震，但这期间街上跟往常没有什么不同，让人感到不可思议。回家后跟我妈妈聊起来，妈妈根本不知道有这回事。于是我打开电视，各电视台都在播放辟谣的消息——有人传言，即将要爆发大地震，这纯属谣言。我在学校听到的原来是“谣言”。当晚的电视新闻、第二天的各个报纸都报道了此事件，其中还有很多耸人听闻的事情发生。有人避难，有人抢购东西，最为混乱的是许多人打电话向相关机构进行讯问，但并没有造成人员伤亡以及都市功能瘫痪等所谓的“恐慌”。

218

之后当时的东京大学新闻研究所等机构还就此事进行了详细的调查，据说还有人到我所在的学校调查情况。该调查成果可以说是我国正式对灾害谣言进行调查研究的奠基之作。我对这件事很关心，询问了相关负责的老师，为什么学校会听信谣言，让学生放学回家。他们回答说当天接到了几个家长打来的电话，说是“听说马上要爆发大地震了”，因此学校才做出如此的决定。令人费解的是，学校既没有接收到电视、收音机的信息，也没有向相关机构进行初步的确认，就盲目相信了“几个”“值得信任”的家长的电话。

这种谣言之所以能够散布扩大并引起混乱，其原因至今仍然存在。发生大地震后，越来越多的人会焦躁不安，担心会不会发生更大的地震。而且在当时的静冈县流传着“明天发生地震也不奇怪”的“东海地震”学说（1976年公布），以及“东海地震”的可预测说，居民在潜意识里普遍有着“对可能发生大地震的不安以及对地震预测的期待”，这也是谣言得以传播的重要原因。

这次事件给了我们很多经验教训。例如，在发布信息时需要注意用词和表达方式，信息的发布方和接收方之间需要制定“信息的接收规则”。作为信息发布方，并非只要迅速传达出信息便一劳永逸。在以某种形式发布信息督促人们保持警惕和注意的同时，必须关注接收方能否正确处理该信息。这需要双方事先制订规则，否则即便是准确的信息，发布出去也可能造成负面的结果。另外，作为信息的接收方，当收到不明确的、非正式的信息时，要对其内容需进行有效、切实地验证，必须完善这样的体制。

第八章 生活重建及复兴的过程与行政手段

第一节 依靠行政手段帮助受灾者重建生活

第二节 复兴计划的制订

第一节　依靠行政手段帮助受灾者重建生活 220

要让灾区恢复原貌、走向复兴，重建灾区人民的生活是不可或缺的，其中最关键的部分就是住宅的重建工作。2007 年 12 月 14 日，经过修订的《受灾者生活重建援助法》开始实施。为了让住宅重建工作顺利进行，让灾区人民恢复原来的生活，修订版取消了对灾区生活重建援助金中有关年龄、年收入及其用途的限制。

作为一项为受灾民众提供行政援助的制度，《灾害救助法》及修订前的《受灾者生活重建援助法》十分具有代表性的，迄今为止此类援助制度已历经多次修改。出台《受灾者生活重建援助法》，是因为《灾害救助法》很难对受灾民众的住宅重建提供一套行之有效的援助办法。不过，未经修订的《受灾者生活重建援助法》中仍存在一些问题。正因为如此，有些地方政府制定了自己的援助制度，也有些对法律本身进行了修改。

在本节中，笔者将对援助制度（法律制度）的变迁做一回顾。

一、受灾者的生活重建过程

通过对阪神·淡路大震灾的研究，“居所、人与人之间的联系、城市、心灵与肉体、储备、与行政之间的关系、生计”作为生活重建的7个课题被选取出来（田村等 2002）。换句话说，“居所（住宅）”是生活重建的根本问题。吉川的研究（2007a）表明，生活重建是受灾者的欲求从灾后最基本的要求逐渐向高层次发展、不断提升的过程。这一过程通常会遵循维持生命→劳动·消费→环境·共生→自我重生这几个步骤。住宅重建属于“环境·共生”这一阶段。

如果用一句话来概括住宅重建，大体包括从搬进避难所等设施开始避难生活的阶段；到入住临时住宅等的暂住阶段；迁入永久性住宅这几个阶段（探讨受灾者住宅重建援助问题委员会 2000）。在本节的后半部分，笔者将概述第三阶段中针对灾区人民的住宅问题，行政部门是如何思考援助对策的。

221

二、避难生活阶段行政援助的历史——以《灾害救助法》为中心

（一）《灾害救助法》出台之前

概观明治时代以降对受灾者实施的行政援助制度，可以整理如下。

表 8-1 《灾害救助法》出台之前的行政援助制度（年表）

年度	制度名称
1875 年（明治 8 年）	贫民暂救规则
1877 年（明治 10 年）	歉收年租税延期缴纳规则
1880 年（明治 13 年）	公布《备荒储备法》
1892 年（明治 25 年）	公布《赈灾救助基金法》（于 1899 年实施）
1947 年（昭和 22 年）	确立《灾害救助法》

1880 年（明治 13 年）颁布的《备荒储备法》将旧有的“贫民暂救规则”及“歉收年租税延期缴纳规则”等法规整合在一起，被视为是第一套系统的救助制度（国土厅防灾局监修、应对灾害制度研究会编著 1992）。这个制度规定要积累备荒储备金（由中央储备金和府县储备金两部分组成），中央储备金要对府县储备金进行补助。具体而言，就是规定政府在 10 年之内每年需支付 120 万日元，其中的 90 万日元依照各个府县的地租金额发放。规定供给 30 天以内的食品，提供搭建临时小屋的费用，标准为每户 10 日元以内。同时提供用于购置农具、种子的费用，标准为每户 20 日元以内。由于这项法律本

身就是一个有效期为20年的限时法，再加上由于浓尾大地震（1891年）和三陆地震海啸（1896年）的发生，以及各地频发的洪水灾害，政府的中央储备金发放一空（灾害救助问题研究会编 1967）。这就使新法律制度的出台成为了当务之急。

继《备荒储备法》之后，1892年（明治25年）颁布了《赈灾救助基金法》。《赈灾救助基金法》规定，各个府县须筹集不少于50万日元（北海道为100万日元）的基金用于避难所费用、食品费用、衣着费用、治疗费用、埋葬费用、搭建临时小屋费用、就业费用、学习用品费用、搬运工具费用、人工费等的支出，而且规定原则上必须采用依据实物放款的办法。有关支付标准各地都做了相关规定。然而由于各地的财政能力、对救助的思考等存在差异，因此救助的实际状况之间存在差异。同时，由于救援活动在各个府县分别展开，且并未深入下去，这些因素的存在使相关部门之间的联系缺乏统一性（灾害救助问题研究会编 1967）。

1946年（昭和21年）南海地震的发生使人们重新审视与援救受灾者相关的法律。大家对《赈灾救助基金法》的基本精神，即从资金层面上对受灾者进行救助这一国家职责展开彻底反思，确立了救助活动须以确保公民的基本生活权及社会秩序的稳定为目的，须将其作为国家应尽的职责来实施这一方针。此外，对灾害救助资金的财政定位也发生了转变，主管部门由原来的大藏省变更为厚生省（灾害救助问题研究会编 1967）。

（二）《灾害救助法》的修订

虽然《灾害救助法》是在对既有的法律制度进行全面修订后才出台的，然而从诞生之初它就不是万能的，也同样经历了数度修改。其中不乏因重大灾害的发生而促使修订工作展开的例子。

譬如，按照《灾害救助法》的规定，救助活动应以应急临时住宅的建设为核心，这是 1953 年修改法律的过程中追加的内容，在屡次遭受台风灾害之后，提供临时收容设施已成为一种惯例。1950 年 9 月，受“简爱”台风侵袭的影响，政府开始向民众提供收容设施。随后，在 1951 年 10 月 14 日，“路斯”台风袭击了九州、四国、中国[①]及近畿地区。在实施紧急救援之际，考虑到如果按照从前的方法设立避难所（利用已有的建筑、设置野外临时设施），则无法保障冬天到来之后救援活动能够开展得万无一失。于是在这种情况下，政府向灾民提供了收容设施（灾害救助问题研究会编 1967）。

目前，按照《灾害救助法》的规定，救助的种类可分为 11 项，这是在经历了 1958 年 9 月 26 日的狩野川台风等灾害之后，对法律进行修改的结果。为了让应急救助能够更加顺利地进

① 此处的“中国”是日语“中国地区”的简称。“中国地区”是指位于日本本州岛西部靠近九州和四国的地区，包括山口、岛根、鸟取、冈山及广岛 5 个县。——译者

行，1959 年修改政令之际，诸如尸体的搜索及处理、清除住所及其周围的泥土、石头等严重影响日常生活的物品等其他的内容也被明确列入其中。这 11 项内容沿用至今（灾害救助问题研究会编 1967）。

1959 年 9 月，伊势湾台风登陆日本，导致约 5000 名民众死亡或去向不明，以此为契机，有人认为有必要进行包括灾害的预防及重建的综合性立法。1961 年灾害对策的相关基本法规出台，这是一个“一般性法规”，涵盖了应对灾害的基本事项。随着这项法律的出台，《灾害救助法》中与中央（地方）灾害救助对策协议会相关的第 3 条—21 条内容被删除，在《灾害对策基本法》中改称为中央（都道府县）防灾会议。此外，该法规还提高了《灾害救助法》中国库负担的比例（灾害救助问题研究会编 1967）。

参考阪神·淡路大震灾的经验，厚生省（当时）公布了 1997 年 6 月 30 日签署的 4 份通告，对灾害救助的内容做了大幅扩充，其中包括发布厚生事务次官通知及社会救援局长通知等内容。次官通知及局长通知提高了《灾害救助法》中所规定的预算的整体水平，大幅增加了金额标准。此外，首次用保护科科长的名义，将适用于大规模灾害发生之后的应急救助方针公示出来，明确阐述了包括预先准备工作在内的具体指导方针。当初在探讨这个问题的过程中，曾考虑过将次官通知及局长通知定为两个级别，即通常的标准和大规模灾害发生时的标准。然而与财政部门商议的结果是将整体水平提高到某一程度，当大规模灾害发生时，参照这个标准采取应对措施，如果出现经费不足的情况则通过制定特殊标准来处理。比如说，临时住宅的空调安装费用问题，根据季节、地域的不同是否需要安装存在着差异，因此这项支出就不包含在标准费用之内。灾害发生时，根据受灾的具体情况以及季节、地域的不同，探讨是否采用特殊标准，在此基础上追加支付金额（中川 1999）。

（三）《灾害救助法》的局限性

虽然《灾害救助法》历经数次修订，但是云仙火山灾害的发生还是暴露了其局限性。以阪神·淡路大震灾为契机，《受灾者生活重建援助法》终于出台，它对《灾害救助法》中亟待完善的部分做了有益补充。

《灾害救助法》虽以短暂的自然灾害的发生为前提，同时仅限于应急性的救助活动，然而在实际运用中却存在偏差，其局限性正体现于此（山崎 2001）。宫入的研究（1999）显示，其运用方面存在以下两方面问题。第一，与宪法规定的保障人民的身体健康及文化层面上最低限度的生存权、生活权利相比，"一般标准"定得过低；第二，法律运用的过程中，不仅没有与法的精神及目的相吻合，而且就特定的救助目的而言，甚至连法律明文规定的救助项目也公然遭到无视或轻视。

由于存在的局限性,《灾害救助法》无法应对阪神・淡路大震灾后灾民的生活重建,尤其是住宅的重建问题。然而在阪神・淡路大震灾所带来的诸多问题中,受灾家庭的生活重建是最严重的问题(吉井 2007)。受灾的 45 万户家庭中有 10 万户失去了家园,还有 5 万户需要入住临时住宅。在这种情况下,如果按照《灾害救助法》来实施救助,会有很多家庭无法依靠自身的力量完成生活(特别是住宅)的重建,尤其是对上述这些家庭而言。同时,也有学者指出,如果能够很好地运用《灾害救助法》第 23 条第 1 项第 6 款中"受损住宅的应急修缮"的相关规定,也许我们能够加速灾后的恢复与复兴工作(伊贺 1997、山崎 2001)。此外,按照《灾害救助法》第 23 条第 2 项规定,完全可以"通过现金支付的方式实施救援",可是大家却没有很好地利用此项内容(阿部 1997、山崎 2001)。

三、《受灾者生活重建援助法》的制定与修改

需要对《灾害救助法》中存在的问题进行补救,由此就有了《灾区人民生活重建援助法》的出台。与《灾害救助法》一样,《受灾者生活重建援助法》也经历了数次修订。住宅主体部分的重建是灾区人民生活重建工作中的基本问题,对此国家是否应出资援助,这一点成为修订工作探讨的焦点问题。

1998 年(平成 10 年)5 月,《受灾者生活重建援助法》正

式颁布（11 月正式实施）。其中规定都道府县要从互帮互助的立场出发有效地利用共同筹措到的基金，对因遭受规模较大的自然灾害而导致自家住宅完全被毁的家庭给予补助，允许其将补助金用于搬家及购买家具，并规定最高可支付 100 万日元的受灾居民生活重建支援金（大冢 2007）。但是，有关支援住宅重建的问题，在这一阶段仍有不少课题悬而未决。

当时，针对法律制度对住宅重建工作提供援助的问题，存在两种对立意见。有人认为住宅的重建是生活重建的核心，既然生活重建工作会对灾区逐步恢复、走向复兴发挥作用，就意味着承认住宅重建中存在“公共性”。同时，也有人认为“个人住宅是私有财产”，法律制度是不能介入到个人财产形成的过程中去的。基于此种情况，在法律制定之初，有关这个问题的探讨没有形成定论，不过在法律中也写明“以法律实施后 5 年为目标，对此问题展开综合性讨论，探求必要的解决办法”。

2004 年（平成 16 年）3 月，《受灾者生活重建援助法》的修订工作得以实施（4 月实施）。修改工作的重点是将救助金支付的额度从 100 万日元提升到 300 万日元，并通过提取都道府县所筹集到的资金将其付诸实践（同时，创设为筹措资金而发行地方债券的特别条例）（大冢等 2004）。此外，原来的法律仅以住宅“完全被毁的家庭”作为资助对象，在修改的法案中，将“大规模部分受损的家庭”也列为被援助对象。但是，在修订后的法案中，仍将修复住宅建筑物本身所需的费用列在被支付对象之外，同时对被资助对象的年龄、年收入也做了严格规定。出于这些原因，以兵库县、福井县、新潟县等为首的许多地方政府分别创设了各自的制度，对国家制度进行了补充。

225 2007年（平成19年）11月，修订工作再次展开。值得留意的是，这次修订是在住宅重建的"公共性"获得承认的前提下进行的。根据规定，国家可以投入资金用于个人住宅的重建。修改的要点如下（朝日新闻2007）：

1. 取消受灾者生活重建援助金中对支付对象的年龄、年收入的限制。

2. 取消对使用用途的限制（建造及购买新的住宅成为可能）。

3. 向一次性支付定额的方式转换（从前是在对使用用途作了严格限制的基础上，以累计支付的方式支付所需金额。为了配合住宅重建的新规定，更改为定额支付的方式）。

对房屋全部被毁的家庭提供最大金额为300万日元（①和②相加）的资助，①统一支付100万日元，②向重建现有住宅的家庭或购买新住宅的家庭支付200万日元，对修复现有住宅的家庭和租住房屋的家庭分别提供100万日元及50万日元的资助。

向大规模的房屋部分毁坏的家庭提供最多金额为250万日元（①和②相加）的资助，①统一支付50万日元，②与房屋全部被毁的家庭的支付方法一致。

四、都道府县制定的受灾者住宅重建支援制度

经过2004年（平成16年）的修订,《受灾者生活重建援助法》未将重建住宅所需的经费列为支付对象（对使用用途的限制），同时对年龄、年收入也做了严格规定，出于这些原因，地方政府制定了各自的制度，对国家制度进行补充。

在此，笔者将“创设年份”、“制度创设的诱因(灾害)”、“年龄和年收入”、“资金用途设限情况”等重要信息整理成表8-2（大冢2007）。鸟取县及新潟县的制度创设于地震灾害发生之后，与当时国家的制度相比，对年龄、年收入及使用用途的限制都要宽松一些。

表8-2 都道府县制定的受灾者住宅重建支援制度

	鸟取县	兵库县	福井县	新潟县
创设年份	2001年（平成13年）	2004年（平成16年）		
制度创设的灾害诱因	鸟取县西部地震	2004年的多起风灾及水害	平成16年神井暴雨灾害	新潟县中越地震
年龄和收入	对收入状况不做规定	（上述修订之后）规定年收入为800万日元以下，对年龄不做规定	对年龄·收入状况不做规定	对收入状况不做规定
资金用途设限情况	可以用于住宅修建	也可拨充住宅重建所需经费	建造·修复住宅所需费用亦为资助对象	改建修复住宅所需费用亦为资助对象

226　需要注意的是，这些制度不仅适用于地震灾害，同时也适用于对遭受风灾及水灾居民的援助。举例来说，2004 年《受灾者生活重建援助法》处于修订阶段，并未考虑到因水灾引发的住宅质量大幅下降的问题，福井县制定的制度就是针对这一问题进行了补充及完善。兵库县在 2004 年连续遭受风灾及水害，他们在考虑受灾者的具体情况之后对该制度进行了修改。以 2004 年 10 月中越地震为契机，新潟县创建了自己的制度。同年 7 月新潟曾遭受暴雨袭击，新潟县也同样参照该制度对灾民实施了追溯救助。

五、利用复兴基金进行住宅重建

都道府县设定的制度可以为受灾者，特别是为住宅的重建提供援助，不仅如此，还有采用“基金”的形式来达到这一目的的。

复兴基金的创设不仅以帮助受灾者重建家园为目标，同时也寄望灾区能够实现经济的复兴。与本节内容的主旨相呼应，我们将根据宫入（1999）的研究结果，对云仙火山灾害、北海道西南冲地震、阪神 · 淡路大震灾发生之后创建的基金进行粗略考察，探讨其对住宅的重建工作提供了哪些帮助。

表 8-3　各复兴基金对住宅重建提供的资助

	云仙火山灾害	北海道西南冲地震灾害	阪神・淡路大震灾
基金名称	云仙火山灾害对策基金	灾害复兴基金	阪神・淡路大震灾复兴基金
创设年份	1991 年 9 月	直至 1993 年 12 月为止，受灾的 5 个町村各自设立	1995 年 4 月
财源	县捐助金额 30 亿日元 捐款金额 60 亿日元 县提供的贷款金额 1000 亿日元	全部为捐款 158 亿日元（5 个町村的总额）	兵库县・神户市捐助金额 200 亿日元 提供贷款金额 8800 亿日元
地方财政措施	提供 95% 的交付税以偿还地方因贷款所欠债务的利息		提供 95% 的交付税以偿还地方因贷款所欠债务约 7000 亿日元的利息
房屋全部被毁时对住宅重建提供资助的总额	1150 万日元（最高金额 1450 万日元）	1350 万日元（出现特殊情况时为 1450 万日元）	55 万日元 + 利息补贴

将上述三项基金进行比较，不难发现其中的两大特点。其一，住宅重建助成金的金额相差近 10 倍。其二，用于住宅重建援助的财源很大程度上依靠捐款。换句话说，公共部门

在帮助灾区人民实施住宅重建方面，发挥着非常小的作用。云仙火山灾害的救助金中有约90%来自捐款，用于北海道西南冲地震灾害的救助金则全部依靠捐款。此外，阪神·淡路大震灾时，仅对分配给每户的55万日元捐款补贴了部分利息而已。

227 为住宅的重建工作等提供帮助的基金，虽然其使用的自由度很高，但当捐款成为主要财源时，基金的规模在很大程度上会受到捐款数量的影响，优缺点的并存正是复兴基金的特点所在。以都道府县、市町村的捐款为基本来源的款项所获得的收益能够被基金运用于各种事业和措施上。例如，在云仙火山灾害与阪神·淡路大震灾后，分别开展了69项和113项事业。不过，灾害的性质不同，募集捐款的方式也各不相同，这是一个难点。媒体的报道量、灾害的规模、大的灾害发生间隔的长短等，这些因素都有可能对募捐金额产生影响（表8-4）。因此在受灾者较少而遭遇的灾害较大时，基金的财源会相对丰富，而在其他的灾害发生后就不一定能够募集到那么多资金。住宅的重建是受灾者生活重建的一个基本问题，然而从资金方面为这项工作提供支持的制度却依赖来源并不稳定的复兴基金，对此我们应予以关注。

表8-4　近年来发生的灾害中筹集到的善款总额

年份	灾害	捐款
1991年（平成3年）	云仙火山灾害	约233亿日元

续表

年份	灾害	捐款
1995 年（平成 7 年）	阪神·淡路大震灾	约 1792 亿日元
2000 年（平成 12 年）	鸟取县西部地震	约 3.5 亿日元
2001 年（平成 13 年）	芸予地震	约 3000 万日元
2004 年（平成 16 年）	台风 23 号	约 13 亿日元
	新潟县中越地震	约 372 亿日元
2005 年（平成 17 年）	福冈县西方冲地震	约 13 亿日元
2007 年（平成 19 年）	能登半岛地震	约 30 亿日元
	新潟县中越冲地震	约 36 亿日元

六、遗留的课题及未来之路

如上所述，依靠都道府县的援助制度及基金的支持，援助活动已在各地展开，然而，由于地域及基金的不同，援助的内容也各不相同。2007 年经过修订的《受灾者生活重建援助法》出台，使全国统一的住宅重建制度在一定程度上得到了完善。但是，这并不意味着经过这次修订，综合性的灾区人民援助制度就此大功告成。

比如说，围绕应急临时住宅与个人住宅重建的问题就存在争议。一般来说，受灾者会经历如下的过程：从避难所迁至应急临时住宅、再重建个人住宅。问题在于将应急临时住宅仅作为临时避难的“一次性”住宅是否合适，对此有人持怀疑态度。应急临时住宅的建造、拆除都需要经费，建造需要大约 200 万日元，拆除大致需要 100 万日元，而且住宅内部的家具和日用器具也需要添置。如果认为300万日元的费用是"高成本"的话，就不应采取每次灾害发生之后就建造应急临228时住宅的做法，而应充分利用公共租赁住宅中有待出租的房屋，同时也可考虑如何利用民间租赁住宅中闲置的房屋，总之应该采取更加灵活的应对方式（探讨受灾者住宅重建援助问题委员会2000）。事实上，在新潟县中越地震发生后，就已有将私人小型旅馆及大宾馆等设施作为避难所使用的先例。但是这其中也的确存在各种问题，进展得并非十分顺利（福留2007）。该如何处理住宅重建及应急临时住宅的问题，直到今天仍无结论。

此外，大型灾害发生时，2007年修订的《受灾者生活重建援助法》究竟能否充分发挥作用，这一点也值得怀疑。假设首都发生直下型地震，则会导致85万栋房屋全部被毁；若发生东海地震，则会致使46万栋房屋全部被毁。在应对如此大的灾害之际，如果我们同样按照现行的（2007年修改过时的）制度来处理，国家的财政可能会面临崩溃的危险，对此大家深表忧虑。事实上，在2007年修改后的《受灾者生活重建援助法》的附加决议中，已经决定在4年之后重新展开讨论。这意味着仅依靠《受灾者生活重建援助法》这一政府的救助方式，效果是非常有限的，应参考兵库县的处理方式，将互助制度、JA互助、地震保险等共同救助、自助与政府的救助结合起来。

回顾明治时代以后我国行政部门制定的援助制度，不难看到，每次问题出现时，总是一边修改既有的制度，一边想办法克服困难，仍无法应对时就重新制定新的制度（法律）。然而由于新的制度缺乏整体性、概括性，只能反复修改。这样的情况总是在不断重复上演。为了避免上述情况的发生，必须重新探讨《受灾者生活重建援助法》的内容，尝试将其与《灾害救助法》合二为一，同时加紧《复兴基本法》的制定（吉川2007b）等，诸如此类的课题不在少数。

【参考文献】

阿部泰隆，1997「災害被災者の生活再建支援法案（上）」『ジュリスト』NO. 1119，pp. 103–112。

朝日新聞朝刊，2007「被災者支援、応急手当て」12月14日3面。

福留邦洋，2007「第３章第４節　中山間地域の生活再建とコミュニティづくり——阪神・淡路大震災から新潟県中越地震へ」『復興コミュニティ論入門』シリーズ災害と社会2，弘文堂。

「被災者の住宅再建支援の在り方に関する検討委員会報告書」内閣府防災ホームページ http://www. bousai. go. jp/oshirase/h12/121204.html

伊賀興一，1997「被災者の生活再建支援法案について阪神・淡路大震災の教訓と提言」『法律時報』Vol. 69, No. 6, pp. 64–70。

国土庁防災局監修・災害対策制度研究会編著，1992『日本の災害対策——その現行制度のすべて』弘南堂。

宮入興一，1999「自然災害における被災者災害保障と財源問題——雲仙火山災害と阪神淡路大震災との比較視点から」『経営と経済』Vol. 79, No. 2, pp. 115–166。

中川和之，1991「生活支援の政策展開」神戸都市問題研究所編『生活復興の理論と実践』勁草書房。

株式会社日本総合研究所，2005『災害復興財政の課題』http://www. jri. co. jp/press/2004/0112.pdf.

大塚路子，2007「被災者生活再建支援法の見直し」『調査と情報』No. 599。

大塚路子・小澤隆，2004「被災者生活再建支援」『調査と情報』No. 437。

災害救助問題研究会編，1967『災害救助誌——災害救助法20年の記録』災害救助問題研究会。

田村圭子・林春男・立木茂雄・木村玲欧，2002「阪神・淡路大震災からの生活復興」『第11回日本地震工学シンポジウム講演論文集』pp. 2411–2416。

229 山崎栄一，2001「被災者支援の憲法政策——憲法政策論のための予備的作業」『六甲台論集法学政治学篇』Vol. 48, No. 1, pp. 97–169。

吉井博明，2007「第2章第3節　災害への社会的対応の歴史」『災害社会学入門』シリーズ災害と社会1, 弘文堂。

吉川忠寛，2007a「第1章第3節　復旧・復興の諸類型」『復興コミュニティ論入門』シリーズ災害と社会2, 弘文堂。

吉川忠寛，2007b「第2章第2節　生活再建支援をめぐる現代史的展開と課題」『復興コミュニティ論入門』シリーズ災害と社会2, 弘文堂。

（地引泰人）

第二节　复兴计划的制订

230

一、对地方政府而言制订复兴计划的内容

对负责防灾危机管理工作的人而言，所谓“复兴计划的制订”似乎应在灾害应对工作告一段落之后进行。但事实上，筹划工作基本上应与初期应对工作同步进行。回顾阪神·淡路大震灾时的情形，兵库县在受灾之后迅速成立了专门的团队，着手复兴计划的筹划工作（阪神·淡路大震灾纪念协会 2005）。地方受灾的情况越严重，复兴计划存在的意义就愈发引人关注。之所以这么说，是因为目前还不存在这样一套概括性强且能让灾区将复兴工作扎扎实实进行下去的法律制度。要实现灾区走向复兴的目标，而非仅满足于恢复原貌，这个复兴计划对地方政府而言就是一个“路标”。

对于灾区而言，复兴计划应具备如下特点。其一，能够推进灾区重建工作的开展；其二，让所有受灾地区拥有面向未来的共同奋斗目标。不仅如此，它还应具备对外宣传的特点，要向从法律、制度及财源方面保障复兴计划顺利进行的国家各部委等相关机构以及灾区内外的社会舆论表明自己坚决执行复兴计划的态度。也就是说，通过复兴计划的制订，可看出我们能够在多大程度上从正常的政策实施体系中推导出紧急时期的应对框架，这是一个极具挑战的过程。

复兴计划的制订需要所有部委参与讨论，同时学者参与进来的情况也很多，他们在策划过程中经常会给出一些提案或者进行验证性的工作。作为地方政府的工作人员，应从实效性出发，将这些声音列入计划之中，他们的工作具有调整统合的特点，与制订基本计划、综合计划有相似之处。但同时，与这些计划不同的是，复兴计划的制订具有如下特点。首先，受灾者就在我们眼前，计划随即就要作为应对问题的对策付诸实施，具有共时性。其次，计划的制订要非常迅速，在无法用正常的政策实施办法来执行的情况下，该如何将这些元素体现出来，富于信息性及象征性的表达就更为重要了。

对于灾区而言，复兴计划应该具备哪些意义，承担什么231 责任，应该包含哪些内容，本文将着重围绕这些问题进行探讨，而并非展示行政业务上的制订方法。内阁府等机构已将多项研究成果公布于众，供大家参考。防灾危机管理人员及从事灾区复兴工作的人员在总体把握恢复·复兴事业特点的基础上，应该注意哪些事项，在此笔者想就这个问题进行探讨。

二、复兴计划应该具备解决三项课题的能力

在因受灾而蒙受巨大损失的地区，人们将“复兴计划”视为走出困境、踏上恢复·复兴之路的蓝图，政府与民众同心协力将其付诸实践，这样的例子在国内外已有很多。1923年关东大地震发生后制订的东京·横滨复兴计划（参照COLUMN“帝都复兴计划”部分）和1945年后在全国受灾城市中实施的战争灾害复兴计划都具有代表性。此外，很多城市都经历过灾后的复兴事业，实施了抗灾性强的城市建设（越泽2005）。伦敦大火（1666年）后的复兴计划及芝加哥大火（1971年）、旧金山大地震（1904年）后的复兴计划等都是城市形成史上非常重要的案例。中国唐山大地震（1976年）后阶段性的复兴事业及分散部署城市的策略，墨西哥城大地震（1985年）后的住宅重建计划，以及中国台湾集集大地震（1999年）后的农村复兴计划等，都是近年来非常优秀的复兴事例。用历史的角度观察灾后的复兴工作，我们能够看到受灾地区因复兴事业的开展获得了比以往更强的防灾功能，同时其经验教训

也会帮助周边地区提高日常防灾能力，客观上提高地域社会整体的安全性。从这层意义来看，复兴计划与地域社会课题的解决密切相关，灾害的规模越大对提升社会整体安全性的帮助也越大。

从存在的意义及其影响力来看，灾害发生后制订的复兴计划主要具备解决以下三项课题的作用（室崎 1996），让灾区尽快恢复原貌的“灾后恢复原貌课题”，避免同样的灾害重复出现、力保安全的“都市防灾课题”，从灾害中汲取教训、追求更理想的城市建设的“理想追求课题”。

要解决“灾后恢复原貌课题”，复兴计划中必须包含重建灾区人民生活、让地区整体得以恢复的内容。同时，这个计划必须具备内容具体、方向性强的特点，以便使每一位受灾者都能构建适合自己的复兴计划。“都市防灾课题”的解决要求我们找出受灾的原因，寻找到使城市不再遭受灾难袭击、具备防灾能力的对策和方法。“理想追求课题”的解决不仅要描绘出灾后地区重生的景象，还要将其视为一个具有普遍意义的课题，由此勾勒出一个全新的、面向未来的安全城市 · 地区社会的理想状态。如前所述，经历灾害并实现了复兴的地区，在谈及今后的理想状态时充当着领头羊的角色，“复兴”的意义正在于此。

232

受到灾情、都市规模、该地区的具体特征等因素的影响，上述三个基本课题构成的比例关系会有所变化。尽管如此，制订复兴计划时，这三者都是不可或缺的，所以应该将其视为考虑问题时的首要原则。

三、执行复兴计划所需的四要素

（一）构建一个与居民达成共识并让他们参与计划筹划的体制

灾害发生之后，灾区人民的安全意识空前高涨，大家都充分意识到拟定一个能够避免重蹈覆辙的复兴计划的重要性，这样的例子比比皆是。但是问题在于，这个复兴计划只有与居民的生活重建同时进行，才能得以实施。而利用行政手段制订一套在既定的框架中执行的自上而下的方案，就会出现很大的问题，这一点从古至今都未发生改变。

正因为如此，复兴计划的制订需要与当地居民展开对话，在此基础上达成共识。不仅从结果上要和当地居民达成共识，在计划制订的过程中就应让他们参与进来，近年来这样的尝试屡见不鲜（小千谷市（2004）等）。以往是在政府部门主导下制订复兴计划，如今则是与灾区人民共同制订一个实践性强的方案，当代日本地方政府制订的复兴计划正处于这样一个转变阶段。此外，在实际执行的过程中，需要构建行之有效的体制，让政府部门与灾区人民肩负起共同的使命，一道致力于复兴事业的开展。

（二）领导的指挥能力与专家组的参与配合

由于复兴计划具有“非常规”的特点，因此在将其付诸实践的各个环节上，常会出现各种问题。要改善从前的生活环境，要触及很多原来的体制、财产及权益等问题，这对灾区人民来说并非易事，同时也会导致行政组织内部发生混乱，甚至引起与外部组织之间的对立。在这种情况下，需要强有力的领导者来进行指挥，同时作为付诸实践的依据，也需配备非常优秀的复兴计划。在制订计划的过程中，为了能够充分汲取必要的专业知识，仅依靠政府部门内部的力量是远远不够的，邀请外部专家参与进来的例子屡见不鲜。在城崎町（1925）及函馆市（1934）、福井市（1948）的复兴事业中，除了领导的出色指挥之外，土木、建筑领域专家的参与也受到大家的一致好评。要将“非常规”这一概念植入到复兴计划中去，就需要构建一个能够有效地运用专业知识的组织结构。

233

（三）为复兴计划的执行提供保障的财源、政治力量、法律制度

为了使复兴计划能够付诸实施，需要动用适用于特殊时期的财源，创建能够解决问题的法律制度并紧急投入使用。同时，要实现上述目标，最终还是需要政治力量的支持。在可称作国家灾难的关东大地震（1923 年）及二战结束后，复

兴工作的展开依据的是《特别都市计划法》等相关法律，它们在某种程度上形成了一个特别法的框架。但同时由于政治方面的原因，复兴计划的规模被缩小了。不过即便在规模较小的都市复兴事例中，有些地区通过向中央索取财源处理权的政治手段从而顺利完成了计划。直至今日，复兴计划在财源及法律制度方面存在的一些缺陷仍遭到许多有识之士的批评。

即便如此，近年来仍有部分灾区为实施符合灾区人民实际情况的复兴措施而设立“复兴基金”的事例，如云仙普贤火山灾害（1991 年）、阪神・淡路大震灾（1995 年）、新潟县中越地震（2004 年）等。对于在国家的制度框架下不能给予充分援助的部分，这些基金能够做到灵活应对，为灾区恢复原貌、走向复兴提供有力的援助，可以预见今后再出现大规模灾害时这些基金仍会被有效地利用。

（四）随时调整复兴计划内容并及时付诸实施的体制

在执行复兴计划的灾区内，人员流动现象非常频繁，情况也在不断发生变化。这就要求我们在执行复兴计划的过程中，时刻关注灾区情况的变化，同时，建立一套能够根据情况的变化对决策内容进行适时调整的体制。肩负地区复兴工作的政府、市民及专家要持续不断地直接参与到计划的制订中来，这种组织结构的形成非常重要。阪神・淡路大震灾发生后，提出过许多建议的“受灾者复兴支援会议”就是基中一例。

234

四、制订复兴计划所需的五要素

（一）复兴理念简单明了且内容具体

近乎所有在都市复兴计划的实施中获得了较高评价的案例都非常准确地把握住了当时的具体状况及时代背景。他们的复兴理念简单明了，涉及灾后复兴工作的开展及未来的理想蓝图。复兴理念简单明了且内容具体，这一点不仅关乎安排复兴计划中各项内容的先后顺序，同时还影响到实现地区复兴梦想的主人翁——当地居民的士气。就结果而言，它和复兴计划的整体进展速度、灾后该地区应达到的理想状态紧密联系在一起。因此，复兴理念必须成为奋斗的总目标，同时内容又必须具体。在制订阶段，不仅要充分考虑到当前受灾的具体状况，还要对今后的发展方向做出慎重考虑，必须把它打造成内容具体且通过努力可以实现的计划。

拿具体的例子来说，城崎町（1925 年）的复兴计划在町长本人的指挥下进行，他将“温泉复兴”放在了首要位置，再一次将该町定位为一个主要利用当地温泉资源的旅游观光城市。他们加强了公共温泉设施的抗震性能，最终实现了强化城崎町整体安全的目标。此外，20 世纪 40 年代后，各地经历了频繁的火灾，灾后的复兴工作仍贯彻战争灾害复兴计划中确定的基本理念，沿袭了以“构建耐火城市”为目标的宗旨，并将其作为城市规划设计公布于众。

这些战前、战后的复兴计划都明确表达了复兴理念。有人认为，其之所以能够付诸现实，是因为当时的执政者拥有强大的权力，但事实上并未发生过没收财产等强权政治。非但如此，这恰好证明了计划具备实施的可能性。实际上，无论战前还是战后，如果得不到当地居民的认可，复兴计划是不可能付诸实施的。拿战前小城市的例子来讲，在争取当地居民同意的过程中很多计划都曾受挫（比如说丰冈町的例子（1925）等）。所谓实行强权计划才得以实现的提法过于简单，与事实不符。从以往的事例中能学到很多宝贵的经验，对此我们需要重新认识。

（二）地区建设的新目标及其过程

为了让复兴计划起到指南针的作用，必须营造出一种氛围，让人们可以朝着既定目标努力奋斗。既然是当地居民，是复兴计划实施的参与者，就应告诉他们地区建设的目标，今后他们将如何生活，以及为了实现奋斗目标该如何一步一步努力下去。解释一定要浅显易懂且内容具体，如果像政府规划那样，仅把抽象的理念、不同领域的工作规划罗列出来，人们就无从知晓灾区将发生何种变化，最终大家会过上怎样的生活。 235

我们要对灾区的发展目标、将来的生活状况进行探讨，而且要描绘出发展前景，只有如此才能成为人们前行的向导，方可称之为复兴计划。

此外，在复兴计划实施的过程中，如果大家看不到未来，不安情绪就会加剧，从而削弱计划推进的力度。对于那些靠自身的力量无法重建房屋的人而言，复兴计划的实施将在很大程度上改变他们的生活，因此要向他们详细解释复兴计划实施的具体步骤，同时告诉他们未来的发展方向。即便复兴工作已在分阶段进行，灾区人民已处于从临时住宅向永久性住宅过渡的阶段，也不应每次都在问题出现之后才想办法去应对，而要积极主动地思考复兴工作的发展进程，让其逐渐向既定目标靠近。这就需要行政规划与灾区人民之间达成某种共识，在自下而上的管理模式中建构出复兴计划的具体方案，这一点至关重要。

即便如此，灾难发生时要想制订上述复兴方案，仍存在一定难度。而东京都则是事先就将复兴计划制订好，而且在受灾之前就提前展开讨论的。他们不满足于将复兴计划中要展开的工作简单地罗列出来，而是在充分展开想象的基础上探讨其应涵盖的内容。

（三）恢复社会网络的方法

经历了经济高速发展之后，日本迎来少子老龄化时代，在这样的社会里，人们愈发依赖福利、医疗等服务。生活越来越方便，但是，社会服务网络中断造成的影响也越来越大。灾难发生时，尤其是当大地震发生时，社会服务网络会被暂时切断，此刻无论是在农村（那里可替代网络服务的手段非常少），还是在高度依赖网络服务的城市，重大问题都会出现。这一点在阪神·淡路大震灾发生之后出现的数次M6级地震灾难中大家已深有体会。现代社会便利程度的提高将导致灾害发生时灾区变得愈发脆弱，对此我们要保持清醒的认识。平时要认真把握政府和民间的社会服务网络，灾害发生时，要懂得如何才能将其维持下去，怎样寻找替代的方法，何时能使其恢复原貌，面向未来该创造何种新的形态，上述内容都应写入复兴计划。

（四）地区复兴计划与住宅重建并举

灾后复兴工作中，应将灾区人民重建灾后的生活与以提高地区防灾能力为目的的硬件设施配备工作同步进行。为此，应在恢复·复兴工作实施的各个阶段，将住宅的重建与硬件设施的配备工作都考虑在内。现代化都市的复兴事业中，公共设施、都市生命线的恢复与复兴工作是优先进行的，而它与住宅的重建工作是脱钩的，因此产生了很多问题。如此一来，就要求我们认清灾区的灾情特点，充分考虑到住宅的重建工作对地区恢复、复兴工作产生的影响，在此基础上制定一套适应

236

当地具体情况的对策，以帮助重建工作的展开。

墨西哥城地震（1985年）时，原有的城市基础设施基本没有出现问题，这就使住宅的重建工作与城市复兴事业很自然地联系在一起。与此不同，阪神·淡路大震灾后，城市的基础设施很快就得到了恢复，而住宅的重建工作却耽误了很久。此外，为无法重建或购买新住宅的困难户提供的重建计划因其存在单一性的缺陷致使地区社会走向衰退，这些都是学者曾指出的问题。

2000年以后，日本的丘陵地区接二连三地遭受到灾害侵袭，形式多样的住宅重建计划就此出台。尽管这些计划的规模都很小，但收效还是不错的。与基础设施的恢复情况相比，住宅重建的速度相对较慢。要推进地区的复兴事业，首先要援助住宅的重建工作，不但要让它与基础设施的重建同时展开，更要让它与商业、工业这些维持人民生活的活动联系在一起。我们需要建构的正是这样一个有助于地区复兴事业的计划。

（五）具有中长期战略特点的灾害抑制对策的实施

到目前为止，从灾害发生的频率及受灾的规模来看，木结构建筑密集的市区是地震灾害及火灾的重灾区，这里成为复兴工作开展的中心地区。因此，以提高防控能力、降低火势蔓延所造成的损失为核心的城市规划是灾后复兴工作的重点。同样，应对水灾的措施也应以土木建设、城市规划为工作重点。在社会公共基础薄弱的日本，为了避免同样的灾害重复发生，完善硬件设施及制订城市规划是灾后复兴工作中不可或缺的内容。这本是灾害发生之前就应实施的，正因为工作没有到位，才以灾害的形式出现，这些并非是不做也无碍的工作。近年来，在制订灾后复兴计划之际，有人对完善硬件设施及制订城市规划持否定态度。但是，为了遏制灾难发生，必须将具体的措施写入复兴计划之中，要使其与灾区的重建、灾区人民生活的重建同步进行，这一点是关键所在。

五、为了制订一套能够实现的复兴计划

237

（一）为了让灾区建设得更好

“前车之鉴”是制订复兴计划时最重要的一点。正视遭受过的灾难，从本质上把握其原因所在，复兴计划的制订应该从这里起步。

灾害的发生是其自身因素与社会环境之间的关系造成的，所以要把握灾害发生的原因，不仅要掌握灾害程度的大小、定量的数据，还要对社会原因、历史变迁展开探究。以往的经验证明，复兴计划不仅与灾害发生的概率、地理特征这些因素有关，同时，政府与当地居民间的关系、当时的生活方式、居民参与程度等都会对复兴计划的实施造成影响。

此外，灾害会将该地区存在的社会问题一夜之间暴露出来，我们必须重新审视城市中潜在的问题，包括灾害发生前已制订好的对策是否能有效地解决这些问题。同时，还要把握灾害引发的变化。

思考一下如今的社会环境，不难注意到灾害之所以带来损失，其原因是错综复杂的。这意味着仅制订防御对策是远远不够的。同样，作为时代赋予我们的重任，以建设安全、安心的社会为目标的“复兴计划”不应仅停留在业务规划的层面，而应勾勒出“崭新的地区形象”，使灾难不再降临。

（二）少子老龄化的日本该如何制订灾后复兴计划

如前所述，遭受灾难之后制订的复兴计划应以揭示“地区未来的理想蓝图”为目标。然而，目前地方政府制订的基本计划、综合计划之类的文件面临着全方位的转型。少子老龄化现象的出现使人口趋于减少，如果不顾这一事实，仍寄望于通过完善硬件设备、建设公共设施、开发新住宅区域的方式，实现人口增长、税收增加及地区繁荣，这样的计划显然已失去可行性。对于追求内容更具体、可实施性更强的灾后复兴计划而言，高度成长型的基本计划、综合规划是根本无法接受的。

在东南海 · 南海地震这样的特大地震灾害中，许多地区都蒙受了巨大损失，灾后复兴计划自然会因地区的不同而在内容、方向及目标等方面出现很大的差异。这样的问题在丘陵地带尤其令人担忧，在城区也同样有可能出现。地区自身的发展目标已迎来崭新的时代，即从数量上的扩大上升到质量上的提高。

在这种情况下，今后要制订出实施性强的复兴计划，就必须思考面向未来我们应该“发挥哪些优势，将给地区建设留下什么”这一问题，这是探讨“我们将失去什么，该放弃什么”的问题。但是，这样的讨论可能导致以防灾性、日常安全管理为名在行政服务方面一味讲求有效配置的情况出现，应极力避免。从这层意义上讲，在受灾之后才探讨复兴计划，会出现很多难以应对的局面。我们还是要提前对可能发生的事态做一定程度的预测，同时要对完成复兴工作之后的地区面貌达成某种共识。

【参考文献】

計盛哲夫，阪神・淡路大震災復興計画，2005「翔べフェニックス——創造的復興への群像」財団法人阪神・淡路大震災記念協会，pp. 13-37。

内閣府防災ホームページ http://www. bousai. go. jp/4fukkyu_fukkou/ (2008年 1 月現在)。

越澤明，2005『復興計画』中公新書。

室崎益輝，1996「神戸市における震災復興計画策定の経緯と課題」『都市計画』pp. 200-201 合併号。

室崎益輝，1998「復興都市計画論の再構成」三村浩史＋地域共生編集

委員会編『地域共生のまちづくり』pp. 322–347, 学芸出版社。
西山康雄, 2000『「危機管理」の都市計画』彰国社。
牧紀男・林春男・立木茂雄・重川希志依・田村圭子・佐藤翔輔・田中聡・澤田雅浩・小林郁雄, 2006. 4「ステークホルダー参加型復興計画手法の構築——小千谷市復興計画策定の試み」『京都大学防災研究所年報』No. 49, pp. 137–146。
新潟県小千谷市ホームページ：震災復興計画 http://www. city. ojiya. niigata. jp/saigai/bousai/jishin17_03.html（2008年1月現在）
越山健治・室崎益輝, 1999「日本における過去の復興都市計画の比較研究」『地域安全学会論文集』No. 1, pp. 189–194, 地域安全学会。
越山健治・室崎益輝, 1999「災害復興計画における都市計画と事業進捗情報に関する研究——北但馬地震（1925）における城崎町、豊岡町の事例」『都市計画論文集』No. 34, pp. 589–594, 都市計画学会。
越山健治・紅谷昇平・上西周子, 2000「災害時における大規模住宅供給に関する考察——1985年メキシコ地震における住宅再建計画について」『都市計画論文集』No. 35, pp. 415–420, 都市計画学会。

<提供了更为详细的实际案例的资料>
浦野正樹・大矢根淳・吉川忠寛, 2007『復興コミュニティ論入門』シリーズ災害と社会 2, 弘文堂。
神戸大学都市安全マネージメント研究室ホームページ：大規模災害後の復興プロセスにおける住宅再建支援に関する教訓資料集 http://www. research. kobe-u. ac. jp/rcuss-usm/research/daidaitoku/database. html（2008年1月現在）

（越山健治）

专栏

帝都复兴计划

广井悠

1923年9月1日发生了关东大地震，旨在从这场灾难中摆脱出来的复兴计划从地震后的第二天已开始被探讨。当月27日，山本权兵卫内阁正式成立了帝都复兴院，在这个机构的主导下，复兴计划作为国家级的工程项目正式启动。

制订复兴计划的核心人物是帝都复兴院总裁兼内务大臣后藤新平（原铁道院总裁、东京市市长）。他提出“通过发行国债从民间收购所有被烧毁的土地，将其建为宽幅约100米、中央是绿化带的宽马路，竣工之后再转卖给民间”，为此约需30亿日元（是当时国家预算的两倍）。这是一个需要巨额经费支持的且有些过激的复兴方案。后藤希望以这次灾后的重建工作为契机，对城市结构进行一次根本性改造。遵照后藤的复兴理念，复兴院在照顾到财政状况的同时反复展开讨论，同年10月底提交了帝都复兴计划的原案（事业经费12亿9，500万日元的甲案，以及事业经费为9亿6300万日元的乙案）。甲案是一份正式的政府原案，得到财政部的同意。但是，经济界对巨额的复兴费持质疑态度，再加上对东京的改造工程并不热心的有权势的既得利益者的存在，这些因素导致复兴计划缩水，经大幅修改后最终预算被缩减为后藤提案的十分之一，即约3亿4000万日元。按照此案，主干道路的宽度被缩小，公园及广场的数量被削减，当时仍在施工中的共用水沟的修建工程被迫停工。同时，没有被烧毁的地区（小石川、牛入、四谷等）由于未实施该计划，日后成为了廉价旅店集中的密集型街区，二战中受空袭的影响，它们遭受了巨大的打击，时至今日这里的城市整顿工作仍需大费周折，需要对马路进行扩建等。后藤的复兴理念未能达到帝都复兴方案的境界，最终只停留在帝都复原方案的层面上，仅最大限度地抑制了那种毫无次序可言、缺乏理性思考的复原工程。

正因为如此，灾后帝都复兴工程的展开是在被烧毁的地区推进土地区划的调整工作，而非“从民间收购被烧毁的土地”。土地区划的调整就是通过交换土地的方法实现整齐划一及再分配。通过这项措施的实施，原本在坑坑洼洼的田地上形成的密集型街区改建为新街区，宽幅 4 米以上的生活道路彼此相邻，同时还配备了上、下水道及煤气等城市基础设施。虽然这次改造没有采用国家收购的方式实现街区的焕然一新，然而经过这次翻修，开放的空间及防灾公园被分散布置开来，小学的修建都使用了具有阻燃性能的钢筋混凝土，崭新的震灾复兴桥拔地而起，旧江户城由此蜕变为一座现代化的都市。此外，在道路建设方面，为了防止无次序的街区建设再次出现，此项工程迅速开展起来。关于这一点，震灾发生之后，美国的政治外交学者比尔德（Beard）曾在第一时间发电报告诉后藤：“首先要决定新马路该如何修建。在马路的修建事宜决定之前一定要禁止建筑物的施工。要统一规划铁路的站台建设。”尤其值得一提的是，这次的道路建设具有前瞻性特点。格子状道路是以往城市道路结构的主流，而经过这次改建，设计为机动车通行效率高的放射环状道路。东京的城市结构就此形成，直至今日不曾改变，它以放射环状道路为基础，包括了以昭和大道、靖国大道、永代大道为代表的 52 条干道及马路。此外，作为改善市区环境及完善城市基础设施的一部分，还修建了隅田公

240

园、滨町公园、锦线公园三大公园，以及与小学校（地区社会的象征）连成一体的52所小公园。在帝都复兴事业之中，确保公园的修建工作是建设防灾城市的关键所在。这一时期反复展开以当地居民为对象的启蒙、说服工作，使土地区划调整工作深入人心，大家深信这项工作是“城市规划之母”，这些努力对日后我国开展市区整顿工作起到了很大的作用。

帝都复兴计划仅用七年时间就宣告完成，之所以能够在这么短的时间内实现复兴之路，得益于后藤的未雨绸缪。在震灾发生的两年以前，后藤就成立了“都市计划研究会”及“东京市政调查会”，聚集了一批有才干、有相关工作经验、熟悉业务的人士及学者，起草了一份“八亿日元计划”的都市改造计划（完善都市基础设施计划）。正是对城市规划的积累以及对人才的培养这些事先的准备工作让城市得以迅速恢复，迈向复兴。

后藤宏大的复兴计划未能原封不动地被付诸实施，时至今日仍有许多人对此深表遗憾。然而，在地震发生之前，有计划的城市建设仅能在新建的城市及租界里看到，以地震灾害的发生为契机，复兴计划作为对城市结构进行彻底改造的宏伟计划呈现在我们眼前。尽管设计方案被删减了部分内容，但残留着江户时代容貌的东京最终还是完成了向现代化城市的蜕变。从这一点看，帝都复兴计划在日本城市规划史上具有非凡的意义。

【参考文献】

越澤明，2001『東京都市計画物語』ちくま学芸文庫。
郷仙太郎，1997『小説後藤新平』学陽書房。
北岡伸一，1988『後藤新平』中公新書。
越澤明，2005『復興計画』中公新書。
2007「特集・後藤新平　東京をデザインした男」『東京人』Vol. 245, pp. 15–105。

第九章　产业损失与企业的灾害危机管理战略——企业持续经营计划论

第一节　灾害的经济损失

第二节　从灾害中走出的产业复兴

第三节　企业的灾害危机管理史、企业持续经营计划的现状及课题

第一节　灾害的经济损失

242

围绕灾害带来的经济损失这一问题的探讨大致可分为两类，即从经营学角度（包括赔偿损失等法律论、保险论等）及宏观经济学角度（假定经济损失等的政策论）展开的分析和讨论。在本节中，首先从经营学和法律的角度出发，对经济损失的类别、影响经济损失的诸要素进行探讨。其次，从宏观经济学的角度对经济损失推算及灾害损失预估问题进行论述。

一、经济损失的类别

首先，我们以组织为单位来看“经济损失”问题。

除了自然灾害之外，各种各样的事故、纠纷、灾难、疾病等情况都会使企业蒙受损失。不论是自然灾害还是人为的灾难，为了改善企业经营状况、调查清楚灾害对企业资产带来的影响（经营学、会计学的角度），或是在加害者存在的情况下为了从第三方获得赔偿（法律论、保险论的角度），我们有必要调查清楚损失金额的额度。

这个损失大体可分为物理性损失、身体损失及纯粹经济损失三类。

（一）物理性损失（物品损失）

所谓物理性损失，是指工厂、建筑物、机械、设备、库存等的损毁情况。一般指生产原材料的损失，出货前及销售前的库存损失，开展业务所需的办公器材、计算机等的损失。

行业间共通的损失主要是指资本受到的损失，具体包括建筑物、厂房等设备的损失。现实中存在时价（旧货市场的价格等）、再次购入价格、簿价、保险金支付金额等计算方法。问题在于，将设备置换成经济损失是一件非常不易的事情。很多器材如243 果按折旧后的簿价来计算它已失去价值，可是实际上大家仍然在使用。这种倾向在小企业、小办事处那里尤为突出。

与此不同，大企业有时会以灾害的发生为契机，通过更新受损的生产设备、购置新设备的方式完成对设备的投资。从长远的角度看，蒙受的经济损失有时会对大企业的发展起到促进作用。这是因为长远来看"资本的更替"具备提高产能的功效。举例来说，有人认为，中京工业地带在遭受伊势湾台风袭击后，正是由于实施了对生产设备的折旧处理，才为日后的经济高速增长打下良好的基础。

农林水产业中的物品损失主要是指器材及收获物的损失。农产品损失因台风、水灾、地震的发生而各不相同，同时也会因季节的不同大相径庭。尤其是碰到秋季的台风或水灾，此时正值农产品的收获季节，损失有时特别大。1991年的台风19号，即“苹果台风”袭击日本就是一个非常典型的例子。收获在即的苹果被打落，再加上树木倾倒、树枝折断等原因，受损的苹果达38万8千吨，经济损失高达741亿7千万日元。

中越地震时，灾害虽没有带来直接经济损失，可是由于警戒区域的设定，以及随之而来的长时期的避难生活，使家畜普遍遭受了损失，比如农户养殖的鲤鱼、牛、猪等。这些虽然同样属于物品损失，却不是灾害导致的直接损失，而属于行政措施（法律措施）带来的间接损失。

（二）身体损害（人员损失）

所谓身体损害，是指受伤者、死亡者的出现所带来的经济损失。将人命折合成金钱来计算，由于其中包含伦理、道义方面的问题，因此日本在进行有关灾害的损失推算、损失预估时，一般不将此项包含在内。

但是，在各种杀人案及事故等的民事赔偿及保险金的支付等过程中，人的生命往往纠结着金钱问题，这是毋庸赘言的。

这其中包含以下几种看法。

第一、如果我们以企业组织为单位来看，组织依靠“人”的存在得以成立，失去员工有时甚至会关乎到一个组织的存亡。如果遇到员工死亡、受伤的情况，企业要向员工支付治疗费、慰问费、退职金、替代人员的津贴等费用。企业的经营者及重要员工的死亡、受伤，或者说演艺公司失去某著名歌星、体育俱乐部失去某著名选手，遇到这种情况，企业会丧失很多机会，这一点在上述事例中体现得尤为明显。但是，尽管因员工及合同工等的伤病、死亡给企业造成的损失属于“逸失利益”，却被视为是该公司理应承担的风险范围内的损失。即便它属于人为损失，也很难获得赔偿。此外，从第三者蒙受损失的角度来讲，该组织遭受的损失被视为是“间接损失”的一种。

第二、有人认为，即便不能把人的生命换算成金钱这一前提依旧存在，事实上这个人丧失了将来继续为社会做贡献的机会。拿 9・11 事件来说，比蒙受到物质方面的损失更为严重的是在 WTC 这个纽约经济中心地带工作的人们丧失了生命，这意味着人才的丧失，正是出于这样的理由，他们在将伦理等问题视为前提的情况下，进行了人才损失的计算。考虑到那些从事与金融、保险、不动产相关的职业的平均收入、晋升状况、65 岁退休、折扣率等因素，纽约市计算出的金额为 87 亿美元。纽约联邦储备银行在考虑到死者的收入及希望工作年数等因素的基础上，将金额定为 78 亿美元（人命的损失）。同时，考虑到丧失雇佣机会的9个月可视为劳动时间的缩短，再加上雇佣量的减少、平均工资等因素，他们最终将恐怖行动导致的损失金额定为36亿至64亿美金。

第三、受灾地区人口的外流及人口减少会给经济带来很大冲击。在阪神·淡路大震灾中，震灾发生之后很短的时间内，就有近10万人离开了神户市（现在已基本恢复到地震发生前的人口数）。毫无疑问，这会使地区商业街的复兴及消费长期处于低迷状态，损失越大的地区这种趋势越明显。

2004年12月的印度洋海啸中，在损失最为严重的班达亚齐地区，27万人口中死亡及失踪者占四分之一。2005年8月，“卡特里娜”飓风袭击新奥尔良市，造成了毁灭性打击，即便在灾害发生的一年半后，仍有一半以上的人口流失在外。①

在人口减少的情况下，希望经济能够恢复到灾害发生之前的水平是相当困难的。人口规模的减少使地区经济规模缩小，这会对消费经济产生很大影响。

人员损失的问题涉及伦理问题，因此试验性的计算基本上尚未展开。但是，即便从金钱层面来看，它对一个组织的冲击力、对宏观地域经济的影响力都非常大，对此我们不能忽视。

（三）纯粹经济损失

245

在物理性损失、身体损害未发生的情况下出现的经济

① Chicago Tribune 2006年6月7号。

损失，我们称之为“纯粹经济损失”。在日本，一个相近的概念——“间接损失”，是常用的说法。但是，所谓“间接损失”包含两个含义，即第三方蒙受的损失（比如说当公司职员成为交通事故的受害者时，他不能完成工作，这种情况下公司就蒙受了间接损失），以及纯粹经济损失意义上的停业、逸失利益。

灾害损失主要是指后者，而前者只在规定的范围内使用（因遭受自然灾害而不得不推迟交货期，如果在这种情况下对方仍要求损失赔偿，那就不合常理）。

纯粹经济损失包括以下几种情况。

1. 停业（生产线因受损而停产，由于员工不能聚集到一起而停产、店铺关门）。

2. 人员及物品受交通状况的影响被分割开来，由此导致的损失。

3. 电、煤气、水、通信等城市生命线的中断造成的停工。

4. 灾害使经济活动受到间接影响（由于灾害的发生使商品滞销、无法成交，使游客、来访者减少）※ 流言损失有时就包含在内。

在发生自然灾害的情况下，纯粹经济损失（间接损失）是得不到金钱方面的赔偿的。但是，当大规模的事故等人为灾害出现时，只有当过失的加害者能够预测到灾害可能会发生，即“预测的可能性”，同时在“因果关系”成立时，1、2、4 才能成为损失赔偿的对象（JCO核燃料处理工厂临界事故等）。

在人为灾害方面，1981年日本敦贺原子能发电站的放射能泄漏事故、1997年纳霍德卡号的重油泄漏事故（保险金的支付者为国际油污赔偿基金）、1999年东海村JCO核燃料处理工厂临界事故等事故中是存在加害者或是保险金支付者的，这种情况下，在因果关系可以认定的距离、时间范围内，相关责任方展开了针对停业损失、拒绝交易、价格下滑的赔偿工作。而在一般情况下，即使交易失败是由于交通事故、铁路事故所致，也很难获得赔偿，由此说来，人为灾害可算是比较特殊的。

此外，由于水、电、煤气、通信等的中断导致的停产，只能获得水、电、煤气、通信这部分费用的赔偿，而因此带来的间接性损失，则被视为是不可预见的损失，一般是无法获得赔偿的。

246

法律、保险等领域所说的“间接损失”主要指的就是这种纯粹经济损失，在实际操作中，就是一些非常直观的数据。

但是，即便要计算出具体的数值也绝非易事，不同企业的计算方法也各不相同。假设工厂里的生产线停工，出现“推迟”出货的情况，但如果企业通过自身的努力将延误的部分弥补回来，年生产量没有出现减产，试问何谓纯粹经济损失亦或者是“间接损失”呢？究竟它算是逸失利益还是机会的丧失？还是为了恢复生产需要加班等原因所产生的费用？或者说是上述各项的总和？从宏观的角度来分析“间接受害”非常困难，同样从微观角度探讨“间接损失”也绝非易事，这一点后文中将会涉及。

二、对经济损失的增减产生影响的诸要素

接下来，我们通过观察不同的企业、不同的组织探讨影响经济损失增减的各要素。

（一）企业规模的不同导致的耐力差异

企业规模是起决定作用的重要因素。虽说大企业的损失金额会较大，但规模越大的企业——也许它并没有考虑过应对灾害的对策——其网点在全国分布的越广。同时，资金的调拨也不会成为问题，它自身又拥有较强的消化损失的耐力。而且它们还加入了地震保险、企业综合赔偿责任保险（CGL 保险），通过与贸易伙伴的合作关系确保库存，做好了在灾害发生时启动的融资预约工作（巴川制作所）等。总之，它们事先已考虑好了各种对策。

阪神・淡路大震灾之际，神户制钢所、三菱重工、川崎重工、住友橡胶等企业都因厂房的倒塌、机械损坏等原因蒙受了巨大损失。这些企业此前曾因受工业限制法的约束，不能创建新工厂。然而以阪神・淡路大震灾为契机，生产线的重组成为可能。企业因此获得发展，在 3、4 年内就消化掉灾害带来的损失。

而另一方面，企业的规模越小，灾害带给它的影响就越大。

阪神·淡路大震灾中，作为地方特色产业的神户市长田区的塑料鞋产业和滩[①]地区的酿酒业都曾遭受到致命的打击。这里的塑料鞋产业曾占全国市场份额的60%，而在地震发生后，包括其他相关企业在内的500家企业几乎都蒙受了损失，70%的企业厂房完全被毁，20%一半被毁，10%部分被毁。1994年其工会企业[②]曾达226家之多，而到2004年减少到141家，员工数也减少了近一半。全国市场的占有份额从鼎盛时期的8成下降至如今的6至7成。受灾总额高达2000亿—3000亿日元（关2000、复兴10年委员会2005）。

滩地区酿酒业的市场份额曾占全国的30%，总计51家企业中房屋全部被毁和一半被毁的占60%，部分被毁的占40%，其中木结构建筑的工厂几乎全部倒塌。酿酒厂减少了14家，员工数也一度呈现减少的趋势。不过到1997年时，他们的生产量已基本恢复，达到了地震前的94.6%，同时也保持了全国的市场占有率（关2000、复兴10年委员会2005）。

在塑料鞋的生产过程中，虽然在缝纫、裁剪等工序方面实行地区内部的分工作业，并长期延续着交易惯例，但是包括供应链在内的地区产业的整体恢复相当困难。同时塑料鞋的生

① 滩指神户市东部至大阪湾约12km的临海地带，该地区是日本清酒的主要产地。——译者

② 即参加了同一工会组织的企业。——译者

产在与海外产品竞争的过程中，一直处于低迷状态，在转包结构中实现销路的恢复也并非易事。诸如此类因素，增大了产业复兴的难度。与此不同，滩地区的酿酒业由于受到品牌效应的影响，再加上主打国内市场，每一个企业自身又都能实现自我恢复与复兴，因此很快就从低谷中走了出来。上述这些因素，也许就是造成两个地区不同产业不同命运的原因所在。

此外，阪神·淡路大震灾之后，商业街、零售店呈现出一片萧条景象，而超市等规模较大的商铺在数量上却实现了增长。

以灾害的发生为契机，呈上升趋势的产业、大企业会消化掉曾蒙受的损失，而处于低迷状态中的产业、小企业则会进一步下滑，同时也会加速产业的集中。

（二）交通故障与通过供应链产生的连锁影响

从灾害与物流网络之间的关系来看，存在着两种情况。一种是交通网络出现混乱甚至被切断，另一种是因交通故障的出现导致供应链出现问题，继而产生连锁影响。从经营学的角度来讲，前者是对以供应客户为目的的物流和库存（outbound，supplychain，management）产生的连锁影响，后者是对生产过程中半成品、零部件的物流、库存管理（inbound，supplychain，management）带来的负面影响。

1. 交通网络出现混乱

交通网络出现混乱会打乱甚至阻断人及物品的移动，这足以对地区经济产生影响。

举例来说，新潟县中越地震发生时，关越公路及 17 号国道、上越新干线曾一度停止通行，造成了关东与新潟间运输费用的提高。 248

据估算，新潟县中越地震之际，受交通故障的影响，关东及近畿地区蒙受了重大经济损失，全国每天蒙受的损失为 15.4 亿日元（土屋等 2005）。

即便交通方面没有出现故障，也会导致被称为“过度集中（Convergence）”这一灾害发生时特有现象的出现。灾害发生之后，救援、救护的人员会立刻奔赴灾区，调查灾情的工作人员、救援物资也会集中进入灾区，这些都会导致混乱状况的出现。救援人员、救援物资一齐涌向灾区是灾区很快陷入交通混乱的主要原因。越是靠近灾区的中心位置，混乱程度越高。灾情越是严重，混乱的程度也随之加剧。所幸的是这种情况不会持续太久。此外，信息交流也会出现同样的问题，电话等通信方面会出现所谓的“辐辏”现象。

2. 通过供给链产生的间接影响

另外一种是对供给链产生的影响。对于那些沿袭着与老客户保持贸易关系（市场流动性较少）的产业，或者是零部件多且在多个生产环节采用转包形式的产业，亦或是流通环节多的产业，由于供应链的存在，他们很容易受到灾害带来的影响。具体而言，汽车制造业、制纸业、精密仪器产业等是比较典型的例子。

供给链之所以能够带来很大的影响，主要有两方面的原因。首先，减少呆滞库存是现代流通领域的一种趋势，这是力图降低成本带来的结果。这种流通理念认为，与保持库存量相比，平时仅持有最低限度的零部件产品，紧急情况发生时，采取临时应对的方法，这样才能有效地降低成本。它是现代流通领域里一个共同的趋势，便利店等就是典型的例子。

另外一个原因是重要零部件的生产分散在不同厂家。汽车零部件、精密仪器的生产大多都不能实现技术的共享，拥有某项技术正是企业的“卖点”所在，如果把该技术转让给其他企业就会导致自身的市场占有率下降。在沿袭着贸易惯例的行业中，零部件的生产对指定企业的依赖程度格外高，因此他们不可能立刻找到能够替代原生产厂家的产品供应商。

新潟县中越地震发生之际，日本精械长冈工厂被迫停工停产，对汽车生产厂家的零部件供应也随之中断，本田、富士重工、斯巴鲁的生产也因此受到数日的影响。

汽车零部件生产商 Riken 柏崎工厂在新潟县中越地震时也 249 蒙受了损失。在生产发动机零部件“活塞环”方面，Riken 的产量占到国内市场份额的 40%，其生产的变速器零部件中的“密封材料”占国内市场份额的 70%。“活塞环”和“密封材料”都是高精密零部件，之所以没有做好备品的储备工作，是由于为大汽车公司提供变速器零部件的生产商 JATKO 及 AISIN AW 在密封材料上完全依靠 Riken 的供给。因此丰田汽车、日产、三菱汽车、富士重工、本田技研工业、铃木及大发都曾一度停产，四轮汽车的生产均出现了延误现象，到7月24日为止，丰田公司延误的生产数约为55000辆，铃木为18000辆，本田为12700辆，日产为12000辆，三菱汽车为10000辆，大发为9000辆，国内12家汽车生产厂家总计延误的产量达124000辆。其中丰田停产六天，是停产时间最长的厂家，因此延误的生产数量达到60000辆，但他们通过加班等方式进行补救，所幸未对年度生产计划造成影响。

1995年阪神·淡路大震灾时，由于神户制钢所的线材供应被迫中断，致使丰田等9家公司的生产受到影响，减产约4万辆。

三、灾害损失推算和灾害损失预估

我们通常会在两种情况下，运用宏观经济学的思考方式计算经济损失。第一种是事后对地震造成的损失进行计算的“灾害损失推算”，另一种是在地震发生之前对其可能会带来的损失进行估算的“灾害损失预估”。从施政的角度讲，这两种思考方式都具有非常重要的意义。

（一）灾害损失推算

灾害损失推算的目的在于确定用于灾区恢复和复兴事业

的财政拨款数额，掌握保险金支付的基本信息，以及明确灾害对该地区、对日本经济产生的影响。灾害损失的推算工作多由中央、地方政府或专家负责实施。

由于能够对灾后的恢复及复兴工作产生积极影响，所以灾害损失的推算工作在政策的实施方面意义重大。1995 年阪神・淡路大震灾发生后的数月中，国土厅估算的损失额为 9 兆 6 千亿日元，兵库县估计县内的损失总额为 9 兆 9268 亿日元。至此，其损失金额已形成一种定论，即“阪神・淡路大震灾的受灾总额约为 10 兆日元”。

据估算，到 1999 年度为止，国家、受灾府县（大阪府和兵库县）及受灾市町村（灾害救助法适用市町村）对灾区投入的公费资金为 9 兆 7450 亿日元（扣除国库、都道府县的补助金）（安田等 2000），基本与推算的受灾损失金额保持一致。

250

现实生活中，对于灾害带来的经济损失，通常采用宏观经济学式的“推算”方式进行计算，而且在估算灾害损失时，一般将“直接损失”（资本总额损失）和“间接损失”（流通量损失）分开来计算。

对作为直接损失的“资本总额损失”的估算工作，将以建筑物、设备等地区的推算损失率（在地震发生的情况下考察房屋的倒塌率；水灾发生的情况下，依照浸水深度进行测算，同时也要考虑建筑物的层数）、受灾面积、单位面积固定资产评价金额等为标准进行。

间接损失指资本总额损失之外的各种经济损失，它是通过对时间跨度（对从灾害造成的损失中恢复过来所需时间的预估）、距离跨度（灾害影响到的地理范围）的把握进行推算的。因此，灾害对经济的影响会持续到何时，影响的范围如何，是县规模、地方规模，还是日本乃至世界范围？按不同的假定（模型、计算公式）模式所计算出的损失金额也会发生变化。

灾害损失推算的方法大致可分为三种（丰田 1996）。

第一种方法是在对每一产业的生产函数进行预估的基础上，计算出灾后在资本总额减少的情况下的产量，并将恢复到灾前生产水平为止的减少部分累加起来进行计算。

第二种方法以资本总额损失等为基础，利用产业关联表对波及效应进行计算。但是必须注意的是，在使用产业关联分析考察灾害带来的影响之际，是将产业关联分析中波及效应的“间接效果”作为灾害的“间接损失”来读解。

第三种方法是通过实施企业调查，对地震发生后一段时间内不同产业、不同市町村、不同规模的损失额进行推算，并假设在一定期限内完成重建工作，导入线性插入法。

（二）灾害损失预估

灾害损失预估是指对灾害带来的损失的预估。比如说，如果东海地震或者是首都直下型地震等假设的灾害发生，它对经济的冲击力到底有多少？这样做的目的无非是促进今后防灾措施的制定能够有效地进行。

在假定首都圈发生直下型地震时，内阁府对灾害损失的估算采用的是上述第一和第二种方法。假设当时人被阻隔开来，物流被切断，生产及服务工作被迫停止，内阁府根据这些情况造成的损失，再加上由此产生的波及效应，估计间接损失的金额有可能达到直接经济损失的三分之二，或者是同等金额，甚至超过直接损失的金额。举例来说，假定东京湾北部发生地震，具体情况分别是 M7.3，冬季 18 点，风速为 15m/s，估计它造成的直接经济损失为 66.6 兆日元，由于生产量的减少产生的间接经济损失为 39.0 兆日元，交通中断带来的间接损 251 失是 6.2 兆日元，全部倒塌及被大火烧毁的建筑物数量约为 85 万栋，死者约为 11000 人。

要进行灾害损失的预估，首先要对灾害规模及地点做一大致推断，并设定具体的情节，然后在此基础上计算出损失金额。正因为如此，其自身存在局限性，存在着只有在“损失预估”这一特定环境下才会出现的问题。其中最大的问题在于情节的设计，比如说灾害发生的地点、时间、季节、风速等该如何设定？技术层面上，存在人口、产业分布等详细资料和参数的不确定等问题。

在上述内阁府对首都圈发生直下型地震的设定中，他们假定了 18 个震源区域，并将被认为是灾情最为严重的东京湾北部定为震源所在地。由于火灾的发生以及火势蔓延，还有难以回家人员等情况的出现，他们认为这里将会遭受巨大损失。毋庸赘言，此处的地点、时间、风速等条件都是设定出来的，地震绝不会按照这样的情节安排发生。对于那些有可能出现的灾害，在设定灾情时，一定要假设蒙受到最为严重的打击，“损失预估”工作正是为了防备这种情况的出现而展开的。

（三）灾害损失推算和灾害损失预估中存在的问题及其意义

灾害损失推算和灾害损失预估的测算工作使用的是相同的方法论，它们分别适用于大的灾害所带来的损失，以及假定灾害发生这一虚拟的情况。由于其重大的社会意义及社会影响力，我们正在努力使其更趋“正确性及严密性”。即便如此，目前仍存在一些问题，列举如下：

第一、不可验证性。由于灾害损失推算及灾害损失预估提供的均是理论计算值，而灾害损失额的“真实数值”、“实测值”原本就是测算不出的。因此模型的“恰当性”、“妥当性”也不得而知，它具有不可验证的特点。

第二、模型的不可靠性。既然模型是被设定出来的，那么灾害带来的经济损失有多少，导致损失扩大、缩小的原因在哪里，这些问题我们是作为已经掌控的内容来对待，并以此为前提来思考问题。

拿产业关联分析的例子来看，仔细考虑的话，其实存在适用模型是否妥当的问题。在进行产业关联分析时，我们假定投入系数在短期内是稳定的，波及时间为一年，物价及产业结构不发生变化。尽管我们的初衷是想对迫使经济活动中断、产业结构发生变化的“灾害”进行分析，然而设定的假定情况却是分析模型不会中断，产业结构不会发生变化，这其中存在彼此矛盾之处。

此外，余震、妨碍灭火及避难活动展开的主要原因、交通事故、灾害发生后物资的流入、股票价格、捐款及捐助救援物资等的捐赠经济等因素也未包含在假定范围之中。同时，该如 252 何界定受灾害影响的区域范围，受灾的时间范围又该如何界定，这些都很难给出定论。

第三、“宏观”和“微观”结合的问题。

计算直接经济损失时，只需将每一项直接经济损失与总额损失相加，但实际操作起来却是难上加难。受调查实施主体、调查方法不同的影响，直接经济损失的数额也会出现偏差。损失规模越大，统计工作就越是困难，几乎不可能实现。

间接损失的计算存在如何定义的问题。按照宏观经济学的计算方法，“间接损失”是一个理论上的数值，它是产业关联分析中有关“间接效果”的另一种读解，或者说它是灾害未发生时与灾害发生之后，经济增长中存在的差额的积分。从宏观经济学角度对灾害损失进行的预估，也就是从流通量损失的角度而言的“间接灾害”，原本就完全不同于法律及保险中涉及的“间接损失”概念。再加上不同的企业对“间接损失”

的计算又各不相同，因此间接损失仅是一个假定值而已。

尽管灾害损失推算的过程中存在上述问题，但我们还是可以通过这项工作的开展，大体把握受灾损失的金额。同时，它对许多工作的展开也具有十分重要的意义，诸如灾区被划定为重灾区，接受政府提供的财政援助，以及合理分配救援款项、制订复兴计划等等。

同时，灾害损失预估的目的是为了今后能够制订出更好的施救措施。因此它在帮助地方政府把握本地的薄弱之处、设定救灾对策的先后顺序、启发、诱导等方面，都对推进救灾措施的制订工作起到非常重要的作用。

此外，把握企业因遭受灾害而蒙受的经济损失，对企业经营中的危机管理而言非常重要。同时，进行灾害损失预估也是企业制订企业持续经营计划的前提条件，从这一点来讲，这项工作也至关重要。

【参考文献】

朝日新聞，2007年7月24日朝刊。

関満博，2000「本格的産業復興をめぐる課題とあり方」『阪神・淡路大震災　震災対策国際総合検証事業　検証報告第6巻　復興の取り組み体制の課題とあり方とは？』pp. 159–197。

復興10年委員会，2005「阪神・淡路大震災——復興10年総括検証・提言報告《第3編　分野別検証》Ⅲ産業雇用分野」。

永松伸吾，2007「災害と地域経済——巨大災害に向けた対策の長期戦

略」平成19年日本公共政策学会大会『防災政策の長期戦略』仙台：東北大学。

Shingo Nagamatsu, 2007, Economic Problems during Recovery from the 1995 Great Hanshin-Awaji Earthquake, *Journal of Disaster Research*, Vol. 2, No. 5, pp. 372–380.

City of New York Office of the Comptroller, 2001, "The Impact of the September 11 WTC Attack on NYC 's Economy and City Revenues", October 4.

Jason Bram, James Orr and Carol Rapaport, 2002, Measuring The Effects Of The September 11 Attack on New York City, *FRBNY Economic Policy Review*, November.

上野山智也・荒井信幸，2007「巨大災害による経済被害をどう見るか——阪神・淡路大震災、9・11テロ、ハリケーン・カトリーナを例として」ESRI Discussion Paper Series No. 177，内閣府経済社会総合研究所。

豊田利久，1996「地震と経済学——地震工学との接点を求めて」『国民経済雑誌』186（1），神戸大学経済経営学会。

豊田利久・川内朗，1997「阪神・淡路大震災による産業被害の推計」『国民経済雑誌』176（2），神戸大学経済経営学会。

土屋哲・多々野裕一・岡田憲夫，2005「新潟県中越沖地震による経済被害の軽量化」京都大学防災研究所年報，48（B），京都大学防災研究所。

安田拡・内河友規・永松伸吾，2000「阪神・淡路大震災からの復興と公的資金——政府・自治体からの「復興資金」はどのように投入されてきたか」『都市問題』91（1），pp. 95–114。

（关谷直也）

专栏

流言损失

关谷直也

将实际情况如实反映出来，具体是指某一事件、事故、环境污染、灾害被媒体大肆报道之后，受其影响，人们对本以为是安全的食品、商品及地区产生不安，停止消费或者取消原定的观光计划，由此带来的经济损失，我们称之为流言损失。

本来这是一个仅限于原子能领域内使用的用语。由于在原子能领域里，是否存在放射线、放射性物质的外泄现象是能够被测量出来的，因此可以据此区分某项灾害的性质，即人体的确曾遭受过有害放射线的伤害——“实际损失”，或是实际上并没有受到伤害，遭受到的“仅是流言损失而已”。依据《原子能损害赔偿法》的规定，前者被列为赔偿对象，而后者是得不到赔偿的。也就是说，《原子能损害赔偿法》规定，将那些得不到赔偿的损失定为“流言损失”。而随着原子能发电站及青森县六所村核燃料再处理基地的确定，民间通过设立“民事协议”及“基金”的形式，要求对这方面损失予以赔偿。

到了1990年代后半期，O-157、纳霍德卡号重油泄漏事故、所泽二噁英骚乱等一系列有害物质的污染问题接踵而来，媒体的报道使当地的商品出现滞销，观光业也蒙受了损失。自此，流言损失也开始适用于这类经济损失。

由于遭受到自然灾害的袭击，观光客不再前往该地及其周边地区旅游，这种现象在 2000 年代以后也被称为“流言损失”。2000 年有珠山火山喷发，整个北海道的观光业陷入了低迷，这一问题曾引起大家的关注。如此看来，因自然灾害导致观光业萧条的例子还不少，伊豆半岛群发式地震的爆发也曾同样使伊豆地区及距云仙普贤火山不远的岛原温泉的观光业陷入低迷。

但是值得注意的是，自然灾害发生的情况下，还有一些保留条件。

其一，观光业的低迷是遭受灾害之后灾区观光价值下降导致的后果，而非大家回避危险所致。这是因为距离灾区较近或是距离救援物资的搬运地点较近的地方是不适于观光的。此外，“自我约束”、“回避”这种文化氛围也会使这种现象加剧。从这个意义上说，它与人为导致的灾害及事件的发生所带来的消费行为下降存在着本质区别。

其二，从国内旅行到海外旅行，从团体游到个人游，从以温泉为目的的旅行到以美食为目的的旅行，从明确游览路线的旅行到自由行，观光的性质近年来发生了很大改变，因此很多时候我们无法断定游客的减少是否真是自然灾害导致的。如果不以数年为单位进行考察，就无从了解损失是否真是灾害所致。

受灾情况越是严重，报道的数量也就越多。正因为如此，蒙受流言损失之类的经济损失是无法避免的。地方政府对流言损失问题的担忧，很多时候阻碍了救灾及防灾措施的制订。作为一个无法回避的问题，我们必须把对策的制订工作作为防灾措施的重要一环来对待。

第二节　从灾害中走出的产业复兴 254

一、复兴需求与地域经济

复兴工作的开展从宏观上会刺激复兴需求的增加，诸如土木工程的外包、建设等。购买土木设备，或是制订城市复兴计划，类似这样的大规模复兴事业，大多是作为中央及地方政府出资建设的公共事业的一部分来开展的。

不过，当灾害规模较大时，灾后的复兴需求中也存在两方面的局限性。其一，地域经济的范围问题。大规模的施工建设项目仅依靠当地的企业是无法完成的，这意味着用于复兴事业的资金中，有很多要流向灾区以外的地区。据统计，阪神・淡路大震灾发生之后的五年间，从附加价值角度计算的复兴需求总额为 7.7 兆日元，其中 6.9 兆日元流向了兵库县以外的地区（永松・林 2005）。其二，劳动市场流动性的问题。灾区对散工劳动的需求有所增加，而对事务性工作人员的需求却没有扩大。而在都市圈中，原本从事事务性工作的人员居多，这就导致雇佣之间出现了不协调。由此看来，复兴需求对灾区恢复原貌的促进作用是有限的。

此外，还须考虑到目前正处于“经济低增长期”这一前提。事实上，阪神·淡路大震灾发生后的10年间，信用保证协会的代位清偿金额高达347亿日元，兵库县倒闭的企业数也有所上升，经营状况基本没有得到改善，复兴投资及营业损失也未能收回（永松2007）。总之，复兴需求不一定能真正提高灾区经济的“需求”。

二、基金、补偿制度与产业复兴

（一）围绕产业复兴的两种思想

与住宅重建问题一样，围绕着产业复兴问题同样存在两种对立思想。焦点在于首先是应该“确保税金（政府资金）的公共性”，还是应该优先“地区产业的振兴”。

255

前者认为如果向私有财产中注入税金（政府资金），这其中存在公平问题。在制订产业恢复及复兴政策之际，政府也曾从同样的角度出发，反复强调希望企业能够通过自身的努力完成自主的恢复与复兴，也就是所谓的“自助式”恢复、复兴。正因为如此，针对企业、事务所及个人经营的商店等蒙受的损失，政府部门并没有给予补偿。

但是，无论是在受灾之时还是在平时，当我们置身于经济低速增长的时代，面临地方经济趋于凋敝而经济的发展过度集中在东京，对于地方政府而言，为了确保就业、税收及向当地居民提供更加充实的服务，培养地方产业及振兴地域经济就成为重中之重。所以，在大规模的灾害发生时，对于那些很难通过自身努力实现复兴之举的中小企业、地方特色产业，地方政府就利用行政基金对他们实施间接性的补助。此外，直接给予金钱方面的援助这种方式近年来也已出现。

与此同时，农业、渔业则是例外。从战前到战后，作为一项国策，对于维持食品自给的农业和渔业，政府一直都通过注入政府资金的形式给予援助，因此对于第一产业而言，除了可以利用融资制度，还能够享受到丰厚的补助，而第二、第三产业则只能依靠融资制度，相比之下，前者比后者享受到的待遇要优厚很多。

（二）灾害发生时的产业援助制度

云仙普贤火山喷发灾害之后，灾害发生之际的产业援助发生了戏剧性的变化。当地区产业因受灾而蒙受巨大损失时，中央和地方政府可以联手设立“灾害复兴基金”（参照专栏“灾害复兴基金”），以此为原始资金，对行政部门不能直接参与的产业复兴事业予以援助。

补助的基本框架是放宽融资条件，采取“低利率融资”和“利息补助”的方式。具体而言，就是以灾害复兴基金制度及法律框架为前提，在借款期限、借款额度、信用保证协会提供的保证金补助（事实上就是无需担保）等方面提供相对宽松的融资条件。此外，对可以共同使用的各种设施、机械设备等的购买也提供补助，对宣传工作的开展、临时店铺的开设同样给予补助，同时为临时工厂、住宅区的设立提供支持等。

关注灾害发生之前企业经营者的“既有债务状况”成为近年来的一种趋势。许多企业家在灾害发生之前就已从银行借款，而且灾后他们中很多人面临着收入减少，或者是失去收入来源的难题，因此在实现复兴之前，他们甚至连既有债务的利息都难于偿还，这个问题已引起大家的普遍关注。

三宅岛火山喷发之后，针对灾害发生之前的“既有债务”问题，国家、东京都、三宅村实施了利息补给措施，并将这种措施维持至今（平成19年度）。能登半岛地震后，以轮岛漆器、酿酒业及买卖此类商品的商店街为实施对象，原来的借款和用于周转的新的借款可以合并在一起延期偿还，这一点在制度上成为可能。

256

能登半岛遭受地震灾害后，漆器及酿酒业作为维系该地区经济发展的旅游观光资源得到政府的援助，“能登半岛地震受灾中小企业复兴援助基金”创建的目的就在于此。该地依托和仓温泉的优势大力发展以“轮岛漆”漆器为旅游资源的观光和土特产生产，这两项产业在当地的经济中占相当大的比例，有许多观光客甚至从海外慕名而来。由于从事漆器的生产加工、酿酒业中个体企业居多，而这些企业普遍存在老龄化问题，培养接班人的问题也成为课题之一。正因为如此，更有必要向他们提供条件优厚的援助。基于这些现实问题，政府不但允许他们享受利息补助，还对个别企业的生产设备、设施给予补助（补助率三分之二，最高额为 200 万日元），修缮漆器会馆（补助率三分之二，2000 万日元），对共同设施、租赁店铺进行修整（最高额为 300 万日元），同时还举办了观光宣传活动。

不仅要开展土木工程、公共设施的建设，同时还须涵盖住宅的修复、产业复兴等内容，只有实现了整体的复兴，才能达到所谓的“地域复兴”。但是，目前仍然存在诸多悬而未决的课题，比如说对那些不具备地方特色的行业、产业以及个人经营的商店的援助就很少。此外，当经营者自己判断即便得到贷款将来也无力偿还，抑或是在灾害中蒙受了巨大损失，而受灾规模及范围不大，上述两种情况也很难获得援助。

此外，在 JCO 核燃料处理工厂临界事故及 BSE、SARS、禽流感传染病等人为灾害、生物灾害出现时，中小企业厅及县市町村也提供了类似的援助制度。

（三）灾害发生时对农林渔业的援助制度

在农林渔业方面，除了按照重大灾害法制定的融资制度之外，在根据天灾融资法制定的天灾融资制度，以及各县单独257设立的“灾害资金”（被冠以“农林渔业灾害资金”、“县单独灾害资金”等名称）等制度中，都实施了近乎相同的利息补贴法。农林渔业金融合作社资金（增强农业基础设施资金、增强林业基础设施资金、增强渔业基础设施资金、渔船资金、农林渔业设施资金、盐业资金、维持农业经营安定资金、维持林业经营安定资金以及沿岸渔业经营安定资金）、农业现代化资金、渔业现代化资金及农业改良资金、维持经营资金（系统资金）等，这些都是日常可以利用的融资制度。让这些融资制度同样适用于灾害发生之际，同时还要通过设置特殊案例等手段方便灾区进行借贷。

此外，根据《农业灾害补偿法》（1947年）的规定，全国农业互助协会也会对灾区给予补偿。渔业方面，根据《渔业灾害补偿法》（1964年）的规定，全国渔业互助协会联合会同样会实施补偿措施，这种补偿以受到台风、地震等自然灾害侵袭者为对象，也包括收成减少、市场价格自然降低等方面。同时在渔业行业，无论是人为灾害还是诸如原因不明的油污带来的损失这类无法确定加害者的灾害，都是补偿的对象。此外按照受灾规模的不同，还可通过行政手段将基金作为原始资金筹划一些共同事业，以确保渔业雇佣状况的稳定，或是共同购买一些农用器材等。

如上所述，与第二产业、第三产业相比，农业和渔业能够获得十分丰厚的补助，在制度上能够得到两重、三重的安全保护。但是，由于接班人不足、从业人员的老龄化等问题，灾后让农林渔业再重新起步是一件相当困难的事情，这是我们必须面对的现实。

三、灾区的观光与复兴

最后，谈谈观光和复兴的问题。

灾害多发生在以景区为中心的地域。火山往往位于山谷或岛屿地带，这里多为温泉（云仙普贤火山附近的岛原温泉、有珠山的洞爷湖温泉）或开展海上运动等的旅游观光区（伊豆大岛、三宅岛）。印度洋海啸爆发时，以普济岛为代表的度假胜地就是因为受到了海啸侵袭而遭灾。

短期来看，作为灾区其观光价值自然会下跌。灾区的周围及受到搬运救援物资影响的周边地区是不可能有游客来观光的。再加上日本社会本身又存在“自我约束”、“回避”这种思维习惯。据说在遭受印度洋海啸袭击的灾区，与其他国家相比，日本游客的再次光顾相对较晚。

然而，灾害的发生也未必会让观光业都陷入萧条，好与坏暂且不谈，灾害也有促进旅游业发展的一面。

正如上一章节所说，短期内访问灾区的人数会有所增加。258 阪神・淡路大震灾后，由于慰问、吊唁、救援、视察灾区民众等原因，探访灾区的人士非常多。这种伴随着饮食、住宿的“探访”无疑就是“人的流动”，从统计的角度来看，他们的行为是被视作“观光”的。在灾区，由于参与重建的工作人员、媒体、学者等蜂拥而至，周边的旅馆往往会出现满员的情况。

从中长期的角度看，火山喷发会吸引游客到此观光，有时虽遭受较大灾害，但数年之后会有很多观光客来此造访，他们的目的多种多样，有出于灾害学习的，也有研修旅行、修学旅行等。此时曾经遭受灾害袭击的经历就成为一种观光资源。谨记云仙普贤火山喷发的教训，为此人们设立了“云仙火山灾害纪念馆”、“云仙普贤火山野外博物馆”、“大野木场防沙未来馆”。为了传承1995年阪神・淡路大震灾的经验教训，创建了“人与防灾未来中心”，期待这里能够成为防灾研究的中心。为了汲取2000年有珠山火山喷发的灾害教训而设计的“洞爷湖周边地区环保博物馆构想”等，都是极具代表性的例子。

此外，在景区，观光与灾区的复原及复兴状况紧密联系在一起。纳霍德卡号的重油泄漏事故就是一个典型的例子。1997年1月，纳霍德卡号重油泄漏事故发生后，很快就有相当数量的志愿者参与到沿岸的清扫及重油的回收工作中来。当地民众一方面对志愿者心存感激，同时也对他们的到来表示为难，只要志愿者们不离开，就很难恢复日常生活，重振本地的观光事业。因为在志愿者参与的情况下是很难招来游客的。正因为如此，尽管当时存在着各种不同的意见，当地还是在1997年3月末停止接纳志愿者，让这一工作告一段落。这就是所谓的复原“宣言”。

尽管复原・复兴宣言仅在形式上宣告了复原・复兴活动的开始，但是对于观光业而言，这是非常重要的元素之一。

【参考文献】

新堂明子，2006「純粋経済損失の歴史分析と経済分析・紹介」『北大法学論集』57（4），pp. 167–204。

関満博，2000「本格的産業復興をめぐる課題とあり方」『阪神・淡路大震災　震災対策国際総合検証事業　検証報告第6巻　復興の取り組み体制の課題とあり方とは？』pp. 159–197。

永松伸吾・林敏彦，2003「間接被害概念を用いた復興政策評価指標の開発」『地域安全学会梗概集　13』。

永松伸吾，2007「災害と地域経済——巨大災害に向けた対策の長期戦略」平成19年日本公共政策学会大会『防災政策の長期戦略』仙台：東北大学。

復興10年委員会，2005「阪神・淡路大震災——復興10年総括検証・提言報告《第3編　分野別検証》Ⅲ産業雇用分野」。

宮入興一，1996「災害対策における地方財政の制度と運営」『雲仙普賢岳からの提言ーあるべき災害対策をめざして』九州弁護士会連合会・長崎県弁護士会。

宮入興一，1996「雲仙火災災害からみた災害対策行財政システムの問題点と改革課題」『雲仙普賢岳からの提言——あるべき災害対策をめざして』九州弁護士会連合会・長崎県弁護士会。

（关谷直也）

259 **专栏**

灾害复兴基金

关谷直也

"灾害复兴基金"始于1991年9月云仙普贤火山喷发之际，其后在经历了阪神・淡路大震灾、新潟县中越地震、能登半岛地震等灾害之后逐渐设立了起来。

灾害对策基金多由地方政府（主要是县）主持，他们主要依靠国家的财源保障（只有北海道西南冲地震时由町来操持，以募捐款项作为原始资金）。因此，在被认定为遭受到重大灾害的前提下，灾害对策基金将以"指定债券转让"的方式设立。县政府从银行贷款，额度以"复兴基金"所需的金额为准，并将其以无息贷款的形式贷给复兴基金。复兴基金用从县政府借来的资金购买银行对县的贷款债权。其结果就是银行的贷款利息作为运营收益转移到了基金手中。

《严重灾害法》的认定使上述一系列行为成为可能。根据《严重灾害法》的规定，灾后重建工作中国库负担的比率上升。地方负担的部分可全部依靠发行债券来筹集款项，在偿还时，国家通过财政转移措施，最多可支付本金和利息的95%。

通过设立灾害对策基金，行政部门就能够直接援助受灾者个人及蒙受损失的中小企业，而原来这是办不到的。

灾害发生之前就未雨绸缪开始积累基金的例子并不多见。在应对自然灾害方面，静冈县针对东海地震设立的"静冈县大规模地震灾害对策基金”等相关的五项基金，就是一个典型的例子。

在应对流言灾害方面，有两种事先预备好的基金制度。青森县在设立核燃料循环设施时，“陆奥小川原地区产业振兴财团”接受委托保管了100亿日元。香川县将丰岛的产业废弃物处理放在直岛町进行时，考虑到这样做可能会对渔业带来的流言灾害，作为一项制度，香川县设立了总额为30亿日元的“直岛町流言灾害对策基金”。

表9-1　灾害复兴基金案例

云仙普贤火山灾害对策基金	540亿日元（项目规模10年175亿日元）	县捐资30亿日元，县发行债券540亿日元，之后增至1030亿日元
北海道西南冲地震复兴基金	144亿日元	捐款为原始资金
阪神·淡路大震灾复兴基金	6000亿日元（项目规模10年、2600亿日元）	兵库县与神户市按照2∶1的比例捐资200亿日元，剩余部分靠发行债券，之后增至9000亿日元
新潟县中越大地震复兴基金	3000亿日元	设定项目规模为10年600亿日元
能登半岛地震受灾中小企业复兴支援基金	300亿日元（项目规模5年）	国家与县按照8∶2的比例提供贷款

260 第三节　企业的灾害危机管理史、企业持续经营计划的现状及课题

20世纪70年代后半期以后，企业在日常业务、提供客服方面开始使用信息网络，我国从此向高度信息化社会转型。1984年世田谷电话局电缆火灾的发生让企业意识到信息化社会的脆弱。过去的企业灾害危机管理是以维护人的生命、建筑物等资产的安全以及开展重建工作为重点的。经历了这次事故之后，该企业导入了一种全新的灾害危机管理模式，对系统进行备份并架设了双重电话线路，以便在灾害发生之后能够迅速重新开始日常业务并使之持续下去。

1995年阪神·淡路大震灾的发生，让企业感受到确认公司员工的安全情况及确立初期应对体制（确保人员的到岗）的不易。以此为契机，许多

企业都制定了以发生大面积灾害为前提的灾害应对指南。另一方面，灾区的企业、产业为了实现复兴之路长年卧薪尝胆。此外，在经济、经营全球化的背景下，企业与企业之间通过广域合作的形式，建构出高效的供给链生产体制。而自然灾害、事故的发生使业务被迫中断，企业由此失去信誉，停止生产活动，这些致命的失败也都成为日后的经验教训。出于这些原因，在阪神·淡路大震灾之后，企业导入了企业持续经营计划模式，以便在紧急状态下也能够确保信息通信系统、人员、资源、设备的安全，同时筹备替代人员及物品。企业持续经营计划的目的在于，无论导致损失出现的外力（灾害、风险）的种类如何，假定对开展日常业务而言不可或缺的资源（人员、设备、生命线）受到了损伤，在这种情况下仍能让企业的重要业务（生产和服务）继续开展下去。以往的防灾对策只将对应方法罗列在一起，而如今则是更富于战略眼光的危机管理模式。它要求对必须优先考虑的业务内容作出规定，保证其在灾害发生时也能顺利进行下去，同时充分有效地利用有限的资源和能力，以期在规定时间内恢复到必需的服务水准。在本节中，笔者将对企业灾害危机管理的历史进行简单回顾。

一、企业持续经营计划的出发点——世田谷电缆火灾的警示　261

灾害发生时企业业务的存续问题成为大家关注的焦点，这源于1984年发生的世田谷电话局电缆火灾。1984年11月

16 日中午，东京世田谷区通信电缆发生火灾，造成 89000 条一般电话线路以及包含信息通信线路等的 3000 条线路在 3 到 10 日内无法使用。通过这起事故，人们充分认识到社会对信息、通信系统的依赖程度之深，信息、通信系统的毁坏对社会经济带来的影响之大。其中，普及了 ATM 业务的银行以及信息处理行业（VAN）的损失最为严重。从自动化服务切换为人工服务造成人工费的增加，这使企业蒙受了直接经济损失，不仅如此，服务质量的明显下降也让企业丧失了信用。（财团法人未来工学研究所 1986）

这起火灾的发生让大家懂得，部分信息通信系统受损会对其他行业带来巨大的负面影响，同时会造成巨大的社会经济损失，也使政府部门及企业单位充分认识到了信息化社会的脆弱。另一方面，人们注意到，通过架设多重、多途径通信线路及对数据程序进行备份，可以有效地进行防灾，而这些工作一个企业自身就能够胜任。同时，得益于当时一家拥有先进专业知识的美国咨询公司的推介，应对不测状况的企业持续经营服务（Business Continuity Service）这一思维方式被介绍到了日本。

随后，从事通信业务的企业以及邮政省做出规定，让多家电话公司同时管理用户的电话线路，同时规定一旦灾害发生，金融机构等的数据通信线路优先修复。他们希望通过上述努力降低通信系统受损带来的风险。从 80 年代后半期到泡沫经济时期，以金融机构为首的大企业相继创办了数据备份中心。

信息服务产业在 1981 年后制定了“信息处理服务业电子计算机系统安全对策实施业务点认定标准”，认证制度由此开始实施（即现在的信息安全管理系统认证制度）。

二、阪神·淡路大震灾中的企业抗灾问题——员工赶赴公司和确认安危的实际情况及有待解决的课题

1995 年阪神·淡路大震灾发生之际，企业的灾害危机管理问题备受争议。这场大地震的直接损失为 2 兆 5400 亿日元，间接损失为 2 兆 6000 亿日元（其中工业损失为 1 兆日元、商业损失为 1.6 兆日元）。这场灾害使许多遭受损失的中小企业面临停业的窘境，导致当地居民失业率增加。这场灾害让灾区的内部积累顷刻化为乌有，损失金额也就等于商品需求的总金额。要让灾区恢复已经失去的生产设备、住宅、车辆、家电等物品，是无法寄望于灾区的产业和企业的，它们一方面要忙于应对灾害带来的各种问题，同时也面临无法筹办材料、运输手段匮乏的难题。灾区周边的企业及迅速向灾区输送营业团队的大企业获得了新的客户，而无法把握商机的灾区企业面临的是生产成本不断增加的困境，这对其未来的经营产生了不利影响。

262

此外，企业制定的灾害对策中，还面临着以下问题有待解决。比如，按照旧建筑标准建造的房屋所受损失较大时，恢复城市生命线及公共服务内容需要相当多的时间（也包括交通

网、废弃物处理这些问题）；危险品处理工厂因泄漏等造成的二次灾害等。

同时，如何紧急集合及确认公司职员的安全问题是灾害发生后有待解决的最大的课题。重灾之后，企业迅速对公司职员的安全状况进行确认，同时确保生产所需的人手，尽全力开展重建工作，让企业业务的中断控制在最小限度之内。然而，问题在于许多公司职员本身就是受灾者，他们为了保护家人住所及财产的安全而很难来公司上班。

接下来，我们援引“企业防灾危机管理问卷调查”（东京大学社会情报研究所广井研究室，平成 8 年 9 月，有效答案 349 个公司，回收率 60.1%）的结果，对阪神 · 淡路大震灾发生之际公司如何确认员工的安全状况、员工如何决定去公司上班等问题做一概述。

首先，在灾难发生当天（17 日）就对员工的安全状况展开确认工作的企业占企业总数的 62.2%。从工作人员平均人数来看，17 日上午为 9.3 人，此后人手不断增加，18 日达到 19.7 人。在此后的一个月中，从事员工安全状况确认工作的人员一直有 20 多人。通过这一事实不难看出，在灾害发生后人手不足的时期，确认员工安全状况的工作却需要相当多的人员来做，这是一项难度很大的工作。

这项工作同时也存在另一特点。较早开始确认员工安全工作的企业，尽管投入了相当多的人手，但在最初的三天之内（17—19 日）完成该项工作的仅占全部企业的 15.2%。绝大多数企业（81.7%）在1月19—31日完成了该项工作，少数企业推迟至2月。

进行安全确认的方法主要有以下几种，员工靠自己的力量来公司上班的为51.0%，占大多数，其次分别是员工本人和公司电话联系的占26.2%、公司进行电话确认的占19.0%、公司派遣员工进行确认的占3.8%。从确认工作展开的时期来看，灾害发生后（17日上午）绝大多数的确认工作是通过员工自己来公司上班才得以实现的。确认工作正式启动是在17日午后，之后公司通过电话进行确认的数量有所增加。派遣员工去那些无法取得电话联系的员工家中进行确认，这种方法的使用在18日以后不断增加，1月19—30日期间有1337起得到确认，占确认工作总量的5%。从17日的午后到18日期间，员工本人用电话汇报自身安全与否的情况有所增加，但19日以后这种情况所占的比例不断减少。

263

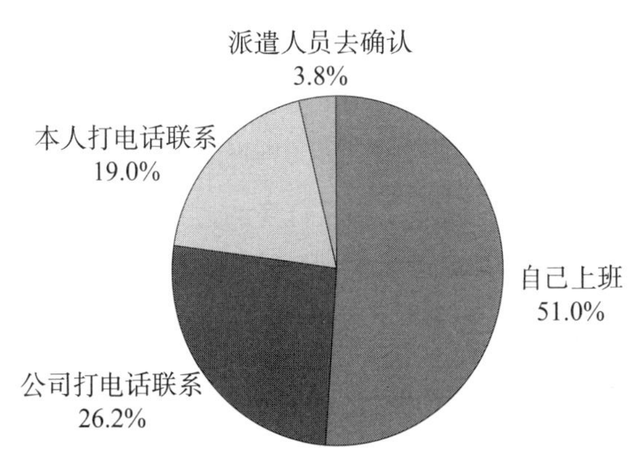

图9-1　各种安全确认方法所占的比例（安全确认总数N=73093）

通过“本人电话联系”的方式确认安全状况的方法一直未能获得较高的使用率，直到1月末，依靠员工本人去公司上班的方法进行确认的情形依旧占半数以上。这意味着对于员工而言，汇报自身安全与否只能依靠自己去公司报到的方式，这是一个值得关注的问题。

为何无法通过电话顺利对员工的安全状况进行确认，基本上所有的企业都会列举出如下理由：由于电话繁忙使通信出现故障，与其电话联系还不如让员工亲自到企业报道更为行之有效。事实上，阪神·淡路大震灾发生之际，相当于平时电话量200倍之多的电话大量从灾区之外打进灾区，过于集中的通话量使灾区内部及灾区外打进灾区内的电话处于拥挤状态。此外，灾害发生之际有关安全状况的汇报体制尚不完善，这也是原因之一。企业在平时就应努力完善员工自身对安全状况进行汇报的体制及手段，如此一来，在灾害发生之际就可以将确认的对象限定为那些无法通过自身努力向公司汇报情况的员工。总之，非常重要的一点是，我们要事先制定好一套方针策略，使少数员工能够对全体员工展开切实有效的安全确认工作。

半数以上企业通过“依靠自身的力量去公司上班”这种方式确认员工的安全。下面，我们以接受问卷调查人士的上班行动为基础，探讨受灾员工感受到的问题所在。阪神·淡路大震灾发生后，有72.9%的灾区员工在17—19日之间去公司报到，有超过40%的员工在17日地震发生当天去公司上班。17

日去公司上班的152人中有100人（65.8%）于早晨来到公司，高峰时刻出现在早晨8点至10点之间。这意味着在地震发生当天，基本上还是按照日常上班时间（9：00）来公司上班的人居多。员工们在做出去公司上班的决定时，他们的心理状态如何，他们的家人处于何种状态呢？

264

做出“去公司上班”的决定的员工当中，有近80%的人回答说这是基于自身的判断，按照公司的指示行动的人仅占16.9%。由此不难看出，很多企业其实并未做好紧急集合的准备工作。地震带来的晃动使家中的家具倒落一地，水、煤气、电停止供给，交通也出现了大规模混乱，在这样的情形下，员工在做出和家人分开、去公司报到的决定时，内心一定充满矛盾。实际上，针对“担心公司是否蒙受损失”（“这样想”的人占86.5%，下同），“担心公司员工的安全问题”（84.5%），“应该去公司尽自己应尽的职责”（65.9%）等问题，大部分被调查者都回答说他们“是这样认为的”，并试图尽到员工应尽的义务。而同时，“认为家人需要自己”的人占43.3%，有16.0%的人回答是“家人劝自己去公司”的，而“家人劝自己不要去公司的”占29.8%，后者所占的比例更高一些。结果就是，在家人希望被调查者留在家中不要离开的情况下，依然决定去公司报到的员工占员工总数的40%以上。灾害发生之后，家中有弱者及受伤者，在这一情况下依然做出离开家人去公司报到的决定，这其中一定有踌躇、犹豫不前的情绪。考虑到这一点，我们不能不说，日后在老龄化问题不断加剧的情况下，依靠员工自主判断做出去公司的决定会给员工个人带来过度的心理负担。对于公司而言，这也是一种稳定性不高的紧急集合方法。因此，应该事先制定好非常明确的出勤标准以及汇报安全状况的方式方法。

对于公司来说，确认员工的安全状况同时确保人手是企业持续经营计划的一大前提。一方面，完善员工向公司汇报安全状况的体制，同时我们也应该考虑创建一套体系，实现灾后迅速收集员工安危信息，并推断每位员工来公司上班的大致时间。我们可以考虑使用手机邮件、布告牌以及很少出现拥挤现象的电话线路（卫星手机等）来取得联系。电话线路异常拥挤时，可将收集灾区员工安全信息的通信中心设置在灾区以外的地区，通信中心把灾区员工发来的信息记录下来并制作成一览表，向救灾事务所汇报，这种方式也非常行之有效。救灾事务所一方面对情况不明的员工及其家属展开安全确认工作，同时写明依据企业持续经营计划的规定实施替代人员的调配工作，顶替那些无法预估出勤时间的员工的空缺。此外，帮助员工做出最后的决定，尽可能不让他们承受过重的负担，这也是经营者应尽的职责。无论如何，受损的办公场所及员工上班途经的道路，在灾害发生后面临着发生火灾及二次灾害的危险。因此如果从灾区以外的地方召集员工去公司上班，会给员工的生命带来危险，很可能会扩大受灾的规模，因此公司应该对员工进行预先辅导，按照居住地距离公司的远近，告诉他们去公

司上班的标准。对那些住得非常远的员工，公司也应该事先做好准备，让他们能够留在当地为公司的持续发展做出贡献。 265

假设与阪神·淡路大震灾同等程度的灾害发生在上班时间，它所带来的灾害会更加严重。员工将在不清楚家人安危的情况下，忙于自己任职公司的重建工作，有可能连续数日无法回家。的确，灾害发生之后，企业为了生存下去必须尽快展开重建工作，为此需要大量的人手。然而从另一方面讲，即便公司很快得以恢复，可是如果为此牺牲了员工的利益及其家庭生活，对他们来说这是不公平的。让亲属、住宅等各方面情况相对较好的员工来公司上班，同时让蒙受了较大损失的员工回到自己家中，或是让他们留在家中不要赶赴公司，企业有时也需做出这样的判断（参考专栏“难以回家人员的问题和企业”）。

此外，阪神·淡路大震灾之际，在受灾信息的收集、确定替代公司受损办公场所的工作地点、制定办公场所室内器材（尤其是通信及电子方面等）的防灾对策以及对受灾员工的生活援助等方面，都出现了问题。许多亲眼看见了这场灾害的企业，都在其后制定了大规模地震应对指南等对策。

三、新潟县中越地震的发生与企业持续经营计划有待解决的课题

2004年，在关越机动车道及上越新干线等的运输要塞上

发生了新潟县中越地震，这场灾害给连接北陆及关东圈的供给链带来了重大打击。其间暴露出来的问题是，受灾企业中尽管有些已经制订好业务的持续发展计划，然而由于忙于确认员工的安全状况，以及无法进入公司本部的建筑物内，生产设备陷入麻痹状态等原因，事先制订好的计划成为纸上谈兵。尤其应该关注的是室内损失的问题。有些建筑物即便其本身经过了抗震处理，可是在生产精密仪器的工厂内，由于敷设管道的偏离和破裂而导致的水灾及机器设备的倾倒，严重阻碍了重新开工的步伐。药品、危险物品的泄漏，致使长期禁止入内的禁令出台。这些经验告诉我们，针对 6 级以上地震的摇晃所造成的灾害，要充分做好受灾预估工作，同时，生产的转换、零部件供应商的变更、对生产线停产与否的判断以及在把握其他相关公司受灾情况的前提下如何展开合作等重大经营决策的制定，这些都需要我们事先严格做好模拟检验工作。

中越地震的发生创造了一个重新思考的契机，促使我们思考在企业间的生产协作迅猛发展的今天，企业该如何做好防灾工作。中小企业厅于 2005 年 6 月创建“企业持续经营计划专业人士会议”，制定了面向中小企业的企业持续经营计划筹划方针，并决定通过召开说明会等方式进行普及宣传。同时，中央防灾工作会议在 2003 年设立了“有关有效利用社会 266 及市场力量提高防灾能力专门会议”，组成工作团队对企业持续经营计划的筹划支援问题进行探讨，并提交了“事业持续发展纲领”（2005年8月）。

四、作为计划的企业持续经营计划——损失预估、预防对策、应急对策、复原及复兴对策制定的要点

所谓“企业持续经营计划”，就是制订出一套应对灾害的具体行动计划，将“无论遇到何种灾害、事故，都应调用有限的资源和能力将必须优先考虑的重要业务继续下去”的经营策略充分体现出来。以往应对灾害的操作指南（原因管理型）是将应对每一项预估风险的策略收集在一起，如今的方针策略与此形成鲜明对比，即不追问灾害发生的原因，不考虑风险的种类，在生产设备受到损害、人力物力出现不足的前提下，企业持续经营计划应揭示在顾客、客户容许的时间范围内，恢复重要业务的机械作业（结果管理型）（参照表9–2）。也就是说，该计划以确立紧急时期的生产体制为目的，与致力于将业务完全恢复到日常水平的恢复计划不尽相同。

该计划的主要内容在于确保后援体系、办公地点及能够应急的工作人员，迅速展开安全状况确认工作。尽管由于业务内容、企业规模的不同，各个企业采取的措施并不一致，但这些措施大都是在没有高额经费支出的情况下发挥了一定的效力。因此，从中小企业到大型企业，人们对业务持续计划的导入充满着期待。

表 9-2 历来的防灾对策与企业持续经营计划之比较

	历来的应对灾害指南	企业持续经营计划
对策制定的主要着眼点	保障员工及建筑等资产的安全，展开修复工作。(保障资产的安全及开展修复工作 > 重新启动公司业务并维持下去)	充分调动可利用的资产，让重要业务可继续开展。(重新启动公司业务并维持下去 > 保障资产的安全及开展修复工作)
平时	让生产设施具备耐震功能，添置耐火设施，储备必需物品，完备确认安全体系，针对指南设定的灾害开展有目的的应对训练。	规定重要业务的具体内容，设定修复工作所需时间，确保业务持续进行不可缺少的各种条件均已具备，确保替代生产手段的存在，确认企业持续经营计划的实效性并重新探讨其内容的合理性，不断进行更新。
灾害发生时	把握蒙受损失的情况，避难，开展抢救活动，防止二次灾害的发生。	按照企业持续经营计划的规定组建应对团队，致力于恢复可使用资源的利用率。
复原工作	生产设施的修复。	修复原本正在使用的生产设施，让重要业务内容外的其他业务重新运作起来。
对不同的人而言存在的优缺点	经营者：本公司生产设备的安全可得到有效保障。问题在于，公司业务重新启动的时间往往会延期，无法向客户和公司员工解释说明。	经营者：可以保障对顾客、客户尽到商业责任。

续表

	公司员工：虽致力于公司业务的恢复工作，然而工资及雇佣关系的维持却得不到保障。 客户：不知何时可以重新开始贸易。需要重新思考供给体制，从同行业其他公司（存在竞争关系的企业）购买产品。	公司员工：承担着替代生产体制的运作，当下的工资及雇佣关系可得到保障。对于公司停产歇业甚至倒闭这些不测情况的发生，也可事先预料到。 客户：受灾企业通过对优先业务内容实施企业持续经营计划，客户可掌握生产活动重新开始的时间。可以提取产品。

（一）损失预估

267

首先，要设定重要业务内容，把握瓶颈资源。重要业务的设定要求我们立足于对“销售额”、“交货期、相关服务工作的拖延给公司及其他有利害关系的人带来的损失”、“法律方面、财务方面的责任和义务”、“市场份额及企业信用的维持”等问题的探讨，把握住对重要业务而言必不可少的资源（人、设备、资金、信息）。

其次，设定重要业务能够重新开始的“目标恢复时间”，以备紧急时刻之用。经营者应该对客户及市场所能接受的“业务停止时间限度”问题，公司的“财务能够承受的时间极限范围”问题予以考虑，并设定一段自认为稳妥的时期。

同时，还要分别以办事处及工厂、机械材料、工作人员、原料、捆包、顾客为考察内容，对重要业务遭受打击的程度进行推测。事实上，给地区带来巨大损失的灾害，可归类为“大”、“中”、“小”和“全损”、“半损”、“轻微”等类型，对受损程度进行预估是工作的重点。同时从员工、工厂等生产设备、店铺、设备、原材料、电脑信息管理系统、电话、电力、煤气、自来水管、运输方式、各种文件账簿之中筛选出对重要业务的持续开展而言必不可少的资源种类。通过对受损情况及重新筹措的困难程度的把握，了解紧急情况发生时哪些资源会制约重要业务的持续开展和尽早恢复，从而对恢复生产所需的时间进行预估。

最后，对业务中断期间能否提供足够的现金流进行预测，估算是否加入对现金流的供给起补充作用的损害保险，或从外部借贷重建资金，并在此基础上对以减轻灾害损失和回避经营危机为目的的先行投资做出合理判断。

（二）企业持续经营计划的制定

首先，出现何种程度的危险之际启动企业持续经营计划体制，对此要给出明确的标准。同时，要设定初期应对体制的基准，包括确立将第一信息首先通知公司员工的联络体系，建立收集员工安全状况信息、员工到公司集合的标准及手段等。其次，明确紧急时刻的命令指挥系统及执行组织。比如说，设立以企业经营者为首的灾害对策总部，由企划总务部门承担秘书处的工作，各个部门成为具体对策的实施小组，各组长（管理人员）在总部集合以实现信息共享及制定对策。最后，准备企业持续经营计划所需的账票及业务流程。

（三）减轻损失的对策及准备工作

268

1. 确保总公司等重要部门功能的发挥

为了防备灾害对策总部所在地——总公司遭受灾害侵袭情况的发生，应事先确定好替代的场所。如果条件允许，也应考虑将灾害对策总部迁到灾区之外的其他地点，以便让其继续发挥职能。比如说，有珠山火山喷发后，被禁止入内的宾馆企业集团就将其员工和客人全部移到旗下其他的宾馆，使公司业务继续维持下去。阪神·淡路大震灾发生之际，神户新闻社编辑部所在的建筑物发生坍塌，由于得到京都新闻的大力协助，该新闻社在灾害发生当天就刊出了晚报，之后将报纸的发行工作一直坚持下来，并未中断业务。对于那些业务中心仅限于一个地区的企业来讲，也存在同样的情况。因此，与同一行业内拥有同样生产设备的其他企业缔结相互援助的协议，事先做好这样的准备工作十分行之有效。

2. 对外信息发布及信息共享

灾害发生后，应该保证和客户、消费者、员工、股东等与公司利益直接相关的人、周边居民、地方政府保持联系，将必要的信息传递给他们，并实现信息共享。为此必须在实现这一目的的手段、承担宣传工作的人员、内容模板的制作等方面做好准备工作。近年来，订货方的大企业通过帮助承包商制定企业持续经营计划方案，推动了供给链全体成员信息共享的趋势。

3. 信息系统的备份

应致力于信息系统的多中心化及其备份工作。为了防备意外情况的发生，通过配备企业自用的发电设备，安装两个电源及铺设双重电线等办法，防止资料的丢失及资料无法利用现象的出现。同时，完善应对策略及操作指南，防止个人信息及技术信息的外流。

4. 研究保证业务持续开展的替代法

对因遭受灾害而明显变得短缺的资源，应事先考虑好替代的方法，以确保该资源的稳定，尤其是人力资源的短缺。正因为如此，为了防止大量员工无法到公司集合情况出现，事先应做好准备工作，构建要求和确保救援人员及时赶到的体制。例如，NTT 静冈分店就事先做好了一份计划。他们将东海地震的受灾情况分成三种类型，即静冈县全部地区、两个地区受灾及一个地区受灾，并设定了调派该地区之外人员的规模及路线（财团法人静冈综合研究机构 2002）。对于中小企业而言，探讨如何有效地利用包括退休人员、同一行业中的其他公司、员工家属这些资源，也不失为一个良策。同时，从其他公司采购的零部件、材料和服务也容易成为瓶颈资源。为此，有必要将采购范围扩散到其他地区，以确立替代采购途径。同时，还应致力于和重要客户建立企业持续经营计划合作关系。

5. 减轻设备损失的对策与安全状况的确认

269

首先，作为应对地震的方法，让公司办公房屋、办事处、店铺具备抗震防火功能，防止屋内机械器具、办公室用具、备品的倾倒，这些对确保员工及顾客的生命安全来说必不可少，同时尽早确立初期应对体制也十分行之有效。此外，通过探索减轻灾害损失的对策，在应对海啸、风灾、水灾方面能够收到相当好的效果。比如以障碍物地图为基础，把信息系统、生产资源、机械、器具安置在水淹不到的楼层，使作为避难场所的建筑物具备高抗灾强度等。此外，灾害发生后，迅速对员工的安全状况进行确认，无论从雇佣者的责任来看，还是从确保工作人员的角度来讲，都是首先应该优先考虑的问题。确定承担任务的部门，制作联系网络或者导入系统，制定灾害发生时的员工行动指南（主动向公司汇报安全状况等），在员工没有任何联系的情况下，由公司派人展开确认工作，或是由地方政府进行查询等，对这些问题都必须进行讨论。

6. 对企业持续经营计划的检查、重新研究及训练

通过不断的训练和检查，让员工熟练掌握制作完成的企业持续经营计划的内容，同时还要致力于提高计划本身的实效性。对不切合企业持续经营计划实际状况及效率低下的部分要定期进行讨论。为了找到更好的替代方法、更佳的灾害对策，我们必须对企业持续经营计划的内容严格管理。

（四）应急对策

1. 初期应对阶段

灾害发生后向全体员工发布“企业持续经营计划已启动”的信息，应急对策的实施就此开始。如果员工正在工作，就直接进入企业持续经营计划状态。如果是非工作时间，以经营者为首，员工应主动集中到公司办公地点，随即组建灾害对策总部。灾害对策总部初期工作的内容是确保员工的生命安全（引导员工避难并救助受伤员工），展开初期防灾活动（灭火、去除危险物、制定防止二次灾害发生的对策），确认员工的安全状况。员工的安全状况确认完毕之后，工作重心应转入对受灾员工（包括其家属）的生活援助阶段。同时，应向政府机关汇报工作，应对媒体的采访，展开对周边居民的救助活动。另一方面，对展开重建工作的重点区域实行安全检查，同时把握生产设备的损失状况。经营者在掌握人和物的损失状况的同时，应对因余震、水浸等导致的灾害扩大的可能性，城市生命线及通信的断绝，确保生产手段的难易度等问题予以考虑。在此基础上，判断及决定是否仍使用目前的场所继续展开灾害应对工作，还是应该转移到其他的替代设施中去。

2. 保证业务不中断的准备阶段

以紧急应对为工作重心的初期阶段结束后，企业就应进入下一阶段，努力和外部取得联系，确保对必要资源的把握。首先，是对建筑物、设备、信息系统、物流、道路等非公司管理的基础设施的把握。其次是召开灾害对策会议，让实施对策的各组长（部长及科长级）将受灾状况及重要业务重新启动的工作方针传达给其他员工，实现全体公司员工对信息的共享。经营者依据事先签署的援助协议，接受来自外部的人力、物力方面的援助，同时自身也依据协议规定派遣救援人员等。如果需要迁移工作地点，经营者应带走对重新开始重要业务而言必需的信息和资源，同时确保放置在原来地点的资产的安全，并完善新办工作地点的体制。此外，员工的劳务管理（导入轮班工作制、中间休息等），受灾员工（包括其家属）的生活援助，提供本公司受灾状况信息及参与地区应急重建活动等也十分重要。各对策实施小组应按照企业持续经营计划的规定，对必要的人力及物力资源予以确认，并通过实施替代方法筹措到短缺的资源。

周密的企业持续经营体制是不会建立在仓促鲁莽的决断之上的，经营者必须牢记这一点。这就要求经营者做到随机应变，创建出生产效率高而员工负担轻的最佳替代生产体制。如果能够在企业持续经营计划设定的目标恢复时间之内进入下一阶段，就说明这个体制是成功的。

（五）恢复复兴对策的要点

1. 替代恢复阶段

这是按照企业持续经营计划的设定，真正重新开展重要业务内容并将其继续下去的阶段。由于业务持续性管理工作事先已做好，生产能够重新启动并开始交付产品，尽管使用的是替代生产方式，然而在业务持续进行的过程中逐渐形成一种惯例，且进入稳定的状态。此刻，经营者应该做出决断，在何时、以何种方式恢复原来的生产体制。如果损失轻微，那么通过逐步调整的方法，将现行的替代生产的体制修正到原来的生产体制就解决问题了。如果由于损失严重，将工作地点迁到了其他地方，并在那里开展业务持续计划的话，就要求经营者做出经营方面的高水准判断。是在原工作地点复原完全一样的设备，还是增加引进资金，购买更高级的设备？是从零开始在新的土地上安置生产设备，还是认为即使恢复生产也没有盈利而关门停业？对于这些问题，经营者都须向存在利害关系的企业或个人拿出明确的构想，并为此准备必要的资金。是否能从政府部门获得援助及资金的借贷等，这方面问题也出现在这一时期。

2. 撤除恢复阶段

从对策总部的工作结束到恢复原来日常业务之间的阶段，我们称之为撤除恢复阶段。将依据企业持续经营计划设定的替代生产体制继续维持下去，是这一阶段的主要目的。同时，在271 按照经营者的方针确保必要的资源之后，再向日常业务过渡。

五、企业持续经营计划关联调查结果概要

那么，我国的企业导入企业持续经营计划的程度究竟如

何？接下来我们将通过已有的调查数据对目前的状态加以概括。

总体而言，我国的企业对企业持续经营计划的认知度普遍偏低，以相对比较先进的静冈县中小企业为例，对他们的调查显示，听到过这个词的企业仅占半数，准确理解其内容的仅有 20%。企业规模越大，对这个词的认知度越高，职工超过 100 人的企业里，有 45% 的人理解企业持续经营计划的内容，而职工规模在 0—5 人的企业里，“没听说过”的企业占到 6 成（森川 2007）。这组数据表明，日本的企业持续经营计划是面向大企业的，尚未渗透到中小企业中去。

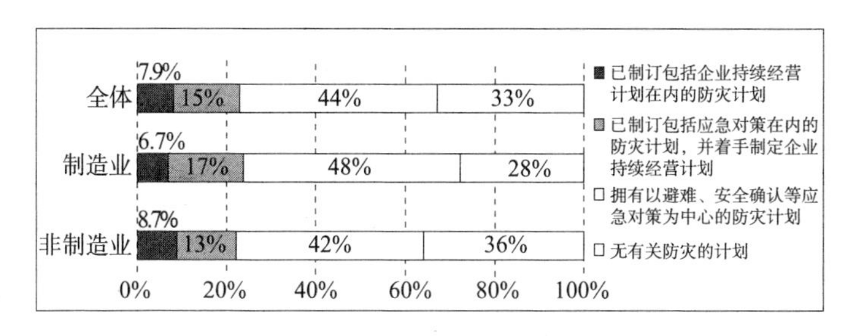

图 9-2　日本政策投资银行调查“防灾计划、企业持续经营计划的制订状况”（2006）

日本政策投资银行对大企业的调查显示，已制订企业持续经营计划方案的企业仅占 8%。不过，“着手制订企业持续经营计划”的企业占 15% 左右，可以预见今后企业持续经营计划在大企业中会逐渐得到普及。

另一方面，东京商工会议所的调查（以中小企业为对象）显示，企业持续经营计划的制订率为 4.9%，企业规模越小，制订的比例也越低。中小企业为何对企业持续经营计划的制订持不积极态度？根据问卷调查所反映的理由，主要源于制订企业持续经营计划所需人员、资金、信息的不足。冈山县的企业对企业持续经营计划的内容认知程度比较高，调查表明，有 52.1% 的企业认为主要是缺乏制订企业持续经营计划所需的预估损失技术。适用于任何种类的灾害，前提反而可能使灾害预估工作变得困难。根据受灾程度制订具体内容，将 6 级以上地震带来的灾害作为前提条件之一列入其中等，提供类似这样符合我国国情的制作技巧，并让它渗透到各个企业中去，这是十分必要的。

272

至于企业持续经营计划的内容方面，有关生产机能的分散、运输手段、调配的替代方案，以及确保生产的临时转移地点等问题，即便在大企业中的制定比率都也很低，对生产手段集中于某一方面的中小企业而言，自然就更加困难了。因此，我们期待由行业团体主导的具体工作能有所作为。

说尽管企业持续经营计划筹划制订的比率仍然很低，但是估计今后它将以大企业为中心逐渐得到普及。中小企业对企业持续经营计划的理解程度还相当不足，同时也缺乏展开工作所需的人员和资金。尤其是企业持续经营计划制订过程中对损失的预估，以及蒙受损失后生产体制（机能转移地点、调配、运输）替代方案的制订等，对于每一个单独的企业来说，处理这些问题都存在一定困难，因此行业团体及母公司的支援十分重要。同时，按照目前的指导方针和格式，需要花费相当长的时间来制作，这要求我们导入浅显易懂、更简单的企业持续经营计划。NPO 法人业务持续推进机构推出的“中小企业企业持续经营计划提高指南”等，可视为这方面的创新之举。

六、企业持续经营计划的意义及课题

（一）自助计划及作为企业社会责任（CSR）的防灾活动

无论遭遇何种灾害，都要坚持将企业的重要业务继续下去，这样做不仅可以降低企业自身蒙受的损失，同时也可减轻包括客户、顾客在内的整体供给链的灾情。企业持续经营计划为我们展示了企业防灾的新模式，不论是大企业、中小企业还是个体经营者均可导入。许多领域都可借此收到低投入高回报的效果。

另一方面，对缺乏信息和技术的个体经营者来说，对自己公司的损失做出预估，在不追问灾害种类的前提下制定替代方案，这些企业持续经营计划的重要组成部分很难把握。同时，对于我们来说，这也是一个不小的课题。此外，如果大家都寄望于同行业其他企业或是供给链上其他企业的帮助，那么没有同行业整体的积极投入，想要取得根本性的进展是非常困难的。为此，中小企业厅及各行业团体要脚踏实地开展宣传普及活动，民间志愿者及导入企业持续经营计划的企业也应做出相应的努力。还要强调的是，在用语及版面设计方面，

273 目前的指导方针及写作格式难于理解，对于完全不懂这方面知识的经营者来说，想要了解并掌握它难度太大。这要求我们按照行业、规模的不同提供制作模板，制定出简易行动方针，以便大家掌握实际操作过程。尤其值得一提的是，对于企业持续经营体制的实施而言，参与救助人命的单位（医疗机构及护理机构等）以及城市生命线的相关工作单位（水、电、煤、通信）是必不可少的，因此这些单位必须拥有先进的处理方式。

对灾害的种类不做特别规定，这一前提使企业持续经营计划不仅能有效地面对自然灾害，同时对恐怖行动、事故等也能做出有效回应。但是，在日本这样一个自然灾害种类繁多的国家，许多地区随时都有可能遭受6级以上的地震、海啸、洪水等毁灭性灾难的威胁，这些地区的危机管理很可能存在纸上谈兵的危险。灾害危机管理战略中最应避免的就是出现“灾害太大超出预想范围”这类问题。此外，当生产设备蒙受致命打击时，须以应急恢复对策为中心开展工作，而不该以建立企业持续经营体制为工作重心，对此我们也应给予足够的认识。在维持企业持续经营体制变得困难的前提下，经营者应做好相应的准备工作，确保将生产线委托给他人，以及获得灾害保险的赔偿。

同时，对于企业而言，应对所在地区担负起企业社会责任，坚决制定并履行防灾对策。

1. 确保生命安全

对顾客可能光顾并在设施内逗留的行业来说，首先应保障顾客的生命安全。同时，要确保企业干部、员工、存在业务关系的公司、劳务派遣员工、合作公司人员等的生命安全，制止他们采取危险行动，也是经营者应尽的职责。

2. 保证自己公司不制造灾害

处理危险物品的企业应妥善处理好防火、防止企业建筑物、搭建物向周边倒塌、防止药液的泄漏等工作，应站在确保周边地区安全的立场上防止二次灾害的发生。新潟地震、宫城县冲地震及十胜冲地震发生时，周边的居民因重油油罐受损又蒙受了二次灾害，阪神·淡路大震灾后，由于液化石油气（LPG）泄漏，周边居民不得不再次实施避难。即便自然灾害是事故出现的诱因，一旦事故发生，就要求该企业责无旁贷地承担起管理职责。因此，企业做到防患于未然，应事先准备好设施的防灾对策，同时，做到尽早发现灾后可能引起二次灾害的异常情况并采取对应策略，确立及时通报相关部门的体制。

3. 为地区做出贡献及与地区共生

274

阪神·淡路大震灾发生时，长田区的三星地带实施了灾区消防支援和救援活动，并提供了避难场所。存有大量商品的超市向受灾者提供商品，部分超市还向灾区供给食品及饮料。中越地震发生后，宅急送的摩托车队在向灾区运送物资方面做出了贡献。这些例子告诉我们，灾害发生时企业能够为本地区做的事情很多，尤其是那些在全国范围拥有多个业务中心的大企业，他们的贡献被寄予厚望。具体而言，希望他们在平时能与当地居民共同训练，签订援助协议并参加消防团，努力加强与当地居民的合作。同时，应积极探讨灾害出现时公司自身该如何行事，并向当地政府和居民提出建议。

（二）如何强化企业与政府间的合作

为了防备较大灾害的发生，有必要将自助、互助及公助恰到好处地结合在一起。在应对灾害、援助灾区居民、恢复和振兴地区经济方面，企业应尽己所能，贡献自身的力量。政府部门也对企业抱有很大的期望，因为他们拥有完整的指挥系统，以及丰富的人力、物力资源。同时，由于组织文化、相关行政部门互不相同，他们间的合作仍有待加强。

要实现与政府部门之间的鼎力合作，共同防灾，企业必须积极参与筹划所在地区的防灾计划。在确保避难场所和避难路线、提供食品、饮用水、防灾机械材料和临时住宅等方面，可以有效地利用企业的资源。在制定难以回家人员的对策、解决紧急电源及抗震型设备投资等企业面临的难题时，政府部门则能给予很多帮助。此外，通过策划联合图纸训练及实施对地区防灾计划的检验工作可确保道路和桥梁具备抗震功能，还能保障紧急时刻的运输路线，凸显防灾对策的重点。同时，政府部门与企业负责防灾工作的人员在合作中相互熟悉，通过反复举办研讨会及训练等机会，确立紧急时刻的联络窗口，与其他行业的合作也由此变得顺畅。灾情发生时，政府部门要立即与企业的领导层进行交涉，请求对方的帮助与配合，此时，政府部门能够立即与那些已建立起联络窗口的企业达成共识。

开展复兴事业时，企业所拥有的招揽顾客及创造雇用机会的能力都是十分可贵的资源。此外，民营企业可以发挥其特有的营销和企划能力，参与到灾后重建工作的策划中来，通过他们出谋划策，在较容易出现对立的政府复兴事业部门与当地居民（土地所有者等的利益相关者）之间营造出双赢关系。如果上述工作在危机之后才展开，那么往往收效甚微，有时甚至会招致误会。作为未雨绸缪的一环，企业在平时就应参与策划地区的防灾活动，致力于抗灾能力强的城市建设及增强地区活力的事业，与政府部门、其他企业、当地居民一道，不遗余力地做出自己应有的贡献。作为地区的一分子，即便在灾害发生时遭遇到意外的灾难，日常的努力培养出来的情感也会给企业带来许多热情的援助及鼓励。在应对灾害的艰苦环境中，企业和周围的人们相互扶持，一同致力于地区的复兴事业，这样的感受会给经营者及公司员工带来精神上的鼓舞，对迅速实施业务持续体制而言，这也是一种无形的资源。

275

【参考文献】

（財）未来工学研究所，1986「情報化社会のアキレス腱　東京世田谷電話局における通信ケーブル火災の社会的・経済的影響」。
東京海上日動リスクコンサルティング，2006「実践事業継続マネジメント」。
（財）静岡総合研究機構防災情報研究所，2002「東海地震に備える企業の地震防災対策」。
森川理奈・池田浩敬，2007「中小企業における地震災害リスクを対象とした事業継続計画（BCP）導入阻害要因の分析」地域安全学会。
日本政策投資銀行，2006「企業防災への取り組みに関する特別調査」。
東京商工会議所，2006「会員事業者の災害対策に関するアンケート結果」東京商工会議所 HP
http://www. tokyo-cci. or. jp/kaito/chosa/2006/180629.html
（社）岡山経済同友会，2006「岡山県：東南海・南海地震を想定した企業防災アンケート」岡山県 HP
http://www. pref. okayama. jp/soshiki/detail. html?lif_id=3960
特定非営利活動法人事業継続推進機構「中小企業 BCP ステップアップガイド」
http://www. bcao. org/scbcstepupguide. htm

（森冈千穗）

专栏

难以回家人员的问题和企业

吉井博明

如何解决难以回家人员的问题，是大城市，尤其是首都圈发生地震灾害时要面对的一大难题。如果大地震发生在平日的白天，交通状况会因此而中断，上班、上学及购物等到市中心来的1140万人将难于回家，大规模混乱就有可能发生。设想可能会给我们带来最沉重打击的灾害——东京湾北部在平日的白天发生地震（M7.3），据估计仅东京都内就有390万人因离家太远而无法回家，一都三县合计将达到650万人（中央防灾会议）。难以回家人员问题具备如下特点。①受其影响的人非常多，这是谁都必须面对的问题，也是居住在首都圈内的人们普遍关注的问题；②如果大家在地震刚一发生就同时回家，人群集中的交通枢纽地带及人流交织的道路、桥梁等就会出现异常混乱的局面，类似于2001年7月明石市焰火大会上发生的“群众踩踏”事故极有可能发生；③想要回家的群众可能成为防灾机关的应急措施及当地居民避难行动的障碍；④防灾机关由于忙于优先程度高的抢救、灭火、医疗救护、应对居民避难等这些事务，基本抽不出工作人员去应对难以回家人员所面临的问题。

制定对策以阻止混乱局面的出现，同时为无法回家的人员提供运输手段（船、汽车等），做好这两方面的工作才能有效地应对这一问题。为了阻止混乱局面的出现，应制止大家在地震刚发生后同时回家，企业等单位应首先让工作人员、顾客躲避到安全的地方，在把握受灾情况等信息的基础上，让工作人员及顾客按照回家的不同方向组成团队，陆续回家。让上述设想变为现实的一大前提是工商业单位确保其建筑具备抗震功能。不仅如此，为了减轻迫切想回家人员的不安情绪，应向他们提供相关的信息及联络手段。东京都调查报告显示，对如下信息的需求非常高。希望确认家人的安全状况、商量会合的地点（78.7%），希望了解自己家周围的灾情及火灾等情况（75.8%），希望掌握自己所在地区的灾情及火灾等状况（61.2%），希望知道获取水及食品的方法（49.7%），希望了解交通工具的运行及恢复信息（33.3%）。此外，希望提供安全的回家路线信息（由于建筑物倒塌、物品掉落、火势蔓延等原因，大家希望了解能够避开危险地区、平安回家的路线），创建援助难以回家人员的设施，在其回家途中提供水、厕所及相关信息。东京都的调查显示，针对难以回家人员的问题做了准备措施的人占到40%（30%的人准备了便于外出的鞋子，14%的人准备了巧克力、糖果等便于携带的物品），确认过徒步回家的路线并走过一次的为18%，思考过这一问题的为32%，了解与加油站、便利商店等签订协议的达到48%。这组数据表明，对回家难问题做好准备工作的人出乎意料的多，他们已考虑好了应对方法。

在大量难以回家人员聚集的交通枢纽地带，主要工商业单位应创建协商会，共同致力于上述对应策略的探讨及实施。

专栏

“紧急地震速报”与集客设施的危机管理

中森广道

从2007年10月1日起，气象厅发布的“紧急地震速报”开始面向一般市民。所谓“紧急地震速报”，就是地震发生时对强烈震动到达各个地区所需时间及地震的震级做出推测并向大家通报。这样一来，在部分地震发生前，我们就能够事先知道地震晃动的到来，尽管它是以秒为单位计时的。此外，根据修正过的法律规定，从同年12月1日起，“紧急地震速报”被定位为预报·警报，当预测到5级以上的地震晃动会出现时，会将其作为“警报（地震动警报）”公之于众。

当“紧急地震速报”发布时，很多人担心百货商店和地下商店街等人数集中的设施内，是否会出现混乱等人们所不希望看到的情形。针对这个问题，笔者曾在2007年9月以全国18岁以上的居民为对象展开调查（有1069名答卷者），认为“很多人会涌向出口处”的占到82.8%，“很多人会惊慌失措，不知该如何是好”的占60.3%。在此次调查中，问及希望这类设施的管理者应该如何应对“紧急地震速报”时，回答最多的是“恰当的播报”（73.8%），其他的有“工作人员恰当的指令”（68.5%），“希望公布该如何行动的指示”（63.9%），“希望能够预先安排好安全场所”（63.2%），“希望能够明示危险地点所在”（52.7%），这些回答都超过答卷者的半数（参照表9-3）。这一结果表明，当设施内播报“紧急地震速报”时，人们希望设施的管理者能够让利用者明白“具体该如何做才能保证安全”。

“紧急地震速报”不是“预知信息”，它在地震真正发生后才公布出来，因此从收到信息到强烈晃动到来，其间仅有极少的时间。此外，根据地震的不同也有不发布“紧急地震速报”的例子，震源较近时，尚未收到信息之前地震的摇晃就已到来，这种情况也是存在的。换句话说，即便是启动了发布“紧急地震速报”的今天，晃动还是有可能像过去一样以“突然袭击”的形式来临。“紧急地震速报”是刚刚起步的新型信息，为应对这一信息而产生的新课题及有待解决的问题仍很多。但是，接收“紧急地震速报”信息的人首先应该做的就是彻底掌握平日里人们总结的关于地震发生时的经验、应对方法及地震对策。此外，毋庸赘言，地震的晃动不会因为发布了“紧急地震速报”而停止，因此如果我们不在日常生活中想办法解决包括人工建筑物的抗震处理、家具等的固定、防止玻璃碎片等的散落问题，就不会取得良好的效果。换言之，在思考特定的情况之前，首先应在日常生活中推进应对地震的方法，这才是让“紧急地震速报”发挥效果的捷径。“紧急地震速报”的发布为时已晚、地震的晃动以“突然袭击”的形式侵袭而来，这种情况今后仍有可能发生。只有通过上述的应对方式，才能更加有效地面对这类灾难。

278

表 9-3　希望集客设施的管理者采取的应对“紧急地震速报”措施（%）（1069 人，可多选）

也应直接向顾客播报“紧急地震速报”	50.0
“紧急地震速报”应仅向设施员工传达，而不应让顾客听到	22.0
希望公布该如何行动的指示	63.9
希望通过散发宣传单或小册子的形式告诉大家该如何应对	34.1

续表

希望能够明示危险地点所在	52.7
希望能够事先预备好安全地带	63.2
恰当的播报	73.8
工作人员恰当的指令	68.5
固定物品，给玻璃制品贴上薄膜防止其散落等措施	54.4
让电梯迅速停靠在最近的楼层	64.2
不希望在这种设施中听到“紧急地震速报”	1.1
没有特别期望他们做的事情	1.7
其他	0.6

资料来源：2007 年 9 月日本大学文理学部社会学科中森研究室实施调查

第十章　自主防灾组织与志愿者

第一节　自主防灾活动的组织化及开展状况

第二节　地区防灾中的“自助、共助、公助”

第三节　地区自主防灾活动的开展

第一节　自主防灾活动的组织化及开展状况 280

一、地区自治组织与自主防灾活动的开展

纵观日本开展自主防灾活动的历史，可通过追溯地域社会自治活动的系谱，从广义上进行把握。地区居民组织发挥的作用包括为地区的防卫、受灾做好准备工作，地区社会出现危险状况时积极采取紧急应对措施并展开复原工作，以及为确保地区居民的安全而开展的各种各样的活动。这些活动与各个时代的社会制度联系在一起，部分内容被制度化，在与行政机构发生关联的地方，产生了新的组织，诸如此类的完善工作在不断推进。消防团及地方政府的消防事业源于"町火消"，"町火消"是江户时代以町为基础的自治组织运营的，其历史表明，消防的部分功能是

在行政机构不断完善的过程中作为常设消防机构发展起来的。即便如此，曾与地方社会的运营保持很深关联的那部分内容，其后仍交由地方自治活动来负责，它们作为自主防灾活动的基础备受关注。

仅拿二战后这段时期来看，从1970年代起，东京都推进防灾市民组织的培养和强化运动，1980年前后静冈县推动组建自主防灾组织的活动，这些都是令人瞩目的举措。受此影响，自治省（及总务省）也发起了推动全国性自主防灾组织的组建运动。

前者是1971年（昭和46年）在《震灾预防条例》实施之际，“都民配合”项目中提及的内容，作为一项推进城市软件方面应对灾害的方针，其立足于关东大地震及东京大空袭中所积累的经验。基本构想是，“防灾市民组织是按照地区居民的意愿自发成立的。同时，致力于创建与日常生活紧密结合在一起的组织，以自发组建为基本原则”，大体实施方法是

281 “以实施自主性地区活动的自治会和町会为母体，令其与原有的地区团体（防火协会、交通安全协会、防犯罪协会等）有机地联系在一起，以期能发展、成长为发挥良好作用的组织”（东京消防厅防灾部防灾科编辑1977，第408—413页）。到1981年（昭和56年）为止，在东京都地区，这样的防灾市民组织以家庭数为基础的组建率平均达到80.0%。另一方面，实际上当时人们对自主防灾的认知度还很低，它只是自治（町）

会各种活动中非常不走眼的一项内容，基本上看不到自主防灾这一理念的落实及其相关活动。

1976 年（昭和 51 年）东海地震的发生为静冈县着手自主防灾组织的组建工作敲响了警钟。静冈县及其周边地区有可能成为受灾最严重的地区，因此，加强该地区的地震预知应对体制，积极探讨全县应对地震的策略方法是当时的工作重点。正是在这样的氛围下，静冈县着手开展了自主防灾组织的组建工作。作为国家级应对大地震的对策，内阁中设置了地震预知推进总部，在翌年召开的全国知事会议上，与会者全体讨论后制定出大震灾对策特别立法的大纲草案。1978 年（昭和 53 年），《大规模地震对策特别措施法》提交至国会，同年公布并开始实施。特别措施法把对即将发生的大地震的预测工作与防灾体制结合起来，是一项以强化地震防灾对策为目的的法律，它致力于保护国民生命、身体、财产免受大规模地震造成的伤害。面对形势紧迫的地震灾害，人们希望通过地震预测技术、相关信息的迅速传达和有效利用，以及与此相匹配的社会制度的构建，达到减灾效果。这是一次试图通过技术革新及信息化战略重新改写灾害对策的尝试。之所以如此，是由于此前“改造都市既有布局”的设想无法顺利推进，同时，要想将设想化为现实需要的高额费用。在这样的背景下，静冈县政府与民众齐心协力，抱着尽力而为的热情，努力推进地震对策的探讨和研究，“自主防灾组织”的创建工作正是在这样的环境中应运而生的。静冈县认为，“地震对策制定过程中，国家、县、市町村等与防灾工作相关的部门理应承担重大责任”，与此同时，“县民本人对地区防灾活动的参与也是必不可少的”，因此我们要做到“自己保护自己，自己守护自己的家园。也就是说，由‘我’开始，‘你’来加入，并且扩大我们的团队，‘大家齐心协力’一起出谋划策，一道挥洒汗水，只有我们与防灾部门共同努力，才能筑就真正的地震对策”（静冈县编 1979，“前言”部分）。

282

东海地震之说发布后，作为应对地震的一个环节，静冈县及县内的市町村居民齐心协力，致力于培养及强化自主防灾组织。他们积极推进这项事业，通过散发宣传册、举办电影会、座谈会等形式进行宣传，推选出自主防灾组织的典范，通过散发小册子的形式用以实现创办自主防灾组织的愿望，对器材的购买实施补助，培训自主防灾组织的领导等。静冈县自主防灾组织的组织率（以家庭数为基础）在 1978 年（昭和 53 年）3 月为 42%，两年半之后的 1980 年（昭和 55 年）10 月攀升到 89%，呈现出迅速增长的态势。这种局面的形成存在一个时机问题，即东海地震之说发布之后，探讨应对地震的对策成为静冈县行政工作的重心，全县上下全力以赴地致力于这项工作的开展。此外，组建自主防灾组织之际，相关器材的配备享受到近乎全额的补助，在制度方面也获得了全方位的支持（浦野正树等编 1981）。

在此我们期待自主防灾组织能够在多个领域、在预先的准备工作、实施应急办法方面发挥作用。具体而言，能够让民众有效利用预测信息，采取恰当的应对措施从而避免陷入恐慌，保证大家都能采取正确的行动，把损失控制在最小范围内。一般来说，自主防灾组织是居民用自身的力量保护自己的生命、财产安全的组织，是展开有组织行动的组织，用以防止灾害的发生，减轻灾害带来的损失，抑或是开展救援活动而相互帮助。其行动的具体内容包括地震发生后防止火灾的发生、初期消防、抢救救护、引导民众避难，同时还包括宣布进入警戒状态时的信息传递、呼吁大家采取防灾措施等各项活动。此外，为了保障上述工作能够顺利完成所做的一些预先准备工作也包括在内，如平素进行的相关训练，制定行动计划，甚至还包括街区围墙的安全检查等。

如上所述，静冈县创建自主防灾组织的行动在 1980 年代前半期进展迅速，部分自主防灾组织将活动开展得有声有色，与其他府县相比，活动的质量及数量都要高出一个档次。不过，在体现出优势的同时，仍存在一些问题。整体而言，很多自主防灾组织都只停留在组建阶段，在制定计划、开展活动方面千篇一律，一般居民的参与已达顶点等（浦野正树等编 1981）。在那之后尽管培养方案依旧继续执行，却陷入时而高涨时而冷落这种不断反复的局面，当地震成为话题的中心时，人们对其关注也随之提升，之后便又松懈下来。

283 在自治省消防厅（现在的总务省）的推动下，以自治会、町内会为基础的自主防灾组织的活动呈现出向全国推进的态势。尤其在担心东海地震发生的东海地区，以及以东京为中心、曾经历过关东大地震和大空袭的首都圈，自主防灾活动之所以能够得以推广，其中有行政部门的推动，也受惠于人们对灾害所带来的危险的关注。其实在其他地区，在那些曾多次遭遇灾害的地区，以地区居民组织为单位，以特定灾害发生为对象的传统活动长期延续下来。从全国范围来看，这些活动的契机及渊源是丰富多彩、多种多样的。如今虽统称为自主防灾组织，但是，地方政府的消防事业发展史曾带有很强的地域色彩。与此相似，各地居民在不同的活动中开展的防灾活动也相当多元。他们的组织运营、活动内容在法律制度及国家行政部门的引导下一点点改写，在时代的要求下改变了内容。如今，它们以完整的形式出现在行政制度的框架内，被大家理解为自主防灾组织及自主防灾活动，并得到了组织化、系统化的处理。自主防灾组织的设立状况按家庭率（对于全国的总家庭数而言，被组织起来的地区家庭数的比例）计算，在2006年（平成18年）达到了66.9%（参照《平成18年消防白皮书》）。每到阪神·淡路大震灾等大的灾害爆发之际，解决自主防灾组织的组织化、活性化问题就成为当务之急，行政部门采取的对策措施也集中于此，这就是目前的状况。

在应对传统的地区灾害中应运而生的地区防灾活动是十

分多样的，那些曾造成重大损失的灾害被大家传述至今，有些活动的开展正是以应对这样的灾害为起点的，它们已拥有相当长的历史。其后，它们中有的接受了政府部门的行政指导，抑或是拿到了开展活动的补助金，其组织结构被重新编排，有些组织的性质也随之发生了变化。按照《灾害对策基本法》的规定，它们中有的被定位为自主防灾组织，也有些依旧作为其他组织继续开展活动。从这一点来看，思考如何通过开展地区活动建设安全、安心的社会，除了行政部门指定的自主防灾组织之外，其他的形式也同样可行，对此我们要有充分的认识。

二、城市防灾建设的目标

与上述自主防灾组织的创建史相异，从1980年代起，以城市硬件建设为中心，致力于改善地区综合安全环境的地区活动——“城市防灾建设”诞生了。最初的“城市防灾建设” 284 活动与城市行政规划及业务内容直接挂钩，包括了行政部门对周边地区居民的“重建意愿”调查，指定“推进非易燃化地区”，以及推进城市防灾非易燃化运动等内容。在这一过程中，促成当地居民创建城市建设协商会。在探讨地区整顿的基本构想及制定基本计划时，“居民参与”的形式占据主流。也就是说，以废地利用、非易燃化住宅改建工程为中心的地区整顿计划，虽说在行政部门的发起、主导下才能够制定完成，但考虑到尽量要将当地居民的意愿及要求反映在计划之中，因而仍采用“居民参与”的形式。正因为如此，在改建方案（或者说是改建计划）出炉之际，当地居民组建的协议会宣告解散，其后有关非易燃化的改建工作由每位（有改建意愿的）居民和行政部门商量后进行。类似这样以推进非易燃化建设为轴的城市建设形态，我们可视为防灾城市建设预备阶段。对杉并区蚕丝试验场旧址等的改建，以及对横跨目黑和品川两区的“林试之森”周边地区（旧林业试验场旧址周边地区）的改建工程[①]，都是具体的例子。与此相异，1985年之后开展的非易燃化城建工程由预备阶段向前迈进了一步，无论其内容还是当地居民的参与程度，均得到进一步深化。在行政部门的提议下开展改建工程，这一点虽与从前未有不同，但无论在改建计划的制订阶段还是在实际操作阶段，当地居民都积极参与其中，向街道的改建、微型公园的修建等工作提供他们的智慧，竣工交付使用后由他们自主管理，制定使用规则。当地居民的生活由此得到改善和提高，大大提升了防灾城市建设的业绩。在此，暂且将以当地居民为主体的城建工程运动视作狭义的“防灾城市建设”。

实施狭义的“防灾城市建设”的地区都是一些木结构住宅密集的地区，这里鲜有开阔的空间，取而代之的是狭窄的道

① 现为“林试之森公园”。——译者

路及深邃的小巷。大地震发生时，这里极易出现火势蔓延带来的灾害。当地居民通过检查、学习防灾层面上可能出现的问题，在行政部门、专家等给予充分支持的情况下，通过自身的努力改善地区环境——这样的活动我们大概可称之为防灾城市建设的典范。极为重要的一点是，为了确保各个地区作为当地居民生活所在地的特殊性，城建活动要在坚持“修复型”的原则下展开。举例来说，即便推进非易燃化是非常完美的举措，可是如果我们按照“一扫而空型”的重新开发的理念建造高层建筑，街道、社区团体原有的模样会发生很大的改变，如果这样的改变让从前的居住者不能再生活在这里，这样的城市建设就是没有意义的。也就是说，防灾城市建设要以建造一座灾害发生时“不需逃离就可获救的城市”为基本理念，不断地改善居民的居住环境，创建“宜居城市”。

如今，防灾城市建设已超越了狭义的“防灾城市建设”范畴，它们在各地展开，将不同的个性特点及地区特性反映得淋漓尽致。这些活动中存在的问题在本质上与“居民参与原则”直接相关，无论是行政部门还是当地居民，都需对活动的本质有所理解，重新思考何为城市建设，何为合理的居住环境等各种问题。此外，硬件设施方面的城市建设与个人的土地私有权、使用方式的权利意识密不可分，正因为如此，很多时候其会对地区既有的居民关系构成一种压力，在试图构建新型居民关系而展开的城市建设运动过程中，各种各样的矛盾、纠纷就会出现。

近年来，大家是出于何种缘由开始关注防灾城市建设这一问题的呢？我想从它与地区自主防灾活动的关系出发，对其背景做一简单介绍。也就是说，从防灾的行政工作层面来看，防灾城市建设是如何成为人们关注的焦点的？它有着怎样的时代背景？笔者个人认为，相互关联的两个因素是其原因所在。

其一，提高灾害刚发生之后紧急应对的能力，这历来是地区自主防灾工作的重点，而在经历了云仙普贤火山喷发及阪神·淡路大震灾之后，人们的注意力不再仅停留于灾害刚刚发生过后的短时间范围内，开始强调从灾害发生之前到完成复兴之路这一长时间范围内应该采取的措施。应对东海地震时，当时采取的是以预测地震为前提的对策，这是一种应对灾害的典型的思维方式。实现思维方式的转换，意识到不仅要解决灾害刚发生之后需紧急应对的问题，还要对各种重建、复兴工作中可能遇到的困难进行再次确认，同时消防防灾部门之外的其他部门重新认识到防灾对策的重要性，这些意识层面的转变与上述变化是交相呼应的。

其二，有些问题或疑问是在推进地区自主防灾活动的过程中不断出现的。自主防灾组织的组建率在行政部门的推动下达到一定规模（静冈县为 98%，神奈川县委 80%），此时行政措施的重点从推动创建自主防灾组织的组织化问题，转向充实完善符合地区特点的安全措施。在这一背景下，当地居民为了克服困难，其观察问题的角度必然会发生转变。也就是说，依据地区的实际情况深入探讨自主防灾的活动内容（功能），仔细推敲应该采取何种措施方案，越是朝这个方向努力，当地居民就越是要直接面对日常生活中该地区存在的结构性问题，如果我们持回避态度，就不可能将当地居民的注意力吸引到防灾活动中来。

286

当地居民的积极行动有可能超越消防防灾行政权限范围扩展开来，这就促使我们去尝试解决日常存在的多个课题，诸如地区街道的铺修完善和居住环境方面存在的问题，与老年人福利等密切相关的灾害弱势群体问题，包括本地产业等的地区经济问题等。行政部门对上述问题的处理不够恰当，他们以防灾行政为由仅强调应急对策中规定的内容，很快就会和当地居民的现实态度之间发生分歧，大家对自主防灾活动会失去兴趣，这样的活动最终只能流于形式。

总之，希望大家从宏观的角度理解防灾城市建设。所谓的防灾城市建设，是人们重新检阅由人构建的地区社会是否安全的所有行为的总和。

三、自主防灾活动和防灾城市建设的出发点及居民防灾意识

历来的自主防灾活动都依靠自主防灾组织开展工作，他

们主要通过制定一些对策来预防灾害的发生。起初，这些组织的工作要点在于完善灾害紧急应对体制，因此，在组建的过程中，他们和消防防灾行政部门关系紧密。正因为如此，无论是否意识到，从创建之初，自主防灾组织就将地区社会的居住环境问题作为开展活动的前提，据此判断应采取何种应急措施。初期消防、避难引导、抢救救护等技术的训练和掌握，责任体制的确立，行政部门通过施加影响、指导等方式积极开展防灾意识启蒙教育，这些举措均是以此为基础展开的。一定要提高指导效率、普及相关技术，在这样的思想指导下很容易忽视某一地区独特的特点，忽略对每一课题的挖掘及解决。之所以大家觉得行政指导尽是些放之四海皆准的空话，其原因就在于此。

正因为如此，“防灾城市建设活动”虽以长期致力于地区居住环境的改善，试图通过硬件设施的完善创建抗灾性强的城市为宗旨，但其活动有时却未与上述自主防灾活动联系在一起。无论是防灾城市建设活动，还是自主防灾活动，都是以287 建设“安全、宜居、抗灾性强的城市”为目标，以当地居民为主体开展的活动。因此，在面对“既有环境下何种应急方案有可实施性”，这一问题时，需要我们熟悉地区环境，创造保护它的方式方法。不仅如此，还要了解思维上循序渐进的过程，即冷静思考地区环境的弱点并尝试改善环境，以此更好地把握地区特点。

为了创建安全、抗灾能力强的地区社会，每一位居民在平时就要养成自主防灾意识，从防灾的角度思考地区安全问题，同时掌握灾害发生时应采取的正确措施。此外，还需构建通力合作共同抗灾的模式，使当地居民、企业及各种设施之间互通有无、相互扶持。尤其在大规模灾害发生之际，会出现电话中断，道路交通网、水、电、煤等设施被切断，消防等抗灾单位的活动受到限制的局面。为此，我们必须防患于未然，让当地居民联合起来相互帮助，建立以自己的生活区域为单位的防灾体系。

必须熟悉灾害的具体情况，熟知本地情况，充分掌握包括灾害弱势群体在内的各个居民层的实际生活情况，并在此基础上灵活运用。否则就无法期盼这样的活动能够因地制宜，与时俱进。

推进自主防灾活动的根本在于“熟知本地情况”，近年来这已成为一种共识。这其中既包括地区的空间结构环境，也包含地区行政、企业、居民组织、志愿者团体之间的社会关系、居民特性等内容。

熟悉地区情况，尽最大可能正确把握地区与灾害危险之间的关系，要做到这一点，必须充分了解这里曾发生过的灾害其原因所在以及受灾的具体情况，并且通过分析地区内外存在危险的地点，尽可能具体地把握灾害险情的详细内容。探讨不同灾害（地震、风灾、水灾、火山喷发、煤气爆炸等）出现的原因，同时也对受灾的具体情况、灾后该地区出现的一些现象等加以考虑，据此设想灾害险情的具体内容。此时，要详细把握地区的人口资料、土地建筑资料、危险物和危险场所、防灾设施和资源等情况，探讨它们与导致灾害出现的原因之间存在何种联系（举例来说，假设关东地区南部发生地震，该地区的预测震级为 6），从而对灾情及灾后可能出现的情况进行预测。

288

只有通过上述努力，才能根据各地所处的具体情况设定研究课题和活动目标，不断改进运营方式，厘清对进一步开展活动而言的阻力所在。只有挖掘出与各地的具体情况完全匹配的课题，设定相应的对策，才能激活地区自主防灾活动的活力，增强活动的现实意义。

毋庸赘言，这个构思同时也是防灾城市建设活动的出发点所在。长期以来，人们对防灾城市建设所持的印象之一就是致力于大城市中木结构住宅密集区居住环境的改善，以及当地居民为此开展的有组织的活动。在直面本地区亟待解决的课题并开展防灾活动之际，当地居民对防灾的关心程度和对本地区的热爱程度是推动此活动开展下去的原动力。无论对于自主防灾活动而言，还是对于防灾城市建设来说，这一点都是共通的。如何将地区潜在的防灾意识挖掘出来，让整个地区都能在防灾环境建设方面达成共识，这对于防灾城市建设活动而言是根本性的问题。

四、行政部门的灾害对策与自主防灾活动

历来的防灾对策主要分为两个层面，其一是以行政部门为中心推进的防灾对策，还有就是地区及企业主导的自主防灾活动。地区社会、企业组织等作为社会的有机组成部分，使其积极主动地开展防灾活动，同时以行政部门为中心，企划并推进更大范围的防灾对策，统筹和管理运营整个系统。

的确，预计到灾害刚发生后的抢救、救护、急救医疗、防止灾害扩大等一系列工作，该地区的地方政府在平时就应和参与防灾工作的各团体、其他地方政府保持密切合作，通过协商决定应对方法，并将其制定为具体的计划方案。同时，通过和特定的机关、团体等部门签订协议以及采取登录制度等手段，事先构建起与专业技术人员、专业技能拥有者之间的联系网络（危机管理体制的制度化）。考虑到从地震发生后数小时至一两天之内对生命的抢救和确保安全的对策问题，如果我们事先没有制订好计划或未能完全按照计划明确责任分工及其负责人，就无法奢望展开迅速、富有责任感的、有组织的应对行动，受灾的规模也会因此不断扩大。

此外，强化以自主防灾活动及防灾城市建设的形式建立起来的地区防灾能力这一点也至关重要。应对灾害的另一主角是当地的居民。这需要他们在平时就关注本地区存在的危险因素，致力于创建安全的地区社会。同时，在紧急时刻能够 289

与地方政府及其他地区的防灾活动组织联合起来，创建能够照顾到该地区所有居民（尤其是包含了该地区灾害弱势群体的全体居民）的保护体制。要做到防止灾害的发生，并试图将其控制在最小范围之内，只考虑自己及家人的安全是远远不够的，只有与家人的生活息息相关的社会全体处于安全状况，其个人及家庭成员才是安全的。同时，要保障整个地区社会的安全，需要当地居民、企业及其他设施通力合作携手展开防灾活动，建立这样一种“装置”也是必不可少的。在经历了阪神·淡路大震灾等灾害的灾区，我们一次次看到的是紧急时刻人与人之间的互帮互助，以及大家为了实现生活的重建——城市的复兴所付诸的努力，这些都告诉我们地区社依旧是解决生活问题的根基所在。

五、地区性居民活动的局限性及其拓展问题

以安全和安心为宗旨的地区性居民活动今后仍需在提高居民的防灾意识方面多做努力。同时，还须重新探讨承担这一责任的自主防灾组织的理想状态。从组织特点及活动层面来看，自主防灾组织历来存在很多问题。

第一，旧有的自主防灾活动存在一种倾向，就是以完成初期灭火、避难等（紧急时刻的对应）为目标，并据此设定了相应的活动内容。今后要拓宽其活动范围，将平时对危险场所的

检查、改善环境、向老年人、残疾人等提供日常福利都列入活动范围之中。社会正在不断趋于老龄化，立足于现实，地区性居民活动应拓宽视野，将防灾城市建设、防灾福利社区建设纳入考虑范围之中。

第二，因为是“自主防灾”，所以旧有的防灾活动多是某一地区内部封闭的活动，仅以当地居民为对象，以应对地区内部的危险为目标。然而，今后要将其发展为一种更为开放的活动平台。为此，我们平时就要与其他地区的防灾活动团体建立多重的合作及多样的关系（促进相互支援活动及交流）。做好与企业职工在内的非本地居民的联系工作，加强与本地区内外各种志愿者团体的交流活动等。

第三，从组织层面看，作为自主防灾活动中坚力量的老龄化问题一直为大家所关注，因此，拓宽领导者的年龄层、募集接班人，成为了有待解决的课题。此外，为了应对大城市的环境变化，重新发掘和活用地区资源、技术人员也是十分必要的。

290

第四点与上述几点相关，是有关重新设定活动理念及目标的必要性问题。必须重新建构新的理念及目标，以适应生活圈不断延展的大都市生活的实际状况及当地居民的实际要求。总而言之，在不断发生变化的当代社会，地区性居民活动的理念及目标急待重组。

如何建构“志愿者网络”与“地区居民开展的自主防灾

活动”二者之间的关系，将为我们思考如何克服防灾自主活动存在的不足之处提供重要的视角。此外，这种关系的建构也为大城市解决应对灾害方面的课题，诸如难以回家人员问题等，带来一些启迪。

（浦野正树）

291

第二节　地区防灾中的“自助、共助、公助”

一、地区应对灾害的主体——对“徒有其名的自主防灾组织”的批判

通过上节的内容我们知道，自主防灾组织（市民防灾组织）主要是以街道居委会和自治会为基础组建的，灾害发生之际，人们寄望其能够承担起该地区应对灾害的部分责任。然而，也有舆论嘲笑说它不过是“徒有其名的自主防灾组织”而已。一般认为，在经历了大地震等灾害的地区，或者是存在危险性、紧迫性的地区，组建自主防灾组织的比例比较高（消防科学综合中心1991，第37页）。之所以这样，是因为人们将街道居委会、自治会名册的标题直接改为“自主防灾组织”，然后将其视为已然成立的组织。因此，在

新建住宅和公寓开发得较快的地方，自治会的组建和“名册整理”的工作速度跟不上，出现因数百甚至数千户家庭的激增而使分母变大，导致自主防灾组织组建率的降低。因此，大家以每一年度末为目标，完成“名册整理”，即“自主防灾组织设立”的工作。有报道称，近年来越来越多的人对参加街道居委会和自治会之事漠不关心，甚至拒绝加入，导致组织率的提升变得相当困难。

然而，自主防灾组织的组建仅将名册整理出来还远远不够。它意味着以下这组数据，即组织率、关心度、加入率、参加率，是十分重要的（消防科学综合中心 1991，第 37 页；吉井・大矢根 1990，第 20—25 页）。组织率是已经阐述过的问题，就是在行政部门那里获得的组建自主防灾组织的登记率。关心度指的是对“您对地区自主防灾组织的活动是否有兴趣？”这个问题的回答率。加入率指对“您的家庭是否已经加入了地区自主防灾组织”这一问题的回答率。参加率是对“您的家庭是否已经参加了自主防灾组织举办的训练等活动”（一年一次以上）这个问题的回答率。得到的答案是组织率至参加率的数值按其顺序下降，即便在组织率高达 100% 的 292 地方，其关注度也只有 7 成，加入率为 4 成，参加率为 1—2 成左右。从名册上看确实是建立了自主防灾组织，似乎表明大家对这个问题的关心，但是实际上人们并未真正意识到自己的家庭是这个组织的成员，因此没有想过要去参加训练。这就是被大家嘲笑为“徒有其名的自主防灾组织”的实际状况。

即便组建率达到 100%，训练的参加率也只有 1 成左右，再观察一下参加者的构成情况，不难发现他们都是自主防灾组织的核心力量，也就是以街道居委会和自治会的三个重要职务的责任人为中心的年长者。也就是说，参加初期灭火、紧急抢救和救助训练的实际上是那些灾害发生时最有可能成为受害者的所谓“灾害弱势群体”本人。

二、应对灾情的现实主体——对日常志愿者的预估

谁才是应对灾情的主体呢？在此详细探讨这一问题。阪神·淡路大震灾之际，在被活埋或是被困于建筑物等内部并能够活着被抢救出来的人中，超过 95% 的人是依靠自身的努力或是家人、邻居等的帮助方能幸免于难的（自助的延伸）。另一方面，依靠专门的救助队员的帮助得救的人不足 2%（公助的局限性）。根据这样的调查结果（日本火灾学会 1996），有人提出“自己的安全要依靠自己来保护”、“我们居住的地区要我们自己来守卫”的必要性，自主防灾组织发挥的作用再次得以彰显（大家对共助的期盼）。实际上，公助的局限性已屡次被“披露”出来，比如“灾害发生后的 3 天时间里行政部门就没有发挥其作用”［“从倒塌的房屋等中抢救出幸存者，可能性较高的是灾害发生后 3 天之内（72 小时）”］等等。293

阪神・淡路大震灾的数据（依靠公助抢救出来的人少于10%）再次提醒我们，地区防灾工作中自助及共助都很重要，但它们的分量是不同的。

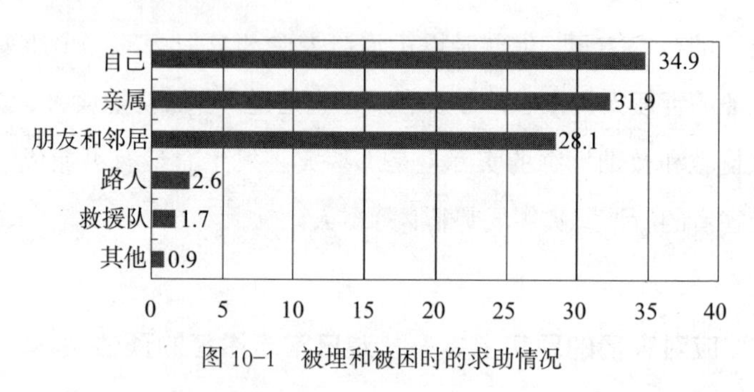

图 10-1　被埋和被困时的求助情况

但是，这里对职责的期许并非仅仅是对已存在的地区防灾系统和自主防灾组织的期许。阪神・淡路大震灾发生后，后赶赴救灾现场的志愿者总计超过100万人，鉴于他们所发挥的巨大作用（1995年被称之为志愿者元年），其后人们对创建协调志愿者的体系问题展开了讨论［参照“灾害（防灾）志愿者的协调”］，政府也倡导“减轻受灾程度的国民运动”。正因为如此，人们对应对灾害的主体问题展开了更为现实的研究和探讨。

在阪神・淡路大震灾的救灾活动中，存在紧急救命期（灾害发生后一周左右的时间）、避难救援期（到95年3月末为止）、生活重建期（其后数年）几个不同阶段。面对各个阶段出现的，或是被大家认识到的社会问题，志愿者们分别采取了相应的行动（山下・菅 2002，p. 8）。将这些行动累加起来，志愿者们创设、改编了自身的组织。随着生活的重建及城市复兴工作的不断推进，这些志愿者活动随之终结，或者是因组织的扩大而宣告原有组织解散。经历了种种变迁之后，他们的活动从直接援助受灾者，逐渐转变为从市民的角度探寻社会上有待解决的课题，承担起相应的责任，并决意要改变社会结构。他们逐渐获得并拓展发挥自身作用的新舞台，即从地震灾害发生的"非日常"活动发展成为"日常"活动。如何将自身的经验有效地利用到下一个可能出现的灾区，从这一角度出发，他们首先提供一种反思的视角，即认真反省导致灾情出现的灾前社会状况，从而为未受灾（或受灾前）地区建立日常防灾社会体制提出意见和设计方案。

另一方面，国家将"减灾"理念放在核心位置，推行了相关的战略措施及体制建设。所谓的"减灾"理念，就是要充分做好事前的准备工作及灾后迅速应对工作，通过这些努力尽量减轻大规模灾害带来的损失。为此，政府设定了"具体目标"，以促进"减灾目标"的推行及相关工作的推进。同时，政府导入"地区持续发展计划（CCP）"等概念，这是从企业制定的"企业持续经营计划"中衍生而来的。此外，还倡导开展让当地居民、企业、专家、NPO、行政部门等都参与进来的"减轻灾害损失的国民运动"，这也是实现"减灾"不可或缺的一环。所谓的追求"减灾"型社会，就是要求各个阶层都能够

294 积极主动地参与其中。当提到“社会各个阶层都参与的减轻灾害损失的国民运动”时，人们往往只单纯地想到社会各阶层中的灾害弱势群体以及与他们相关的人、组织和活动，尤其是那些集中居住在特定地区的人们。而当我们把它看作是国民运动时，则谁都有可能成为潜在的灾民和救援人员，这要求我们将社会作为一个整体来探索减灾的方式方法。这也是对救助、被救助这种二项对立式思维的反思。

当我们把以街道居委会和自治会等为基础的自主防灾组织，与平时就在开展各种活动的志愿者结合起来，将二者视为地区应对灾害的主体进行考虑时，应该创建何种组织结构？他们分别应承担怎样的职责？对此将在下一部分展开讨论。

三、自主防灾组织与地区志愿者之间的衔接与合作

我们来看具体的例子。将行政文件等资料翻译成盲文，地区内平时有提供此种服务的志愿者。灾害发生时，他们会将张贴在避难所等地的文书翻译成盲文。然而，灾害（比如说地震灾害）发生时，盲人是否有能力看那些张贴在避难所的盲文文书呢？我们必须将刊登在那里的信息（以及它所指涉的内容本身）与将这一信息传达至灾民家中这两件事情放在一起考虑。如果是供水信息的话，必须将其与把水送至灾民家中（不仅仅是“供水信息”，而是“送水”本身）这两项工作放在

一起考虑。将供水信息翻译成盲文，并将其张贴在避难所，这件事有什么意义？探讨负责日常饮食供给工作的志愿者们将瓶装水送至盲人家中所需的程序，思考他们各自应承担何种任务，这就是灾害弱势群体对策的具体内容。

另一方面，盲人也未必一定就是扮演受灾者角色的客体。他们的日常认知行动技能对探讨黎明前的灾情是不可或缺的信息。也就是说，残疾本身蕴含着不可替代的个性特点，可为探讨救灾提供重要信息，因此，残疾人是发布防灾专业信息不可替代的主体。

总而言之，熟悉、了解各种灾情并在此基础上假定受灾者及受灾的具体情况，通过这样的办法我们会发现，其实解决问题的技能就隐藏在日常生活的各种情景里。自主防灾组织对于防灾知识的学习绝不仅限于使用灭火器、为灾民煮饭等。如 295 前所述，对灾情及灾民所处的状况做出种种猜想，锻炼并丰富我们审视日常生活的眼力，这些都是非常好的防灾学习。

平时有很多志愿者活动看上去与防灾没有直接联系，然而从结果来看却起到防止灾害发生的功效。比如说，志愿者在岁末帮助独居老人大扫除时，把橡皮筋绑在餐具架的四周。这样一个看似随意的举动，在大地震发生时，会降低独居老人遭受灾害侵袭的可能性。志愿者掌握与地震灾害相关的知识，他们了解屋内家具等物品的倒塌可能带来的损失，懂得四处散落的玻璃碎片可能造成的伤害。然而，志愿者的岁末大扫除并非以防灾为目的。即便平时我们设想过针对灾害弱势群体（独居老人）的家庭防灾内容，却无法做到为此挨门挨户的拜访。这样一来，岁末大扫除其实起到了防灾的作用。

探寻自主防灾活动中有助于地区日常活动的内容，同时在地区的日常活动中寻找有助于防灾和救灾活动的部分，二者间的交流十分重要。有学者曾援引教育、学习理论探讨防灾的理想状态，这是站在崭新的角度探讨防灾教育的“实践共同体重组”理论（矢守 2006，第 344—350 页）。在此作一介绍。

虽然我们不知道灾害何时降临，可是一旦灾害发生会给全社会带来沉重打击，有时甚至是长期的。为了提升具有实践意义的防灾能力以及具备社会性的抗灾、救灾能力，将这样的努力“坚持”下去，并保持其具备“实践性”特点是非常关键的。正如人们所言，“既然防灾工作是一种以周期较长的自然现象为对象的社会活动，就不能把眼光停留在单个人之间进行的一次性的、暂时的知识技能的转移上，而应关注实践共同体重组”问题。在有关防灾问题的讨论中，“自助、共助、公助”论已深入人心，我们应该摒弃其中施救者 / 被救者、施教者 / 学习者这种二项对立式思维，由此改变参加防灾教育与学习的人的自我认同，将“仅仅是被救助”对象的人与对“自己和他人”的救助联系在一起，这也是围绕着防灾活动展开的社会（防灾实践共同体）组织原理变更后对我们提出的新要求。相关原因解释如下。

（一）教育与学习的关键不仅是知识技能从个人到个人的个体间的转移，还包括每一个个体（主体）“参与”到实践共同体活动中来的过程。也就是说，要构建一个（目前的）施教者及（目前的）学习者都能“参与”其中的共同体。拿学校的防灾教育来说，教师、学校没有必要掌握所有的知识和技能，只要有能够传授知识的人，只要儿童、学生、教师、学校组织能与拥有这些知识技能的组织、团体建立起联系网，成为其中的一员，这就足够了。

296

（二）将教育与学习视为社会实践的一个组成部分。换句话说，使（目前）站在施教立场的人参与到“做有益的事”中来。举例来说，一款由高中生设计的防灾游戏在接受专家的指导并经反复摸索之后终于制作完成，其后在地方政府召开的防灾研修会上，这款游戏被用来探讨问题。此刻，高中生感觉到自己发挥了重要的指导作用，参与制作的专家也很有成就感，他们都深切感受到自己和许多人有着共同的社会、文化、历史背景，也正在和他人一道创造着崭新的、有价值的东西。

（三）将教育与学习作为自我认同再次形成的一个过程来定位。“所有的教育与学习都是成长的过程，都在自我培养，如果不能打造全新的自我，就不是所谓的教育与学习”，施教者与学习者这两种角色之间的摇摆及重组，是自我认同再次形成最典型的例子。

（四）所谓的教育与学习是在“实践共同体”重组过程中

出现的事物。既然防灾工作是一种以周期较长的自然现象为对象的社会活动，就不能把眼光停留在单个人之间进行的一次性的、暂时的知识技能的转移上，而应关注实践共同体的重组。

当灾情（看起来似乎）已成为过去时，提供援救活动的志愿者尝试完成一种蜕变，使自身成为变革的主体，去改变酿成这场灾害发生的社会本身，他们的活动包含着应对将来可能出现的灾害的对策。由此一来，再次受灾的可能性、脆弱性就会在日常的各种应对措施中降低、减少。从经历灾难到恢复原貌，推动这一过程的原动力就隐藏在该地区文化、社会资源的“内部”，挖掘其特点所在，就找到了救灾的方法和手段。在下一节里，我们将探讨这类自主防灾活动的实例。

（大矢根淳）

第三节　地区自主防灾活动的开展 297

一、生活的综合性特点及认识到发展周期的自主防灾活动

（一）扩大自主防灾活动的自主权

居民构成、防灾资源（人、物）、地理条件等会因地区的不同而相异，要提高自主防灾活动的质量，必须关注各个地区的不同特点，从内部、外部最大限度地提升其能力，这样才能使地区共同体充分发挥他们的“自主权”。

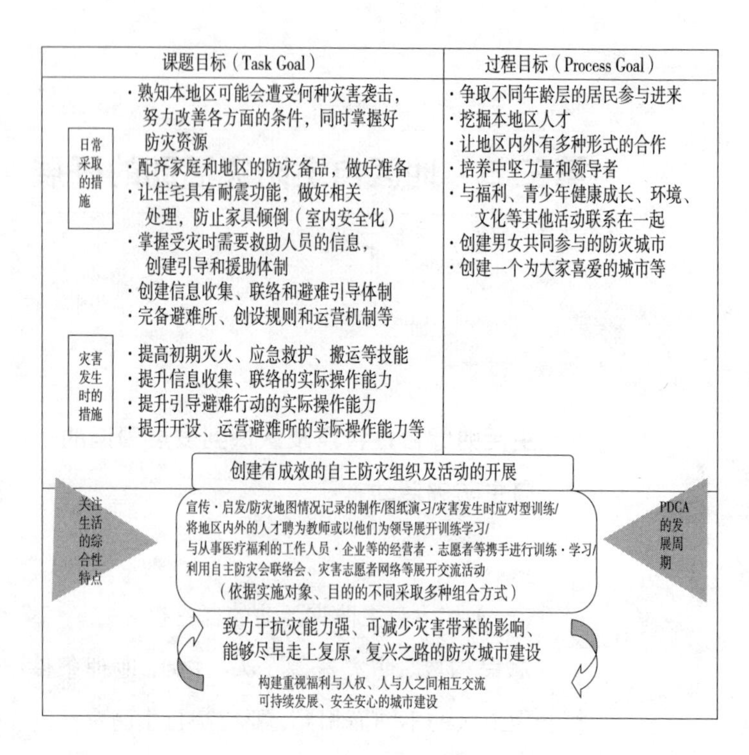

图 10-2　自主防灾活动中的自主权

如图 10-2 所示，自主防灾活动中，首先为解决每一课题设定好课题目标（Task Goal）。然而，其实效性的提高不会因每个成员掌握了某项技能而收到立竿见影的效果。创建居民合作体制，提升他们对防灾问题的关注，提高他们参加自主防灾活动的积极性，这些都是必不可少的。人员培训、场地建设、网络建设等虽不是直接目标，却都是操作过程中必须先后经历的过程。行使自主防灾活动的自主权时，应持续关注其与上述过程之间的相互关系。

值得注意的是，“自主权”既不同于指导，也不应由个人承担全部责任，这一点在第二节实践共同体的重组中已有所涉及。

随着居民生活方式及价值观呈现多样化的趋势，同时也由于现代社会的地区自治中很多问题的处理都与行政部门的工作紧密联系在一起，诸如垃圾处理、对教育和育儿的支持、福利、城市设施的完善、相关的法律、条例和预算等。基于这些情况，可以预见灾害发生时需求可能迅速发生变化，也可能出现医疗、行政服务等无法充分发挥其作用的现象。

尽管如此，自主防灾活动仍旧肩负着非凡的使命，要保护宝贵的生命、财产，要将该地区从非常时刻恢复到正常的状态。为了做到这一点，地区自身应该通过宣传、学习、训练交流等各种灵活的方式，有效提升实践能力和主体性。同时，行政部门平时对自主防灾活动的支持，行政部门、专家与地区之间的合作及共同行动也是必不可少的。

（二）综合视点、多样合作及发展式思维

298

有人指出，过去的经验告诉我们，日常进行的许多活动虽与防灾无关，但由此积累的经验却与灾害发生时的应对能力成正比。因此，当自主防灾活动的领导、地方政府的防灾工作负责人和外部顾问掌握了自主防灾活动的自主权时，应使防灾活动朝着“作为综合性城市建设的防灾”方向努力，从而增

强地区活力，提升地区的自治能力。

此外，多样的知识及资源汇集在一起也能有效提高防灾能力，这就意味着各个团体、经营者、专家等之间多种形式的合作是不可或缺的。同时，为了持续、有效地提高防灾工作能力，在地区开展的各种活动中注入防灾元素，这种方法也开始受到了大家的关注[①]。

如上所述，行使自主防灾活动的自主权需要以下的态度及实践活动。地区内外各种各样的团体及丰富多彩的活动，行政机关的各部门及其负责人之间的信息交流与合作，他们往往会各自为阵纵向展开，而我们要尽力让他们之间建立起横向的联系（对生活抱有丰富的想象力及对大量地区、行政课题感兴趣是其基础）。按照制订计划→实施→检查及评判→重新探讨计划内容并进行完善的 PDCA（Plan-Do-Check-Action）循环规律，分阶段开展这项工作，使其获得实质性的、卓有成效的发展（即要通过实践明确指出已实现的、未实现的部分，需要改善和努力之处。检查这些内容的同时，设定下一目标并再次实践。）。

平成 17—18 年度召开的中央防灾会议设立了“推进减轻灾害损失的国民运动专门调查委员会”，自治会、妇女会、家长委员会、公民馆等地区各团体及经济界、媒体、日本红十字会、专家作为委员参与其中，他们收集并交流了各地、各界的

① 『平成18年版防災白書』第1部序章2－3「地域コミュニティ防災への多様な主体の参加と連携を広める」（http://www. bousai. go. jp/hakusho/h18/BOUSAI_2006/html/honmon/hm01000203.htm）

先进事例，就减灾效果好、更具发展意义的防灾活动交换了意见。基于上述情况，内阁府负责防灾工作的网站上增添了新的网页，刊登了根据专门调查委员会的探讨结果制定的指导方针，以及卓有成效的实践案例，还有从地区、儿童、教师、企业等不同角度出发提供的信息服务[①]。

二、各地的应对措施及具体实践

299

〈**事例 1**〉抗震化与防止家具倒塌活动、街道损失预估、网络

鉴于街道内按照旧抗震标准建造的家庭住宅较多，同时老龄化比例也已超过 3 成，神奈川县横滨市荣区亀井町自治会防灾部一直坚持将“强化住宅的抗震性能”及“防止家具倒塌”作为平时开展防灾活动的重心。同时，他们假定街道可能遭受的损失，据此确定了活动方针，制订了活动计划，他们的防灾活动正在向着富于实践性的方向努力。

（一）住宅的抗震化和防止家具倒塌活动

最初，他们通过“自治会通信”、“防灾通信”等形式劝说大家参加市政府举办的住宅抗震性能免费测评活动，介绍有关住宅抗震化所需费用的资助制度等。此外，防灾部的成员

① 内閣府防災担当「災害被害を軽減する国民運動のページ」（http://www.bousai. go. jp/km/index. html）

率先为自家的家具安装上防止倒塌的器具，并将安装要领和购入这些器具所需的费用、时间等总结在一个小册子中，通过板报的形式向居民推广。同时，他们也采取其他的方式启发民智，比如说从市政府及消防署那里借来推进抗震化功能的图示板，在地方开展活动时展示给大家，平时在自治会馆内播放录像等。

针对老年人、残疾人等在安装器具方面存在困难的居民，防灾部的成员向其说明志愿者可以为他们提供帮助，此后他们的请求逐渐增多，街区为此成立了帮助这些居民安装器具的志愿者团队。他们同时也承担一些室内整理、庭院内树木修剪等工作，以确保避难通道的畅通。如今，对于街区而言，他们已成为了值得信赖的团队。

此外，抗震改造工程也实施了数例。

（二）通过计算“街道损失预估”金额明确必须面对的课题

在龟井町，初期灭火、烟雾体验、烧饭赈济灾民等基础训练已经实施，不仅如此，他们还尝试着利用横滨市的损失计算公式对龟井町可能蒙受的损失进行预估，预测死亡人数、受伤人数、完全毁坏和一半被毁的建筑物的数量。利用这些数据，他们将以下各项内容明确标示出来，作为今后开展自主防灾活动时必须面对的课题（平成19年9月，横滨市人口约为360万，荣区约12万5千人，龟井町约1200人）。具体而言，就是如何充实自主防灾训练的内容（对需要被援救人员的支援方法），如何解决避难所的问题（生活物资的储备）、负伤人员的抢救问题（救助器具和设备的储备及使用训练）以及避难生活的问题（自治会与地区防灾中心的合作），怎样强化住宅的抗震功能，如何充实有关防止家具倒塌的活动训练，怎样把握住危险场所及制定相应对策（自己有能力做到的事情、希望行政单位承担的事项），如何确认避难路线等。

（三）构建街道内外的社会关系 300

如今以这些成果为基础，名为“街坊四邻（街对面三户及两邻）防灾讲座”的学习班以大概 20 户为单位依次在自治会馆举办，这一活动为街坊邻居的相知相识、为构建地区内部的情感纽带提供了机会，与提高地区的防灾能力联系在一起。

此外，从结果来看，龟井町自治会防灾部参加“横滨荣区防灾志愿者网络”的举动，让整个荣区都了解到龟井町的抗震化和防止家具倒塌活动的开展情况。同时，他们还与“地域 care plaza”、社会福利协议会、联合自治会等组织机构建立了联系。

〈**事例 2**〉多样的元素与参加、合作形式下防灾训练和学习班的举办

在市防灾科、日本红十字会、企业家等的帮助下，德岛县鸣门市里浦町的里浦妇女会与当地公民馆、自主防灾会开展了居民参加的防灾学习班。 301

虽然仅用了大半天时间，但由于这项活动是在充分考虑到各项训练的意义及构成之后展开的，所以其涵盖内容丰富、实践性强，甚至包括灾害发生时的能源问题。从活动中我们看到了有效利用地区人才及构建地区内外合作关系的可能性。当天除了市长和教育委员会的人士之外，当地媒体也赶来参加了活动，他们的报道使其他地区的居民也了解到实践活动的具体状况，这对大家都是一种鼓励。

此外，他们还组织了题为“从家庭到地区”的主题活动，通过使用验收单的办法对防灾城市建设工作进行检查（例如是否做了如下工作：抗震化和室内安全化处理，保障家庭成员间的联络方法，保障通往避难所的路径，制作防灾地图，判定灾害发生时应对女性及儿童需求的对策，实施地区内外多样的参与形式及合作等）。

〈里浦町防灾学习班的主要活动内容〉

①应急救护及简易担架的制作等

（讲师：日本红十字会德岛县分部）

②灾害发生时如何处理煤气及其修复、供给问题

③如何使用灾害专用留言电话确认安全状况

（由曾任职于 NTT 的居民解释说明）

④烧饭赈济灾民

[不同地区组成不同的小组，使用锅、煤气灶、高密度聚乙烯（Hizex）袋等烧饭]

⑤对增强耐震功能、防止家具倾倒问题作说明，解释如何申请耐震功能评估（耐震诊断）、应对非常时期的储备品等

（上述内容由里浦町自主防灾会事务局长解释说明）

〈**事例** 3〉与当地企业的合作

静冈市的小黑町内会与毗连的企业交换了“有关土地及设备使用协议书”。双方商定，一旦出现东海地震等大规模灾害，企业将无偿提供停车场、液化石油气、供水设备、器材等，直到公共避难所的所有设施配备完毕。

在神奈川县横滨市青叶区，民间企业在构思及创建“生命的地区网络”，各企业将其拥有的重型机械（叉车、起重机等）作为信息资料（包括机型、台数、使用情况及可操作人员等）公示在地图信息系统上，以备大地震发生时展开救援活动的不时之需。目前，“生命的地区网络”正在建构当中，大家边利用边改进，以期它能成为日常生活中也能有效使用的一套体系。

〈**事例** 4〉与灾害志愿者的合作

东京都品川区南品川六丁目睦会为了庆祝该组织成立55周年，以地区的小学校为会场，将纪念活动举办成了能够体验 302 各种训练的防灾集会，让包括父母子女、年轻人在内的当地居民都轻松地参加了该项活动（地区防灾集会与快乐抽签会）。在企划和实施之际，他们得到了市民团体的帮助，这些团体在开展灾害救援活动的同时，也负责东京都内外各种防灾训练、学习班、工作坊等内容的企划工作，同时还提供具体实施时的支持和帮助。同时，品川区南品川六丁目睦会的干部成员积极进行磋商、协调，制定了该活动的具体内容。

活动举办之际，除了小学之外，他们还得到品川区、品川消防署、品川第二地区中心、日本红十字会东京都支部的帮助。活动当日，东京防灾志愿者网络的志愿者们也对活动内容的实施提供了帮助。

活动的具体内容包括：进入烟火模拟室进行亲身体会，体验使用灭火器，搬运受伤人员，体验应急救护，为灾区人民烧饭，受灾模拟训练，参观防灾地区和制作地图，快乐抽签会等。

【参考文献】

浦野正樹他編，1981『地震災害に関する自主防災組織の実態分析および育成策の検討』未来工学研究所。

浦野正樹，1996『自主防災リーダーマニュアル』東京法規出版。

浦野正樹，1996・冬「都市コミュニティの再認識——阪神・淡路大震災を踏まえて、都市のコミュニティを再考する」『すまいろん』住宅総合研究財団。

浦野正樹監修，2001『自主防災活動実践ガイド』東京法規出版。

大矢根淳他，2007「序」『災害社会入門』弘文堂。

神奈川県自治総合研究センター刊，1995・夏『季刊自治体学研究　特集 / 浦野正樹編 1996・冬。

原子力安全基盤機構・原子力安全基盤調査研究『地域とのリスクコミュニケーションに基づいた原子力防災体制・訓練手法に関する研究』（平成 16—18 年度：研究代表者・大矢根淳）。

（財）消防科学総合センター編，1991『地域防災データ総覧　自主防災活動編』。

吉井博明・大矢根淳，1990『神奈川県西部地震説と小田原市民』文教大学情報学部吉井研究室。
静岡県編, 1979『あなたとわたしとみんなのための自主防災組織づくり』。
日本火災学会, 1996『1995年兵庫県南部地震における火災に関する調査報告書』。
日本赤十字社, 1998『赤十字防災ボランティアコーディネートマニュアル』。
菅磨志保他, 2004『平成15年度　ボランティアコーディネーターコース講義・報告集』人と防災未来センター。
東京消防庁防災部防災課編集, 1977『震災対策の現況』東京消防協会。
矢守克也他, 2005『防災ゲームで学ぶリスク・コミュニケーション』ナカニシヤ出版。
矢守克也, 2006「防災教育のための新しい視点—実践的共同体の再編」『自然災害科学』24—2。
山下祐介・菅磨志保, 2002『震災ボランティアの社会学』ミネルヴァ書房。

（浅野幸子）

303 专栏

自主防灾活动和灾害志愿者活动指南

下村依公子

开展自主防灾活动及灾害志愿者活动之际，领导者应遵守的行动方针和指南，所需的基础知识、技能以及可参考的活动案例，针对上述问题，行政部门及各种团体已经通过小册子、网络、影像资料等形式提供给了大家。近年来，国家出版的《自主防灾组织指南》[①]（总务省消防厅 2007）及《自主防灾组织的创建及其活动》[②]（总务省消防厅消防大学校 2007）这两本书籍，呼吁大家设立自主防灾组织，开展合作来防灾、防止犯罪的发生，建设安心、安全的地区生活。各个地方政府也根据各地的实际状况制定了活动指南，第一节中提及的《创建为了你、我、大家的自主防灾组织》（静冈县地震对策科编 1979）是最早的一本。它与《自主防灾活动实践事例集》（静冈县地震对策科编 1981）一起成为揭示自主防灾组织的意义、活动方针及实际情况的读物，直至今日，相关的改订工作仍在进行之中。此外，正如《浦户地区海啸防灾基本计划》（高知市浦户地区海啸防灾研讨会 2004）所示，每一地区根据自身的实际情况探讨应对灾害的办法，它们也被制作成行动指南。

另一方面，《妇女防火俱乐部领导指南》（（财）日本防火协会编辑

① http://www.fdma.go.jp/html/life/jisyubousai/hp/pdf/tebiki_0703.pdf
② http://www.fdma.go.jp/html/intro/form/daigaku/kyouhon/index.htm

2003）等书目聚焦家庭和地区防灾工作中的重要角色——女性，其中放入了丰富的事例及数据资料，是开展活动时的指南性读物。此外，研究者也撰写了综合性的指南书籍，以便多个地区共同使用，浦野正树主编的《自主防灾领导指南》（东京法规出版）就是其中一例。在2008年的修订版中，该书解答了该怎样把握地区状况，灾害发生时应如何应对需要救助的人员，该如何思考减灾的要点等问题。

此外，在探讨灾害志愿者活动方面，《灾害志愿者实践研究会指南》（菅磨志保企划2006，阪神·淡路大震灾纪念者与防灾未来中心[①]）、《率先市民主义——防灾志愿者论讲义笔记》（林春男2001，晃洋书房）等可供参考。《灾害志愿者实践研究会指南》关注避难所问题，试图从这一角度重新审视灾害志愿者的初衷，考察其能否充分理解每位受灾者及每一灾区的具体情况，并在此基础上组织必要的活动。在《率先市民主义——防灾志愿者论讲义笔记》一书里，作者讨论了灾害志愿者与政府部门之间的关系以及他们与地区活动之间的联系等问题，认为要提高社会的防灾能力，市民必须成为主力，率先开展防灾活动。

---

① http://www.dri.ne.jp

304 专栏

灾害（防灾）志愿者的协调问题

大矢根淳

阪神・淡路大震灾发生后，奔赴灾区的人总计一百余万，志愿者们踊跃参与。大家探讨了其中存在的问题，如何将“希望得到救援”与“实施救援”衔接在一起，即志愿者的协调问题成为议题之一。志愿者也存在具备专业知识与不具备专业知识之分，形成一定的组织与未结成组织之分，按照这样的区分方法可将志愿者分为四类（日本红十字会 1998）。赶赴阪神・淡路大震灾灾区的年轻人中非专业且未参加某一组织的志愿者居多，而从事国际性医疗活动的 NPO 等则是参加了某一组织的专业人员。这就要求我们迅速（及时）、准确地协调各个主体的行动。最初，神户市长田区等地通过召开指挥人员会议等（山下・菅 2002）形式，进行信息交换和总括，处理需求的分配问题以及志愿者的登记和派遣等工作。

从那以后，各地一般都会设立灾害志愿者中心，负责各灾区协调志愿者的工作，其中尤以地方市町村的社会福利协议会为基础创建的居多。当受灾规模较大时，就会开设都道府县一级的灾害志愿者中心，它们为当地市町村一级的志愿者中心提供援助，如今已通过这种方式来分担职责。

灾情发生后能够迅速组建这样的组织，为此必须事前做好准备工作。因此，在抗灾 NPO 的网络等（即以民间为基础的组织）内部，以“人、物、信息、钱”为关键词的研究不断推进，如何安排从企业等处获赠的器材，怎样筹备资金用作负责协调工作人员的派遣、信息通信及开展初期活动等，对这些问题的讨论在不断深入。另一方面，地方政府也在开展相关工作，他们举办了培训协调人员的讲座，并将参加培训的人员作为协调人员登记在案。然而，通过这种形式“培养”出来的灾害志愿者和协调人员也并非没有问题（菅 2004）。志愿者本是自发、自愿的，如果过度地对其组织化和制度化，行动僵硬的缺点就会显现出来。如果志愿者行动陷入“自发自愿”与“追求效率”的两难境地中，相应的问题会随之出现。

大家期盼志愿者“能够为受灾居民（灾区）实现自立提供毫无保留的帮助”，希望他们能够遵守和坚持这样一个基本立场，这就要求负责协调工作的机构具备敏锐的洞察力，正确解读受灾居民（灾区）的实际情况，与受灾居民（灾区）保持高质量对话交流的能力。平时仔细探讨受援体制，就能站在受灾者的角度推测出他们需要哪些支援。同时，不断审视自身及周围的人与事，是正确实施志愿者协调工作的基础，这一点决不能忘记。

第一节　灾害危机管理训练和演习的定义与体系 306

为何要进行训练和演习？一个重要的理由就是应对灾害和危机这类状况存在难度，这一点在第一章中已经有所涉及。在时间紧迫的情况下，无法准确把握实际状况，不确定性较高，但仍须做出各种判断并制定对策。消防和医疗急救部门应对的是日常的火灾及急诊患者，因此灾害发生时，他们无法应对短时间内需求的急剧增加。此时灾区的力量已经应接不暇，必须向外部寻求援助，协调好多个组织部门之间的配合，做好接受外部援助等工作。尽管灾情发生时，相关的工作人员应采取应对措施，但由于灾区内的工作人员及其家属也同样遭受到灾害的袭击，有时他们根本无法赶到工作地点。不仅如此，电、燃气、自来水这些城市生命线会中断，通讯联络也会拥堵不堪。

另一方面，防备灾害和危机发生的相关工作也未取得大的进展。从日本现行体制的课题和社会需要来看，我们可以举出以下三点理由。首先，被称作灾害和危机的事态发生频率并不高。在日本社会，许多业务经验都是通过 OJT(On the Job Training) 获得和掌握的。但是，在很多时候，上级、前辈，或者整个组织中并没有人经历过大的灾害和危机。因此，在灾害和危机的应对方面，这种 OJT 的方式是不成立的。其次，在以行政组织为首的防灾机构中，基本没有防灾和危机管理方面的专家[①]。作为人事变动的一环，几乎所有供职于防灾和307 危机管理部门的职员都会在两三年后被调至其他岗位。因此，形成了一种无法培养专家的环境。兵库县南部地震后，许多地区虽然设置了防灾监督和危机管理监督的信箱，构筑了综合推进防灾的体制，但上述问题仍未得到解决。第三个理由是社会要求高质量的行政服务，这样的呼声逐年增强。即使在受灾时，人们也会要求政府提供高质量的行政服务，同时，一旦发生重大灾害，行政措施的正确与否会受到检验，往往成为批判的对象。近年来，暴雨灾害发生时的避难通知及发布指示的时间常常受到质疑。为了提升行政服务质量，响应社会需求，向灾民提供避难所等以往未关注的问题，也提上

① 防灾部门应对危机之际，部门之间、与其他相关单位之间的相互调节和携手合作非常重要，掌握相关各方面知识的通才无疑是承担这项工作的最佳人选。然而以往的案例显示，灾害发生时，通才发挥主导作用的防灾部门往往不能迅速、准确地应对出现的灾情。

了议事日程。

如上所述，由于灾害发生的频率不高，专业人员的缺失，这就要求我们定期实施训练和演习，提高平时的训练强度，使完全没有经验的工作人员也能在灾害发生时采取恰当的应对措施。不仅如此，针对灾害发生时的行政应对措施，现在人们也要求提高服务质量，因此，必须做好实战性训练和演习，以提高灾害发生时应对措施的能力。

一、在《灾害对策基本法》中的定位

《灾害对策基本法》规定，国家和地方政府必须努力实施防灾所需的训练（第八条第 2 项第 17 号）。而且，在都道府县的地域防灾计划以及市町村的地域防灾计划中，规定必须实施以防灾为目的的训练，这是一项不可或缺的内容（第四十条第 2 项第 2 号、第四十二条第 2 项第 2 号）。《灾害对策基本法》第四十八条规定，鉴于防灾训练的重要性，实施主体有义务单独或共同实施防灾训练。同条第 2 项至 4 项中规定，为有效进行防灾训练，可以实施交通管制，防灾机构工作人员有义务参加防灾训练，有权要求有关机构和个人给予协助。如上所述，虽未涉及具体的训练内容，《灾害对策基本法》明确要求地区防灾计划要预先确定防灾训练的事项，规定必须实施防灾训练，以保证高效率的训练。

308 二、灾害危机管理中的研修体系——授课·训练·演习

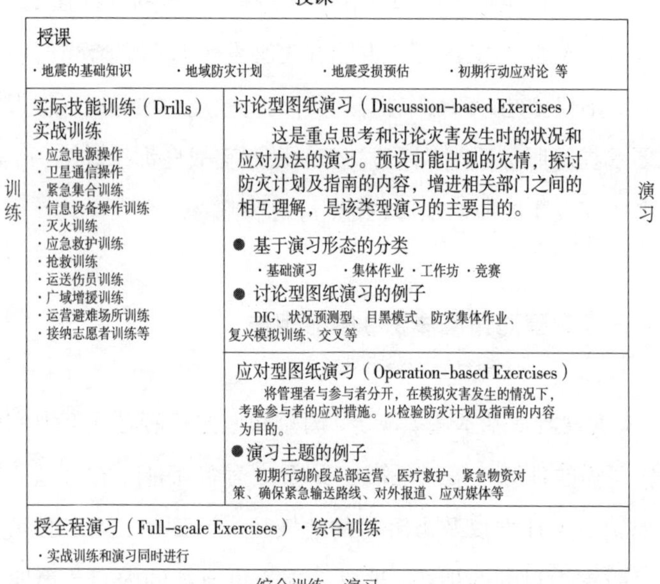

图 11-1 灾害危机管理的授课·训练·演习体系

接下来，我们将系统地说明有关灾害危机管理的整个研修内容（授课、训练及演习）。图 11-1 将有关灾害危机管理的研修内容分为：以学习掌握知识为主要目的的“授课”，以实用技能的提高和实际操作为目的的“训练”[①]，以评价并鉴

① 以“训练”、“演习”这些用语为代表，我国对与训练和演习的相关用语仍未给出详细的定义和区分方式，这是目前存在的一大问题。本篇论文中，将包含实际技巧、实际操作的定义为训练（Drills），将以课题的抽选、对计划及指南的

定相关人员就一定预想状况下的应对措施一同探讨决定的计划和指南的有效性为目的的“演习”[①]，将实际操作和演习结合在一起，模拟实际应对措施的全程演习（综合训练和演习）等四类。同时，图 11-1 也揭示了它们相互之间的关系。首先通过授课学习掌握基础知识，其后通过实用技能训练体验实际操作，同时让受训者通过演习训练熟习计划、指南提示的信息，并进行操控和处理，在此基础上将两者结合在一起实施全程演习（综合训练），经过上述努力就能够扎实地掌握灾害危机处理。当然，如果能够实际体验危机处理，参与援助其他灾区，对处理能力的提高大有裨益。培养熟习灾害危机管理的人才，提高组织的灾害危机管理能力，为此应按照一定的程序进行规范的训练，同时，这也不是一朝一夕就能做到的。

演习分为讨论型图纸演习 (Discussion-based Exercises) 和应对型图纸演习 (Operation-based Exercises[②]) 两种。应该预设与灾害危机发生时基本相同的状况，反复进行针对性训练，以提高灾害危机发生时的信息驾驭能力和处理能力。在此，将这样的演习（模拟体验）称作应对型图纸演习。应对型图纸演

（接上页）评价和验证为目的，不包括实际技巧、实际操作内容的定义为演习（Exercises）。

① 联邦应急管理局（2003）将演习分为 Tabletop Exercises、Functional Exercises 和 Full-scale Exercises 三种类型。DHS（2007）将演习分为 Discussion-Based Exercises 与 Operations-Based Exercises 两类，前者包括 Seminars、Workshops、Tabletops、Games，后者包括 Drills、Functional Exercises、Full-Scale Exercises。

② 联邦应急管理局（2003）、DHS（2007）均将应对型图纸演习称为 Functional Exercises，也有译作机能演习的，不过由于我国防灾及危机管理领域对此并不熟悉，因此在此不使用这种说法。

习在实施时将参与人员分为统括演习的管理人员和演习人员，按照与实际情况几乎一致的时间设置时刻变化的灾害状况，并且在严格的时间约束下进行信息的驾驭和处理，以达到提高演习人员的危机处理能力的目的，上述内容将在后续章节中详细说明。与此同时，由于是在模拟灾害状况下采取实时应对措施，因此应对型图纸演习能够检验计划和指南是否能正常发挥作用。这种形式的演习，事先并未将设定的具体状况和受灾详情通知参加者，因此有时被称为百叶窗型训练和脚本非提示型训练。之所以有这样的称谓，是因为在9月1日实施的多项训练中，预先制作好了详细的脚本，轮到参训者出场的时候，只要在训练中演出（宣读）自己所分配到的部分就行了。如此一来，越来越多的人会错误地认为，在训练中就能够避免失败的发生，训练不会失败。在本文中，之所以提议将训练和演习区分开来，也是因为关于训练的这种固定观念过于强大的缘故。

表 11-1　依据演习形态区分的演习种类及其特征

	演习名称	特征
讨论型图纸演习	基础演习	教师起主导作用，由他设定大致的受灾情形及有待解决的课题内容（损失预测、恰当的应对方法），让参加演习的人思考答案。然后由教师挑选出几个具有代表性的解答案例，提出自己的意见并进行点评。参加演习人员相互之间的讨论较少。

续表

	演习名称	特征
	团队研究	参与演习的人员可以畅所欲言是团队研究的特色。通过讨论可将灾情、防灾部门等的应对措施生动具体地描绘出来。团队研究中教师不起主导作用，参与演习的人员是主角，教师发挥的作用仅限于设定大致的受灾情形，并对团队的讨论结果进行点评。
	研究会	为了取得某种成果而举行的演习，参加演习的人员之间展开讨论，并相互配合采取行动。这种演习方式对居民制作防灾地图、相关单位制定合作计划等非常有效。
	竞赛	事先设定好受灾的具体情况，然后按照既定规则进行竞争，决出胜负。探讨决策过程及结果是这种演习的主要着眼点。正反双方辩论，或是进行纸牌游戏、双六棋等方式均被提及。
	应对型图纸演习	事先设定好受灾的具体情况，然后根据其他相关部门、单位的参与者提供的实时信息等，对有可能发生的灾情进行预测，而后决定自己应该采取的对策。讨论型图纸演习注重的是“探讨”，与此相异，应对型图纸演习则要求参与者在有限的时间内，在不断变化着的环境中，及时做出判断，制定对策。一般来说，演习将参加人员分为指挥演习的“管理者”和接受指令的“部下”，要求他们在模拟灾害发生的情况下采取应对措施。以此可检验既有的计划及指南的可行性。

但是，正如第一章中所说，这种应对型图纸演习的特点在于，需要在信息不确定（状况设定）且有限的时间范围（与实际时间大体一致）内驾驭和处理庞大的信息量，因此 310

如果处理能力没有达到某种程度，就无法预测演习的效果。培养实施应对型图纸演习的能力是讨论型图纸演习的一个目的。例如，发生震级6级以上的大地震的时候，住宅和办公大楼受灾程度如何，地区内何处遭受何种损失，都道府县和市町村政府、消防队、警察、自卫队等采取何种对策，关于这些基本事项，如果在头脑中没有一定印象的话，是无法进行应对型图纸演习的。因此，作为应对型图纸演习的准备阶段，很多时候有必要举行基础性演习、集体作业、工作坊、竞赛等。这样的演习，不设定面对实际灾害危机时的时间制约，而较多地采取在演习指导讲师（coordinator）的带领下，开展自由讨论，因而称其为讨论型图纸演习。DIG（小村、平野 1997）、状况预测型训练（日野 2003）、目黑模式（目黑 2000）、防灾团队研究（吉井 2007）、复兴模拟训练（高桥、小村 2006）、交叉（矢守等 2005）等，都是典型的门论型图纸演习案例。当然，讨论型图纸演习并非完全是应对型图纸演习的准备阶段，其中还包括以下内容：设定各种灾害案例，讨论如何制作和重新审视灾害危机管理计划和指南等，这些都是应对型图纸演习难以完成的内容。

311 更进一步说，还可以考虑将应对型图纸演习与讨论型图纸演习结合起来。例如，在卡特琳娜飓风发生的前一年，美国举行了巴姆飓风演习，通过长达8天的应对型图纸演习和讨论型图纸演习，他们总结归纳出“东南路易斯安纳大飓风功能计划”，将联邦、州、地区等的防灾机构之间的合作落在了实处。

三、地区的设定及特征

“图纸演习”正如其名，演习是与地图极其紧密地结合在一起的。这是因为，灾害和危机事态是以地区为对象发生的。灾难发生时居民应该如何避难，在以此为主题的演习中，以町会等为单位将居民分为不同的团队，使用该地区的地图进行演习。当然，如果是市里的工作人员以损失预估为基础，探讨应急对应计划时，就需要一份包括了市区内所有区域的地图。

当我们以研修的方式开展演习活动时，参加者往往分别来自不同的地区，此时如果使用真实的地图，演习的效果会被参加者对该地区的熟悉程度所左右。因此，应该设定一个虚构的地区，实施演习活动。如上所述，我们应该针对不同的演习，设定不同的地区，换句话说，地图的种类及其空间准确程度应该由演习的目的来决定。

表 11–2　地区的设定方法及其特征

	优点	缺点
实际存在的地区（地形・地名）	・可直接利用现有的地图及假定的灾害损失	・参加人员对设定地区各种情况的了解、熟悉程度会对演习产生影响

续表

	·讨论更富现实性，内容更详细、具体	·设定地区的地区特点会对演习产生很大的影响，因此演习的各种情节设计缺乏通用性
虚构的地区（地形·地名）	·参加人员一般不会将自身生活地区的特点、特征带到演习中来，可通用 ·根据演习内容的需要，可自由设定地区特征，可以任意添减信息量	·不可能原封不动的使用现有的地图及数据 ·为了让演习人员讨论更为详细的决策内容，需要设定的信息量极其庞大 ·由于是虚构的地区，因此演习人员很难身历其境地投入到演习当中去

四、在 PDCA 循环中的定位

至此，我们已经了解到训练演习中存在各种不同的类型，要提高个人及组织的危机管理能力，必须设定恰当的训练演习目标，同时还要配以适当的方法，从而圆满地完成既定的目标。此外，设定中长期训练演习实施计划也十分重要。也就是说，设定通过训练演习所必须达到的某一目的和目标，并为此制订一份中长期计划。在各个年度中实施训练演习内容，对结果进行评价分析，并根据分析评价的结果对计划内容、操作指

312

南等存在的不足之处进行修改，这就是通过不断重复 PDCA 的方式循序渐进。正因为如此，我们不能简单地认为这仅仅是训练形式上的改变，即从展示型训练转换为效果更理想、实战性更强的训练演习。换言之，做好以下几项工作是至关重要的。（一）将训练演习置于一个大的目标框架之中，提高个人及组织的抗灾能力并为此培养人才；（二）从中长期的角度出发，制订出一套“系统的实施计划”，将各种训练演习方法融会贯通；（三）对实施的结果进行评价、检验，并反馈评价、检验的结果，也就是按照 PDCA 方式循环下去；（四）根据阶段、程度的不同逐步充实内容（不抱过高的希望）。

另一方面，地方政府中负责防灾的工作人员以兼职居多，他们的人手很少，同时还受到各种条件的制约，比如不能抽出足够的时间用于训练演习的准备，不具备制订计划的技术知识，受预算金额所限不能反复进行训练演习。在这样的环境下，他们大多不能全身心地投入到防灾、危机管理工作中来，这是一个不争的事实。在这种情况下，希望通过循序渐进型的训练演习改变现状是不可能的。如果缺乏足够的人手及充分的时间开展准备工作，可首先通过演习的方式让大家体会到什么是救灾，这也不失为一个好办法。通过这样的方式，可以在短时间内将计划、行动指南以及现行体制中的不足之处挖掘出来，以此促进演习者对训练演习的参与意识，同时还可以加深他们的理解。需要提醒大家的是，如果参与演习的人对其目的、意义缺乏足够的了解，对计划、行动指南并不熟悉，对自己肩负的责任也缺乏清楚的认识，在这样的前提下进行的训练和演习将很难获得令人满意的效果。

【参考文献】

DHS(Department of Homeland Security), 2007, "Homeland Security Exercise and Evaluation Program". FEMA, 2003, "Exercise Design".

U. S. House of Representatives, 2006, "Hurricane Pam", *A failure of Initiative*, pp. 80–85.(http://katrina. house. gov/full_katrina_report. htm)

小村龍史・平野昌，1997「図上訓練 DIG（Disaster Imagination Game）について」『地域安全学会論文報告集』No. 7, pp. 136–139。

災害危機管理研究会，2001『災害時の危機管理訓練　ロールプレイングマニュアル BOOK』。

総務省消防庁，2003『防災・危機管理教育のあり方に関する調査懇談会』。

高橋洋・小村龍史，2006『防災訓練のガイド』日本防災出版社。

日本赤十字社事業局救護・福祉部，2002『災害救助図上シミュレーション訓練　実施マニュアル』。

日野宗門，2003「図上訓練の新しい流れ」『消防研修』第 74 号，pp. 4–36。

防災行政研究会，2002『逐条解説　災害対策基本法＜第二次改訂版＞』ぎょうせい。

防災に関する人材の育成・活用専門調査会，2003『防災に関する人材の育成・活用について』中央防災会議。

目黒公郎，2000「ライフライン地震防災論」静岡県防災総合講座——都市災害論，pp. 33–55。

矢守克也・吉川肇子・網代剛，2005『防災ゲームで学ぶリスク・コミュニケーション　クロスロードへの招待』ナカニシヤ出版。
吉井博明，2007「課題発見型図上演習の読み——相模原市における災害対策本部運用図上演習」『東京経済大学報告書』。

（秦康范）

313

第二节　讨论型图纸演习

一、讨论型图纸演习的类型及特征

关于实施讨论型图纸演习的目的在上一节中已经有所涉及，即（一）能将灾害真正发生时的情况准确描述出来；（二）提高驾驭基本信息的能力及信息处理能力；（三）对灾害危机管理计划及行动指南中存在的问题、有待解决的课题，展开深入的讨论及分析，同时探讨修改的具体办法。在如下的情况下实施讨论型图纸演习，能收到较为理想的效果：其一，当我们希望重新发现计划及行动指南之中存在的问题、课题，而此前丝毫没有图纸演习的经验之时。其二，当我们以应对型图纸演习的结果为基础，展开更具体的探讨之际。关于应对型图纸演习，会在后文中涉及。

正因为如此，讨论型图纸演习的特点在于，

其一“设计并概括总体情况，然后把它提供给参加者”，其二“可以不受时间限制，展开充分的讨论”。“设计并概括总体情况，然后把它提供给参加者”，因此，参加演习的人员就没有必要再逐一收集信息，进行总结概括，他们有充裕的时间对对应策略本身进行讨论。此外，所谓“可以不受时间限制，展开充分的讨论”是针对应对型图纸演习的特点而言的。所谓应对型图纸演习，就是要求参加人员在时间不断流逝的前提下，在有限的时间范围内拿出对应策略（做出决策），正如他们身临灾难现场那样，这一点将在下一节中涉及。而在讨论型图纸演习中是不存在这样的限制的。

上一节中，我们将讨论型图纸演习分成了 4 类。不过在部分地方政府及企业中实施的模拟对策总部委员会议（或者是干部会议）也可被视为讨论型图纸演习的一种。所谓模拟对策总部委员会议，就是将某一组织对策总部的重要人员或者是相关部门的代表和干部召集在一起，召开模拟的“对策总部委员会议（干部会议和调整会议）”。他们往往把预先设计好的具体情况作为实际召开会议时被提交上来的“真实”状况对待，同时，将设定好的讨论条目视为实际会议中要探讨的内容。因此，模拟对策总部委员会议就是一种团队作业。

讨论型图纸演习的优点在于，它的准备工作相对比较简单。此外，参加人员可以通过讨论、参阅地图的方式对演习形成一个较具体的印象。在这一过程中，可提高他们的防灾意

314 识。尤其值得一提的是，准备工作负担并不重，所以可以增加演习的次数，同时还可以扩大参加演习的人员范围。此外，反复进行不同条件下的演习还能够加深参加者个人的感受。

其不足之处在于，参加者的意识、经验往往会左右讨论的内容，从而导致以下的情况出现，即有时讨论缺乏积极主动性，有时未能展开充分的讨论，或者是仅限于个别人的踊跃发言，而其他人则成为了旁观者。有时即便讨论积极踊跃，讨论的内容却偏离了演习主办方设定的方向，更有甚者，完全脱离了主题，这些情况都是不足之处。

二、讨论型图纸演习的方法

讨论型图纸演习的基本步骤如下。

设计并概括总体情况→课题的设定和说明→（分组）讨论→总括→（分组）发表→负责协调工作的人员给予评论+全体讨论

第一步，设计并概括总体情况，这是探讨和研究演习内容的前提，同时阐明演习探讨的课题内容，或者是要达到的目标。参加者在设定了具体内容和课题目标的基础上，对受损情况等进行估算，并通过讨论寻找对策。结束一轮讨论之后要进行总结，或是整理出解决某些课题的答案，并在此基础上做好汇报的准备。当然，在实际演习中，往往是分成几组进行讨论，之后让每一组分别发言，最后以全体讨论的形式进行总结。负责协调工作的人在适当的时候进行评论，并对讨论的内容、进程等进行总体调控。以此作为一个循环周期，然后按照时间间隔，或是所设定课题的不同，不断重复进行。如果采用模拟对策总部委员会议的形式进行演习，我们希望能够按照实际工作会议的步骤进行。首先，相应的工作部门应对损失及具体情况做出汇报。接下来，会议的负责人或是负责推进此项工作的人对今后可能会遭受的损失、遇到的情况展开分析和讨论。最后，对今后应遵循的基本方针，以及依据基本方针制定出的应对措施进行分析和探讨。

实施讨论型图纸演习时，要事先设计好演习针对的具体情况。但是，不必像实施应对型图纸演习时那样，将具体情况设计得非常详细，只需做到讨论，围绕演习的目的展开，同时大家踊跃发表自己的见解即可。在这种情况下，只要将大家的意见总结出来，就算是完成具体情况的设计了。与此不同，应对型图纸演习需要设定详细的情况，这一点我们在后边会谈到。接下来就是课题的设定工作，是设定出大致的课题即可，还是应该设定出更为详细的内容（采取具体提问的方式）。对此，要在考虑参加演习人员的经验，以及他们所具备的特点 315 的基础上做出选择。同时，为了让大家积极踊跃发言，主持人（从主持会议到负责协调工作）应该做好充分的准备工作，他们要提出自己的意见建议，要对发言者的看法做出评价等。不仅如此，他还要承担一些事务性的工作，比如，为大家做分组发言准备相应的器材材料，规定发言的方法（进行格式化处理）等。

三、实践案例

在此将介绍部分实践案例。其一是基础演习中的一种——“状况预测型训练”、“团队研究”，以及工作坊的一个组成部分——“DIG”（Disaster Imagination Game）。

（一）状况预测型训练

状况预测型训练易于准备，仅需占用参加演习者很少的时间，因此实施起来相对容易。基于这层原因，其多以某一组织的最高领导者，如地方政府的负责人等为对象展开。

所需时间	0分	10分	30分	1小时	3小时	6小时
周围状况等						
你的对策						
对于周围的状况及采取的对策持有何种疑问等						

图 11-2　状况预测型训练答卷案例

实施状况预测型训练的图纸训练时，首先需要对相关的情况进行预测。包括一些必不可少的基本数据（也就是设计并概括总体情况，比如说季节、日期、时刻、气候等），以及随着时间的推移不断发生变化的灾情。以此为前提，锻炼参训人员抉择的能力，并让他们明确每个人应承担的责任。图 11-2 显示的是一个答卷的案例。详细的实施方法，请参考（财）消防科学综合中心的官方网站上“地区防灾实战知识技能（30）～（40）”（http://www. isad. or. jp/，从《季刊消防科学与信息》的网页上读取）的相关内容。由于在状况预测型训练中，参加者并未展开过讨论，也没有相互交换过意见，因此从严格意义上讲，其并不属于讨论型图纸演习。

316

（二）团队研究

团队研究的目的在于让参加者掌握救灾的相关知识和技能，让大家对灾害有一个具体的印象，并要求他们明确救灾的具体内容，以及实施救灾的顺序。对于参加演习的人员是不做特殊规定的，当地居民、志愿者、企业及地方政府中负责救灾工作的人员都可以参加演习。

表 11-3　防灾志愿者负责人实施的团队研究中对情景预设及课题的探讨

场景设定	情景预设	探讨课题
感受到巨大的晃动	·设想工作日的下午 7 点左右，你正待在家中。 ·你正在家中和家人一起吃晚饭，突然听到巨大的声响，感受到剧烈的晃动。 ·起初是激烈的上下晃动，而后是剧烈的左右摇晃，让人有种生不如死的感觉。	·你觉得自己家的住宅会遭受多大程度的损失？ ·地震发生后的 20 分钟之内，你觉得自己可以做些什么？

续表

	·剧烈的晃动甚至让人无法躲到餐桌、书桌的下边去。	
调查周围的受灾情况	·比较幸运的是，你们家的房子只坍塌了一半。 ·碗橱、衣柜、架子等由于事先没有做过固定处理，都倾倒了，其中的餐具、衣服散落一地。 ·幸运的是你们家的人仅被玻璃碎片划破，受了一点轻伤。 ·过了片刻，外边出奇的安静。 ·过了20分钟左右，你终于恢复了平静，决定出去看看周围的情况。	·当你想了解周围的受灾情况时，你会采取何种调查方法？ ·你认为周围受损情况如何？具体地点在哪里？
巧遇施救现场	·调查周围的受灾情况时，你发现有的人家的房子已经完全倒塌，邻居们已经集合到一起了。设想当时你也正好在场。 ·那一带许多人家的房子都已经完全坍塌，而警察、消防队员们却似乎无法赶到现场。 ·邻居用手电筒照着已经完全坍塌的房子说道："糟糕！有人被活埋了！如果我们大家不施救的话，他们就没有生还的希望了！快想办法吧！" ·被活埋者的家属哭喊着恳求周围的人"我的家人就在里面，请大家救救他们吧！"	·如何从坍塌的房屋中救人？需要哪些器材？施救需要多少人？ ·如何获取施救所需器材？如何将实施施救的人员集中到一起？你认为周围的邻居会提供帮助吗？

在团队研究中，按照时间的推移设定不同的场景，并对

损失、灾情等做简单的梳理，在此基础上将设定的具体状况提示给大家。要求大家对损失进行预测，讨论该采取何种救灾措施，并进行总结。然后请每一组分别发言，最后由主持人作评论，或者是由他解释说明标准的对应方式，之后进入下一阶段。表 11-3 显示的就是由防灾志愿者的负责人实施的团队研究中，对情景预设及课题讨论的情况。

（三）DIG（Disaster Imagination Game）

317

参加演习的人员围着地图开展工作，他们一边在地图上标注必要的信息，一边进行深入的讨论，以便具体说明地区现状及灾情，没有为此特别制定的规则，主要依靠地图展开，这种形式的工作坊就是 DIG。尽管对参加者并没有做出限制，不过还是以普通居民、志愿者居多，还有那些负责救灾工作而实际经验相对较少的人员。

因灾害性质的不同，参加者的立场和发挥作用的不同，探讨的课题是不断变化的。在总务省消防厅编写的“有关地方公共团体地震防灾训练（图纸型训练）实施要领的范本制作调查研究报告书（平成 16 年度）”中，他们将 DIG 中探讨的内容分为初级、中级及应用三个等级。

初级篇：将自然条件、都市结构、人力物力方面的防灾资源标注到地图中，同时确认该地区或市町村的抗灾能力，并按“强”、“弱”分类。

中级篇：以初级篇制作的基本地图为基础，预测大地震发生时可能遭受的损失，以及可能出现的各种情况。在此基础上，对可能面临的灾难做深入探讨。

应用篇：在初、中级篇中，已对“町的防灾能力”以及“町可能会遭受到的损失”进行了确认。在完成这一步的基础上，应对真实的大地震发生时可能出现的状况进行推测，探讨救灾措施及其实效性问题。

有关 DIG 的详细实施办法，可以参考富士常叶大学小村隆史的“灾害图纸训练 DIG 篇”（http://www. e-dig. net/），或者是静冈县地震防灾中心的“灾害图纸训练 DIG”（http://www. e-quakes. pref. shizuoka. jp/dig/index. htm）。

四、避免失败应注意的要点

“如何做到让参加演习人员畅所欲言”是保证讨论型图纸演习顺利完成的关键所在。为此，要在情景预设及课题的设定方面多下功夫，因为讨论是从这里开始的。此外，为了让分组讨论进行得积极主动，还要适当地分配工作，让小组成员承担 318 不同的责任。比如说可以提前指定小组负责人，让那些有过相关工作经验、对工作坊的进程已经完全熟悉的人，或者是积极从事防灾工作的人担任这一职务。还可考虑在主持人之外再安排一名工作人员，让他在各组之间走动，对他们的讨论提出意见建议。此外，主持人还应对大家的发言做详细、具体的点评，提出建议以便大家能深入探讨各种问题。

【参考文献】

坂本朗一・高梨成子，2003「防災行政職員を対象とした図上シミュレーション訓練の実施による効果」『消防研修』第74号，2003。

総務省消防庁，2004『地方公共団体の地震防災訓練（図上型訓練）実施要領モデルの作成に関する調査研究報告（平成16年度）』。

総務省消防庁，2005『地方公共団体の地震防災訓練（図上型訓練）実施要領モデルの作成に関する調査研究報告（平成17年度）』。

総務省消防庁，2006『地方公共団体の地震防災訓練（図上型訓練）実施要領モデルの作成に関する調査研究報告（平成18年度）』。

（坂本朗一）

319 第三节　应对型图纸演习

一、应对型图纸演习的类型及特点

应对型图纸演习的实施，首先是将参加演习的人员分为两部分，即指挥演习的“管理者”，及接受指令的“部下”。演习的进行基本上和实际受灾时的应对是一样的。也就是说，按照时间的推移，对灾情及其他相关情况进行实时预设，并在有限的时间范围内把握并处理（包括制定对策）信息。正因为存在上述特点，应对型图纸演习可以锻炼参加者掌控信息的能力，以及制定对策的能力，同时还可为应急计划的制订、行动指南的修正等提供帮助。在实施应对型图纸演习之前，如果能够做好相关的准备工作，诸如事先开展讨论型图纸演习，对救灾的顺序、掌握信息的方法进行确认，事先对存在的问题、课题展开讨论，就能收到良好的效果。

尽管在基本操作顺序方面，应对型图纸演习和其他类型的演习有许多共通之处。不过，根据实施对象及目的的不同，也存在一些差异。首先，按照实施对象的不同，可分为“制定全方位应急对策的演习”和“制定部分应急对策（比如说灭火及抢救、医疗救护、针对避难者的措施等）的演习”。“制定全方位应急对策的演习”主要是以所有的政府部门，或者是救灾总部为对象实施的。这类演习的中心工作包括信息的收集、总结、共享，判断应急对策的重要程度和优先顺序，以及调整各部门之间的活动。而“制定部分应急对策的演习”是以负责该项工作的政府机关为中心进行的，确立各部门内部的活动顺序及调整、决策的机制，收集有助于对策制定的信息，并将其传达下去，确认需要调整的事项，这些就是这类演习所需解决的问题。

此外，演习的类型不仅因演习对象的不同而相异，也因参与人员范围的不同而出现不同的分类。一种是“多个政府部门、相关机构开展的演习”，另一种是“某一组织内部的指定部门实施的演习”。由于演习的参加者（部门）之间要进行信息的交换、要对活动内容进行调整，因此“多个政府部门、相关机构开展的演习”更为复杂。而“某一组织内部指定部门实施的演习”则是该部门从上到下整体参与，要做好一整套相关工作，包括信息的收集及传达，根据得到的信息 320

制定决策，并对决策内容的传达是否准确进行确认。

此外，根据实施的目的，还可分为“发现问题型演习”及“制订计划型演习”。“发现问题型演习”是通过对以往的经验教训的追溯，找出现行的防灾对策中存在的问题。“制订计划型演习”则是通过演习活动制订出应对的计划、行动指南，或者是对相关内容进行检查。

二、应对型图纸演习的方法

图 11-3 显示了应对型图纸演习的准备和实施过程，图 11-4 标明了实施体制的概要。至于具体的准备工作以及实施顺序，可参见“有关地方公共团体地震防灾训练（图纸型训练）实施要领的范本制作调查研究报告书（平成 16 年度—18 年度）”，或者是“救灾图纸模拟训练实施指南”（日本红十字会）等。那么，在实施不同类型的应对型图纸演习时，在情景预设方面应注意哪些问题？接下来，将对这个问题进行说明。

（一）因对策范围而异的内容设定工作

“制定全方位应急对策的演习”中，工作的重心应随着时间的推移而发生变化。因此，既要在特定的时间带内完成这一时期应完成的任务，也要充分注意每一项措施的实施时间。

例如，在行动的初期，应将工作的重心放在信息的收集及抢救生命方面。而保障避难人员的生活、对受灾设施进行修复等工作应放在下一阶段进行。恢复日常生活、探寻复兴之路则是再下一步才能解决的问题。正因为如此，要想在一次演习活动中完成上述所有步骤是非常困难的，我们应分期开展演习活动。

"为制定部分应急对策实施的演习"中，不仅负责该工作的总部应参加进来，实际负责落实、实施应对措施的部门也应参与其中。因此须提供更详细、更具体的信息，以便制定的措施得以很好地实施。为了实现这一目标，要将演习的情景预设、受损状况设定得更加详细、具体。

（二）演习参加者范围的不同与演习内容的设定

321

在开展由"指定部门（或者说是救灾总部）实施的演习"时，应关注如何设定不参加此次演习的部门、机关的应对问题。一般来讲，这种应对工作由总指挥负责。当然，他是在代替那些不参加演习的部门和机关发挥作用。而他需要预先准备好要应答的一些基本内容（回答参与演习的部门提出的问题，或者是答复他们的问询）。此外，为了引导参与演习的部门做出相应的决策，或者是让他们实施必要的对应措施，总指挥还要根据需要，在信息的提供、应答的内容方面做一些准备工作。

而在实施由"多个政府部门、相关机构开展的演习"时，需要对灾情等具体情况做好预设工作。具体而言，参与演习的部门之间会交换何种信息？做出怎样的调整？他们最终可能做出怎样的决策？会采取何种应对措施？围绕着这些问题都要做好预测工作。在制定预设工作时，尤其应避免以下情况的出现，即参与部门、机构出现了空闲，或是偏离了方向与整个演习脱节。此外，在实施的过程中，还要不断监控各部门、各机构的应对工作，注意不要让他们空闲下来，也不要让他们偏离整个演习的轨道。

（三）实施目的的不同与演习内容的设定

实施“发现问题型演习”时，在情景预设环节，应把过去灾害的经验教训和出现的情况更多、更具体地添加进来。一方面要把灾害的发生、要求和需要等情况直接放入情景预设内容当中，同时还须通过提供信息的方式，间接地让参加演习的人员意识到目前所处的状况。做好这两方面的配套工作非常重要。

而在开展“制订计划型演习”时，效果较好的做法是事先把需要确认的事项抽取出来，随后再进行情景预设。在一般的情景设定中，内容与需要确认的事项之间往往缺乏紧密联系，使得参与演习人员无法注意到情况的进展。正因为如此，在进行有针对性的情景预设时，可对灾情进行特写处理，让其比实际发生的灾情更为严峻，这种办法值得我们考虑。

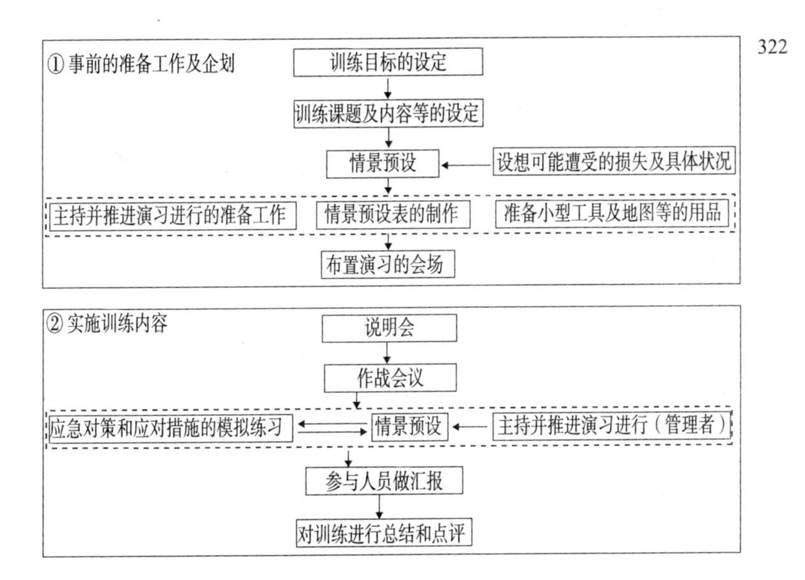

图 11-3　演习的准备工作及实施演习的流程

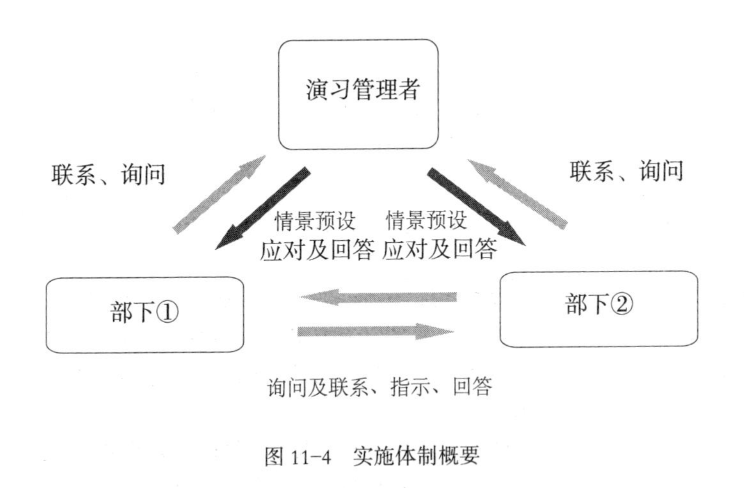

图 11-4　实施体制概要

323 ## 三、实践案例

实践案例可分为两种，即在开展研修、讲座活动时，以假设的地区、组织为对象实施的应对型图纸演习，和以真实的地区、组织为对象进行的应对型图纸演习。下边分别就相关的案例作一介绍。

（一）在开展研修、讲座活动时实施的应对型图纸演习

表 11–4　开展研修、讲座活动时实施的一些主要的应对型图纸演习

开办研修·讲座的机构	应对型图纸演习概要
静冈县	·以县内的市町村为对象实施图纸演习。 ·设定灾害发生在“葵町”这个虚构的地点，各市町村的公职人员在该町的灾害对策本部进行演习。 ·演习时间带定为灾害发生到灾害发生后的 2 小时 30 分为止。 ·灾害类型定为 M8 级海沟型地震（东海地震）。 ·根据实施地区的不同，将遵照大家的意见对部分内容进行修正。
人与防灾未来中心	·以地方政府中负责防灾任务的公职人员为对象，实施图纸演习和宣传训练。参加人数为 35—40 人。 ·以 2 市和 1 县的灾害对策本部为对象展开训练。 ·演习时间带定为灾害发生后 2—4 小时（将灾害发生后 2 小时以内的情况汇总之后通知参与人员）。 ·假定本次演习设定城市的附近发生了 M7 级地震（重现阪神·淡路大震灾时的情形）

续表

	·图纸演习进行完毕之后，举行模拟记者招待会。
国土交通大学校	·演习以国土交通省中的管理层为对象展开，它是危机管理研修的一个组成部分，参加人数约为30人。 ·按照承担职责的不同将灾害对策本部分为不同的功能组，及大众媒体。 ·演习时间带定为灾害发生到灾害发生后14小时为止。 ·灾害地点定为防沙工程现场，假设灾情为山腰地带的坍塌引起的泥石流灾害。 ·承担大众媒体角色的人员采访灾害对策本部。
消防大学校	·演习是消防人员干部培训班培训内容的一个组成部分，参加人数为30—60人。 ·演习的目的在于强化地方政府采取的对策措施与相关部门机构之间的合作，以及消防等的广域救援。分成12个部门进行。 ·演习时间带定为灾害发生到灾害发生后2小时为止。 ·假设在设定区域的海面上发生了M7级地震，同时出现海啸。

表11-4显示的是在开展研修、讲座活动时实施的一些主要的应对型图纸演习。第一节中曾谈到，在研修、讲座时实施演习活动，由于参加的人员来自不同地区，或是分属不同的组织，再加上实施演习的基本条件、制订的防灾计划也各不相同，所以需要假设灾害发生的地点及参加者所属的组织，然后

再实施发现问题型演习。

（二）地方政府组织实施的应对型图纸演习

在此，介绍一下和歌山县内A市进行的应对型图纸演习。由于A市是第一次开展应对型图纸演习，他们希望通过这次演习使负责救灾工作的职员充分认识到救灾工作的重要性，所以他们实施了发现问题型的演习。同时，根据A市的特点，他们还制定出独特的救灾总部运营体制，也希望藉此机会检324 测这一体制是否能发挥作用。

A市是一个靠海的城市，人口约3.3万。如果发生东南海、南海地震，这里可能出现震级为5—6度的晃动，同时第一波海啸可能在40分钟后到达。

A市将检验救灾总部的运作体制设定为此次演习的主要目的。他们让市长以下的50名官员分别组成8个部门，承担不同的工作，真正参加此次演习的是30名左右的管理层人员。他们假定地震发生在工作时的13时左右，从这一刻起到第二天的中午时分，这17个小时就是演习的时间范围。考虑到A市的地区特点、防灾体制，以及对地震损失结果的预测，此次演习将需要应对的灾情数大体定为350件，参加演习人员主要通过电话、书面形式不断更新灾情的信息。此外，本应充任“部下”的政府相关机构没有参与演习，由演习管理者代替其角色。

演习实施之前召开说明会并进行了预演，准备工作非常充分，演习过程中充满了紧张的气氛。同时，大家也认识到存在一些问题，比如地区防灾计划中有待解决的课题、各组织之间合作的问题等。以下列举的是大家尤为关注的问题。其一，“各个部门本应熟悉掌握自身的业务，但事实上大家并未做到这一点，有时还会产生误解”。其二，“通过演习大家注意到各部门之间的工作量存在差异，同时也明白了紧急情况发生时该增加哪些部门的人手”。其三，“各部门在实施对策时，会与哪些部门和机构保持密切联系”。其四，“灾情发生时，从各部门收集、汇总信息工作相当困难。由于无法实现信息共享，才导致错失对策实施的良机、出台错误决策这类现象”。其五，“尽管已明白应采取紧急应对措施，譬如下达命令并指挥大家实施避难行动以免遭受海啸袭击，或是在火灾、火势蔓延的情况下发出指令、劝告，要求大家采取避难行动，亦或是认为有必要提出申请，请求将《灾害救助法》适用于该地区，但结果还是错失了良机”。其六，“在向其他组织机构请求援助时，未能抓住时机将确切内容转达给对方”。

四、为避免失败应注意的事项

为了保证应对型图纸演习的成功，如何逼真地设定各种情形，包括灾害的发生、各种情节的变化等是关键所在。如果设计脱离现实，会让参加演习人员产生疑问，有时甚至会消磨他们的积极性。此外，让大家熟悉情景预设的内容及演习规则也十分重要。应对型图纸演习的实施是在明确演习规则的前提下进行的，所以如果不通知大家规则的具体内容，会让参与者把精力都消耗在熟悉掌握规则方面，从而无法收到理想的效果。因此，需要事先把相关材料发给大家，或是通过召开研修会的方式，让大家熟悉一些基本的情景预设内容及演习实施的规则。原则上讲，应对型图纸演习须在规定的时间范围内持续进行，不过，根据参加演习者的应对情况（不能有效地开展应对工作，出现混乱），可以暂时中断演习，对演习的体制进行修正，也可让大家处理一些尚未解决的问题。

为了收到更好的演习效果，提高演习管理者（管理层）的管理技巧也是十分必要的。在实施应对型图纸演习的过程中，由于参加者所处的状况不同，应对工作可能朝着不同的方向发展下去，此时为了把方向修正回来，或是让演习顺利地进行下去，须对情景预设的内容进行追加、变更，或是改变演习规则，处理这些问题都需要我们采取随机应变的态度。为此，就要求演习管理者（管理层）事先对参加演习者的应对工作进行预测，同时依靠丰富的经验指挥演习的进行。

【参考文献】

坂本朗一・高梨成子，2007「防災行政職員を対象とした図上シミュレーション訓練の実施による効果」『消防研修』第74号，2003。
日本赤十字社，2001『災害救助図上シミュレーション訓練　実施マニュアル』。
日本赤十字社，2006『図上シミュレーション訓練　訓練企画マニュアル—医療機関篇』。
高梨成子・坂本朗一，2007「地方公共団体における図上シミュレーション訓練の現状と課題」『消防科学と情報』第88号，2007。
総務省消防庁，2004『地方公共団体の地震防災訓練（図上型訓練）実施要領モデルの作成に関する調査研究報告（平成16年度）』。
総務省消防庁，2005『地方公共団体の地震防災訓練（図上型訓練）実施要領モデルの作成に関する調査研究報告（平成17年度）』。
総務省消防庁，2006『地方公共団体の地震防災訓練（図上型訓練）実施要領モデルの作成に関する調査研究報告（平成18年度）』。

（坂本朗一）

专栏

地震灾情预估工作的意义与作用

吉井博明

为了做好防灾工作，需要了解灾害发生的地点及类型。关东大地震时曾发生了大规模火灾，原因之一就在于地震发生后部分人没有迅速灭火。据说当时人们从剧烈摇晃的家中逃出后，处于一种茫然不知所措的状态，甚至有人在微燃的房屋旁吃饭团。“地震了！快灭火！”这样的标语正是在对上述应对方式进行反省的过程中出现的。地震发生时该采取何种措施？为了降低损失，事先又应做好哪些准备工作？做好地震灾情预估是寻找答案的第一步。

地震灾情预估是依据最新的科学知识“判断出震源区域、规模及发生时期等要素，对摇晃程度、海啸高度等进行推算，并对砂土液化、崩塌等次生灾害进行预测，然后在此基础上对因建筑物倒塌、火灾等导致的物品及人员损失，乃至对社会层面和经济领域带来的损失，用量化的形式反映出来”。在日本，今村明恒曾对1923年关东大地震所带来的损失进行了预估，他的“减轻市区内地震对生命财产带来损失的方法”被视为是这一领域最早的尝试。1960年代以后，每当大地震发生的危险出现时就会进行灾情预估，其手段方式也不断趋于完善。以前人们实施这项工作是为了充分掌握灾害的具体情况，同时实现信息的共享。如今它的意义已远不止于此。人们在确定防范措施（比如说实现建筑物的抗震化等）的先后顺序上，在推算应急对策的需求量方面，在制定包括搭建临时住宅、重建居民住宅等的复原和复兴计划时，都会对地震可能带来的损失进行预估。从国家制定的地震防灾战略中不难看出，为了在今后的十年中让损失减半，人们也试图通过灾情预估的方式寻找应对措施的最佳组合方案。同时，实施实战型防灾演习和训练时，地震灾情预估对于情景预设而言也是不可或缺的重要环节。换句话说，在地震防灾计划的制订及其效果的评估方面，地震灾情预估工作同样发挥着重要作用。此外，对推进 PDCA 的循环（制定计划→实施→检查及评判→重新探讨计划内容并进行完善）来说它也是不可或缺的一环。

地震发生后，如果能在第一时间获取各地地震烈度等信息，并迅速启动地震灾情预估工作，便可据此推测出灾情发生的地点及其类型，这将对防灾对策总部在第一时间内制定决策起到重要作用。如能将其与应急对策实施方的应对情况结合起来，就将形成一个有效的援助体系，向地震发生后第一时间内进行的应急活动提供有效的支援。

327 第四节　演习的效果与课题

一、演习的效果

什么是演习的效果？相对而言，实际技巧操作训练及实战演习训练的效果是比较显而易见的。因为只有通过身体力行，才能熟练地掌握机械设备的操作方法。每次灾害发生时，都会出现紧急电源未发挥作用，或者是负责卫星通信业务的人员不熟悉设备的使用方法的情况，这类例子不胜枚举。不过只要开展了相应的训练就可得到改善。

另一方面，对演习的效果进行实证研究是非常困难的。举例来说，假设避难公告没有及时发布出现延误现象，其原因出在哪里？是演习计划、指南存在不足？还是对雨量、河流水位变化进行实时把握的手段方法、运作体制存在问题？是由于问题出现在深夜工作人员不在岗位上？还是因领导没有及时做出判断所致？各种原因都有可能，也可能是由于各种原因的叠加所致。

通过演习可以提高工作人员对信息的把握能力及处理信息的能力。即便如此，不能简单地认为，之所以没有采取恰当的应对措施，是由于演习开展得不够。这是因为在每隔 2—3 年就出现人事调动的环境下，工作人员个人的资质及经验是大不相同的。同时，考虑到灾害发生的频率及地域性特点的因素，想要在排除工作人员间的资质及经验差的前提下，显示出演习频率高的团队与频率低的团队之间存在的不同，即面对灾害时在决策及应对措施的制定方面存在的非偶然差，也是非常不容易做到的。

尽管我们无法将演习效果直接展示出来，然而通过间接的办法还是能够做得到。2004 年的新潟县中越地震是发生在丘陵地带的直下型地震，这里因此蒙受了重大损失。那时有很多地方政府的工作人员被派遣到新潟县及其他遭受地震袭击的市町来工作。他们分别来自兵库县及介于大阪与神户之间的地区，经历过阪神 · 淡路大震灾的洗礼，他们有着丰富的经验。这些工作人员发挥出色，“对今后可能会出现的情况的把握”尤其到位。面对灾害时，很多当地的政府工作人员都把精力全部投入到眼前的问题上，无暇顾及可能会出现的问题，因此没有事先采取一些必要的措施，或是做好相应的准备工作。

328

同时，兵库县下属的政府工作人员曾经经历过的是都市型地震灾害，对于新潟县丘陵地带的特征及出现的具体情况，他们的理解存在局限性。这一事实给了我们两方面的启迪。其一，经历过灾难的洗礼是非常宝贵的经验。其二，灾难面前应采取灵活的态度，做到随机应变，而不应固守过去的经验。因为即便发生的都是直下型地震，在地域特征、蒙受的损失方面也会存在很大的不同，受灾居民的意识、社团内部互帮互助的情况也相去甚远。正因为如此，尽管演习是虚拟的，但我们还是可以通过它来体会灾害。增加体验的机会，以此丰富我们应对灾害的经验，从这层意义上来说，演习是非常重要的。因此，在灾害发生时向灾区派遣有经验的工作人员不失为上策。同时，针对那些不能只依靠经验的问题，我们要在平时做好准备工作，建构出一整套灾害危机管理的综合研修体系，培养具备实际运用能力的人才，提升组织的整体应对能力。

二、今后的课题

如今，危机管理、企业持续经营计划这些词汇已被广泛使用，然而我们还是经常听到有人抱怨说“对不可预测的事情该如何做好防范工作？”这样的质疑声不绝于耳。经常会有一些临近考试却不做准备的考生振振有词地抱怨“反正不知道考试题目，所以考前的复习都是徒劳无益的”。上述质疑与这些学生的强词夺理如出一辙。总之，要想做好灾害危机管理工作，首先要掌握相关的基础知识，然后在此基础上，对本地区可能会遭受的损失有一个很好地把握。做好了这些基础工作，下一步就可以有的放矢地实施实战性演习，由此掌握应对的策略方法。除此之外，没有任何捷径可言，这一点在第一节中已经谈到了。

同时，尽管灾害危机管理非常重要，不过与平时遇到的各种问题相比，其优先程度未必很高，这是一个不争的事实。这就要求我们在有限的时间范围内，利用有限的资源，尽可能研发出一些效果不错的训练、演习方法，建构出一整套灾害危机管理的研修体系。此外，创建对训练、演习效果进行评价的机制也是当务之急。

【参考文献】

人と防災未来センター，2005「2004年新潟県中越地震における災害対応の現地支援に関する報告書」。

兵庫県，2005「新潟県中越地震（平成16年）兵庫県派遣職員アンケート結果報告書」。

（秦康范）

编者和执笔者介绍

编者介绍

吉井博明（Yoshii Hiroaki，东京经济大学人际交流学部教授）

东京工业大学理工学部物理专业本科毕业；同大学研究生院理工学研究科理科专业硕士研究生毕业；同研究科理科专业博士研究生课程学分修满（理学硕士）。先后担任未来工学研究所研究员和主任研究员、文教大学情报学部副教授和教授，现为东京经济大学人际交流学部教授。主要研究领域为信息社会论、灾害信息论。主讲信息生活论、媒体生态学等课程。主要研究成果有《信息生态学》(『情報のエコロジー』，北澍出版社出版）等。兼任中央防灾会议专门委员、原子能安全委员会专门委员、地震调查研究推进总部政策委员会委员长代理、消防审议会会长。

田中淳（Tanaka Atsushi，东京大学研究生院信息学附属综合防灾信息研究中心教授）

东京大学文学部社会学科本科毕业；同大学研究生院社会学研究科社会心理学专业硕士研究生毕业。先后担任未来工学研究所研究员、群马大学教养学部专任讲师、文教大学情报学部副教授及教授、东洋大学社会学部教授，现为东京大学研究生院信息学附属综合防灾信息研究中心教授，并兼任京都大学防灾研究所巨大灾害研究中心客座教授。主要研究领域为灾害心理学、集合行动论。主讲课程有灾害心理学、集合行动论。兼任中央防灾会议专门委员、文部科学省科学技术及学术审议会专门委员、文部科学省地震调查研究推进总部专门委员、国土审议会专门委员等。主要研究成果有《集合行动的社会心理学》（『集合行動の社会心理学』，北澍出版社出版）等。

执笔者介绍

黑田洋司（Kuroda Hiroji，消防科学综合中心调查研究第2科科长）

北海道大学文学部行动科学专业本科毕业；同大学研究生院环境科学研究科硕士研究生毕业（学术硕士）。先后担任宫崎县机关职员、消防科学综合中心研究员、主任研究员，现担任消防科学综合中心调查研究第2科科长。2006年以来，担任东洋大学国际地域学部兼职讲师，主讲“安全·危机管理学Ⅲ”课程。先后主持以市町村为对象的防灾研修、消防厅的“防灾·危机管理 e 学院建设”、地域防灾计划、自主防灾组织等调查研究项目，主要研究成果有“草根防灾——自主防灾组织的发展和未来展望”（「草の根からの防災——自主防災組織の経緯と展望」，刊载于《地方自治》第 664 期）、“市町村灾害对策本部研究——以 2007 年能登半岛地震中的轮岛市为例”（「市町村災害対策本部に関する考察——平成 19 年（2007）能登半島地震での輪島市を事例に」，在日本灾害信息学会第 9 届学会大会上的报告）等。

高梨成子（Takanashi Naruko，防灾及情报研究所代表）

东京女子大学文理学部社会学科本科毕业；东京大学研究生院社会学研究科硕士研究生毕业。曾担任未来工学研究所研究室室长，现任防灾及情报研究所代表。主要研究领域为防灾社会学、国家、地方公共团体和企业的防灾对策、社会调查、灾害信息论。曾兼任消防大学讲师，现为武藏大学和横滨市立大学的兼职讲师。主要研究成果有《族群媒体》[『エスニック・メディア』（合著），明石书店] 等。防灾及情报研究所网址：http://www. idpis. co. jp。

须见徹太郎（Sumi Tetsutarou，东京大学研究生院信息学特聘教授）

东京工业大学工学部土木工程专业本科毕业。在日本建设省（现国土交通省）工作期间，先后担任土木研究所研究员、驻马来西亚JICA专家等职，后担任埼玉县河川沙防科科长，长年从事河川相关行政管理。曾参与第五届全国综合开发计划的策划，并负责其中“防灾”和“地域圈”等部分的起草工作。2007年开始担任东京大学研究生院信息学特聘教授。主要研究领域为河川工程学、危机管理、防灾等。

松尾一郎（Matsuo Ichiro，环境防灾综合政策研究机构事务局长·理事）

芝浦工业大学通信工程专业毕业后进入北海道大学研究生院环境资源专业攻读博士后。担任东京大学研究生院信息学环客座研究员、日本灾害信息学会事务局次长、日本国土交通省社会资本整备审议会专门委员、和歌山县防灾教育教材制作WG委员、洞爷湖周边地区生态博物馆推进协议会顾问等职。主要研究领域为防灾ICT、减灾社会学。主要研究成果有《强化抵御火山爆发灾害的能力》[『火山に強くなる本』（合著），山和溪谷社出版]、《救人于海啸的稻村之火浜口梧陵传》(『津波から人々を救った稲むらの火浜口梧陵伝』（合著），文溪堂出版）等。环境防灾综合研究机构网页：http://www.npo-cemi.com。

田锅敏也（Tanabe Toshiya，北海道有珠郡壮瞥町町公所总务科科长）

同志社大学商学部本科毕业后，就职于壮瞥町町公所，先后担任企划调整组组长、企划调整科科长，现任总务科科长。曾服务于1995年设立的“昭和新山生成50周年纪念暨国际火山研讨会”事务局，并直接参加“重建与有珠山共同生存的街镇”计划的实践；在2000年的火山爆发灾害中，作为当地自治体工作人员，一直坚守于救灾第一线。现在，正积极推进“洞爷湖周边地区生态博物馆构建”活动，致力于把火山爆发灾害的痕迹转化为区域建设的资源。兼任内阁府火山防灾对策研究会委员。

木村拓郎（Kimura Takuro，社会安全研究所所长）

东北工业大学建筑学专业本科毕业；东京大学研究生院社会学研究科硕士研究生毕业；长崎大学研究生院生产科学研究科博士研究生毕业（工学博士）。主要研究领域为灾害社会学、市民防灾学。兼任关西学院大学灾害复兴制度研究所客座研究员、静冈县防灾对策推进委员会专家、新潟县长冈市防灾委员会专员。主要研究成果有《关于火山灾害复兴中的住宅·聚落重建的调查研究——以岛原·上木场地区为例》(『火山災害復興における住宅·集落再建に関する調査研究——島原·上木場地区をケースに』，获日本自然灾害学会2005年学术奖）等。

谷原和宪（Tanihara Kazsunori，日本电视台放送网报道局社会担当部部长）

早稻田大学政治经济学部政治学专业本科毕业。自进入日本电视台放送网工作以来，一直在报道局从事新闻取材和实况广播节目制作等工作。从云仙普贤火山爆发灾害起开始从事灾害报道工作，之后在奥尻岛海啸灾害、鹿儿岛暴雨灾害、阪神·淡路大震灾、新潟县中越地震灾害等重大灾害发生时，都担任现场编辑。主持的节目有“NNN 纪实 05 打开了的封印云仙大火碎流·378 秒的遗言”等。兼任日本灾害信息学会监事。

小林恭一（Kobayashi Kyoichi，危险物品保安技术协会理事）

东京大学工学部建筑学专业本科毕业。在建设省工作期间，先后担任居住环境整备、建筑防灾等部门的工作。被派遣到自治省消防厅工作后，主要从事火灾预防行政管理工作，先后担任东京消防厅指导科科长、自治省消防厅特殊灾害室室长、自治省消防厅危险物品规制科科长。之后又被派遣到静冈县防灾局担任技术监事，从事东海地震对策和浜冈核事故对策的制定工作。此后，在总务省消防厅灾害预防科科长任职期间，作为总务省消防厅危机管理中心的负责人，亲自指挥了暴雨灾害、新潟县中越地震灾害、JR 尼崎线脱轨事故等灾害的应对处理工作。还担任了总务省消防厅国民保护·防灾部首任部长，现为危险物品保安技术协会理事。主要研究成果有《环境·灾害·事故事典》（『環境·災害·事故の事典』，丸善出版社出版）等。

中村功（Nakamura Isao，东洋大学社会学部教授）

学习院大学法学部政治学专业本科毕业；东京大学研究生院社会学研究科社会学专业博士研究生课程学分修满退学

（社会学硕士）。曾担任松山大学人文学部专任讲师和副教授、东洋大学副教授，现为东洋大学社会学部教授。主讲课程有灾害信息论、媒体沟通学概论。主要研究成果有《灾害信息与社会心理》[『災害情報と社会心理』（合著），北澍出版]等。网页：http://www. soc. toyo. ac. jp/~nakamura。

中森广道（Nakamori Hiromichi，日本大学文理学部社会学科教授）

日本大学文理学部社会学科本科毕业；同大学研究生院文学研究科社会学专业博士研究生课程学分修满退学（社会学硕士）。先后担任城市防灾研究所研究员、日本大学文理学部社会学科助教、专任讲师和副教授，现为该大学文理学部社会学科教授，并在日本大学、立教大学担任兼职讲师。主要研究领域为灾害社会学、灾害信息论、社会信息论。主讲课程有灾害社会学、社会信息论等。主要研究成果有《灾害信息与社会心理》[『災害情報と社会心理』（合著），北澍出版社出版]等。网页：http://homepage2.nifty. com/nakamoraihiromichi。

地引泰人（Gibiki Yasuhito，东京大学研究生院跨学科信息学专业博士研究生）

庆应大学法学部政治学专业本科毕业；东京大学研究生院跨学科信息学专业硕士研究生毕业；现在该专业继续攻读博士学位（跨学科信息学硕士）。主要研究领域为国际关系论、灾害信息论。主要研究成果有“关于自治体行政组织的灾

害信息入手路径的分析——以2004年第23号台风时兵库县丰冈市的避难劝告令为例”（「自治体行政組織の災害情報入手経路についての分析——2004年台風23号時における兵庫県豊岡市での避難勧告発令を事例に」，载于日本社会情报学会杂志《社会情報学研究》）等。

越山健治（Koshiyama Kenji，人与防灾未来中心研究主管）

神户大学工学部环境计划专业本科毕业；神户大学研究生院自然科学研究科建设学专业硕士研究生毕业。工学博士。先后任职于富士综合研究所、神户大学研究生院自然科学研究科助教，现为人与防灾未来中心研究主管。主要研究领域为城市防灾计划论、城市复兴计划论、灾后住宅重建・供给计划论。主要研究成果有“灾害复兴公共住宅居住者的复兴感分析”（「災害復興公営住宅居住者の復興感分析」，获地域安全学会2003年论文奖励奖）等。人与防灾未来中心网页：http://www. dri. ne. jp/。

广井悠（Hiroi Yu，东京大学研究生院工学研究科助教）

庆应大学理工学部本科毕业；东京大学研究生院工学研究科城市工学专业博士研究生二年级退学，现任同研究科助教。主要研究领域为城市防灾计划（尤其注重城市火灾和抗震性能强化的研究）、城市解析。主要研究成果有“基于随机效用理论的住宅抗震性能强化的选择行动分析”（「ランダム効用理論に基づく住宅の耐震補強に関する選択行動分析」，

地域安全学会研讨会上的报告)、“市街地况不同地域的火灾扩大模式”(「市街地勢状の異なる地域における火災拡大モデル」,都市计划学会上的报告)等。

关谷直也(Sekiya Naoya,东洋大学社会学部专任讲师)

庆应大学综合政策学部本科毕业;东京大学研究生院人文社会研究科社会信息学专业博士研究生课程学分修满退学(社会信息学硕士)。曾为日本学术振兴会特别研究员、东京大学大学院情报学助教,现担任东洋大学社会学部媒体沟通专业专任讲师,并在东京女子大学、东京理科大学担任兼职讲师。主要研究领域为从与媒体及广告等的相互关联中研究环境信息、灾害信息与社会心理。主讲课程有环境媒体论(东洋大学)、灾害信息论(东京女子大学)、灾害(东京理科大学)等。主要研究成果有“‘谣传受害’的社会心理”(「‘風評被害’の社会心理」)、“‘谣传受害’的法律对策”(「“風評被害”の法政策」)(两篇论文均载于日本灾害情报学会杂志《灾害情报》)等。

森冈千穗(Morioka Chiho,东京大学研究生院人文社会研究科博士研究生)

东京大学文学部社会心理学专业本科毕业;京都大学研究生院信息学研究科社会信息学硕士研究生毕业;现为东京大学研究生院人文社会研究科博士研究生。信息学硕士。本科毕业后,曾入职建设技术研究所,为国土交通省、地方自治体的防灾政策实施以及行政信息化提供咨询服务。主要研究领域为社会心理学、灾害社会学和信息学。主要研究方向为因灾时信息传达而减轻受害及复兴过程中的法律问题。主要研究成果有“日本的海啸预警系统”（Science of Tsunami Hazards, The International Journal of Tsunami Society）等。

浦野正树（Urano Masaki，早稻田大学文学学术院教授）

早稻田大学政经学部政治学科本科毕业；同大学研究生院文学研究科社会学专业硕士研究生毕业；同研究科社会学博士研究生课程学分修满退学（社会学硕士）。曾在未来工学研究所担任研究员，后在早稻田大学文学部任助教、专任讲师、副教授等职，现为早稻田大学文学学术院教授、早稻田大学地域社会及危机管理研究所所长。主要研究领域为城市社会学、地域社会论、灾害社会学。主要研究成果有《阪神·淡路大震灾中的志愿者活动》（『阪神・淡路大震災におけるボランティア活動』，早稻田大学社会学研究所发行，1996）、《阪神·淡路大震灾的社会学》（『阪神・淡路大震災の社会学』，昭和堂出版，1999）、《城市社会与风险》（『都市社会とリスク』，东信堂出版，2005）等。网页：http://www. waseda. jp/sem-muranolt01。

大矢根淳（Oyane Jun，专修大学文学部教授）

庆应大学法学部政治学科本科毕业；同大学研究生院社会学研究科社会学专业硕士研究生毕业；同研究科社会学专业博士研究生课程学分修满退学（社会学硕士）。先后在未来工学研究所、电气通信政策综合研究所、防灾及情报研究所担任研究员，后又先后担任江户川大学社会学部助教、专任讲师和专修大学文学部专任讲师、副教授，现为专修大学文学部教授。主要研究领域为灾害社会学、地域社会论、社会调查论。主讲课程有环境社会学、灾害社会学。兼任早稻田大学地域社会及危机管理研究所客座研究员。主要研究成果有专著《灾害中的人与社会》(『災害における人と社会』, 文化书房博文社出版）等。网页：http://disasterjune. com。

浅野幸子（Asano Sachiko，日本全国地域妇人团体联络协议会事务局职员、研究员）

法政大学社会学部本科毕业。毕业前夕到阪神·淡路大震灾的重灾区参加复兴援助志愿者活动，并持续了四年。之后到消费生活研究所工作，现担任日本全国地域妇人团体联络协议会事务局职员、研究员。其间，作为在职硕士研究生，进入法政大学研究生院社会科学研究科政策科学专业学习，获政策科学硕士学位。主要研究领域为地域政策、防灾及复兴、非营利组织论，同时也从事消费者问题、环境问题、女性和社会性别问题等方面的研究。兼任东京女学馆大学讲师。日本全国地域妇人团体联络协议会网页：http://www. chifuren. gr. jp。

下村依公子（Simomura Ikuko，早稻田大学地域社会及危机管理研究所专职人员）

早稻田大学第一文学部综合人文学科社会学专业本科毕

业。曾担任日本经济研究所调查第五部研究员，现为早稻田大学地域社会及危机管理研究所专职人员。早稻田大学地域社会及危机管理研究所网页：http://www. waseda. jp/prj-sustain。

秦康范（Hada Yosunori，东京大学生产技术研究所产学官合作项目研究员）

大阪大学工学部精密工学专业本科毕业，东京大学研究生院工学研究科硕士研究生、博士研究生毕业（工学博士）。先后担任人与防灾未来中心专任研究员、防灾科学技术研究所研究院，现为东京大学生产技术研究所产学官合作项目研究员。主要从事城市地震防灾、灾害信息、灾害应对训练・演习、防灾行政等应用型研究。主要研究成果有"灾害应对演习系统设计"（「災害対応演習システムの開発」，获地域安全学会2004年论文奖励奖）等。兼任内阁官房重要基础设施跨领域演习研究会委员、消防厅地震防灾训练（图纸型训练）实施纲要制定委员会委员、神奈川县地震受害预设调查委员会委员等。

坂本朗一（Sakamoto Koichi，防灾及信息研究所主管研究员）

北海道大学理学部地球物理专业本科毕业。先后担任应用地质有限公司研究员、未来工学研究所研究员，现任防灾及信息研究所主管研究员。主要从事灾害受害预设、国家・自治体防灾计划、企业防灾对策以及包括纸面演习在内的防灾教育及研修等方面的研究。担任消防大学兼职讲师，主讲《图纸演习》课程。

索引

（页码为原书页码，即本书边码）

さ

た

ま

や

ら

わ

图书在版编目(CIP)数据

灾害与社会.3,灾害危机管理导论/(日)吉井博明,(日)田中淳编著;何玮,陈文栋,李波译.—北京:商务印书馆,2020

ISBN 978-7-100-18342-0

Ⅰ.①灾… Ⅱ.①吉… ②田… ③何… ④陈… ⑤李… Ⅲ.①灾害学—社会学—研究 ②灾害管理—危机管理—研究 Ⅳ.①X4-05

中国版本图书馆 CIP 数据核字(2020)第 057961 号

灾害与社会

3

灾害危机管理导论

〔日〕吉井博明　田中淳 编著

何玮　陈文栋　李波 译

商 务 印 书 馆 出 版

(北京王府井大街 36 号 邮政编码 100710)

商 务 印 书 馆 发 行

北 京 冠 中 印 刷 厂 印 刷

ISBN 978-7-100-18342-0

2020 年 10 月第 1 版　　开本 850×1168 1/32

2020 年 10 月北京第 1 次印刷　　印张 18¼

定价:89.00 元